《水利水电工程专业案例应试辅导与习题集（水土保持篇）》
编委会

U0790556

主　编：丁晓阳

副主编：宋爱群　段元胜

编　委：吕向军　李洪丽　王素霞　张卉明　赵会林
李杰年　符杰凤　李　红　张树华　马熙民
沈　洁　解新芳　周鸿文　喻　斌

前　言

人事部、建设部、水利部已决定实施注册土木工程师（水利水电工程）执业资格制度。这是我国水利水电界的一件大事。实施这项执业资格制度，有利于实现水利水电工程专业设计人员管理制度的创新，为国家培养一支职业化的专业人才队伍，从根本上保证水利水电工程建设质量和经济效益；有利于与国际惯例接轨，使水利水电工程专业设计人员平等地参与国内、国际竞争，并维护自己的权益。

注册土木工程师（水利水电工程）执业资格考试实行全国统一大纲、统一命题的考试制度。为配合全国统一考试和方便报考人员复习，受黄河水利出版社的委托，中水东北勘测设计研究有限责任公司（原水利部东北勘测设计研究院）组织有关专家、近年参加过注册土木工程师（水利水电工程）执业资格考试的技术人员，结合单位几十年的水利水电工程勘测、设计实践经验，依据《勘察设计注册土木工程师（水利水电工程）资格考试大纲》（2009 年版），对《水利水电工程专业案例（工程规划、水土保持与工程移民篇）应试辅导与习题集》中的水土保持篇进行了修编，并与《水利水电工程专业案例（水土保持篇）》（2009 年版）相适应，独立成册。本篇内容、章节编排都与《水利水电工程专业案例（水土保持篇）资格考试大纲》（2009 年版）相对应。

《水利水电工程专业案例应试辅导与习题集（水土保持篇）》（2009 年版）是面向参加注册土木工程师（水利水电工程）执业资格考试人员，为进一步加深对《水利水电工程专业案例（水土保持篇）》的理解而提供的复习配套专用材料。

本习题集由中水东北勘测设计研究有限责任公司丁晓阳、宋爱群、段元胜负责组稿和统稿。修编人员：第 1 章，赵会林；第 2 章，赵会林、符杰凤、张树华、宋爱群；第 3 章，李红；第 4 章，丁晓阳；第 5 章，李洪丽；第 6 章，王素霞、马熙民；第 7 章，李洪丽；第 8 章，张卉明、吕向军、王素霞、宋爱群；第 9 章，李杰年；第 10 章，吕向军。

习题集的编写力求做到符合考试大纲要求，且便于应试者复习。但由于时间仓促，习题集涉及内容广泛，加之水平所限，不足之处在所难免，敬请广大技术人员批评指正。

本书编委会

2010 年 6 月

目　录

第1章　水土流失与土壤侵蚀

1.1　考试大纲

掌握我国土壤侵蚀类型及其分区、分级。

熟练掌握不同水土流失类型区建设项目水土保持的特殊要求。

1.2　复习指导

1.2.1　复习要点

1.2.1.1　水土流失与水土保持

1.2.1.1.1　水土流失与土壤侵蚀

1)水土流失

水土流失是在水力、重力、风力等外营力作用下,水土资源和土地生产力的破坏与损失,包括土地表层侵蚀及水的损失,亦称水土损失。水土流失包括水力侵蚀、风力侵蚀、重力侵蚀、泥石流、水损失及由此而引起的面源污染(非点源污染),即除土地表层侵蚀外,还包括水损失和面源污染。

2)土壤侵蚀

土壤侵蚀是土壤或其他地面组成物质在水力、风力、冻融、重力等外营力及地震、地质构造运动等内营力作用下,被剥蚀、破坏、分离、搬运和沉积的过程。根据外营力的种类,可将其划分为水力侵蚀、风力侵蚀、冻融侵蚀、重力侵蚀、淋溶侵蚀、山洪侵蚀、泥石流侵蚀及土壤坍陷等。

3)土壤侵蚀量、土壤流失量与容许土壤流失量

土壤侵蚀量包括侵蚀过程中产生的沉积量与流失量。

容许土壤流失量是指小于或等于成土速率的年土壤流失量。对于坡耕地,是指使作物在长时期内能持续稳定地获得高产而许可的年最大土壤流失量。一般单位亦采用 $t/(km^2 \cdot a)$。

4)土壤侵蚀程度与土壤侵蚀强度

土壤侵蚀程度通常采用土壤原生剖面(或活土层)被侵蚀和丧失的情况加以判断,如A层(表土层)、B层(心土层)、C层(母质层)的丧失情况。

土壤侵蚀强度是地壳表层土壤在自然营力(水力、风力、重力、冻融等)和人类活动作用下,单位面积在单位时段内被剥蚀并发生位移的土壤侵蚀量。通常用土壤侵蚀模数作为衡量土壤侵蚀强度大小的指标。

5)土壤侵蚀模数、输沙模数和输移比

土壤侵蚀模数是单位面积土壤及土壤母质在单位时间内侵蚀量的大小。它是表征土壤

侵蚀强度大小的一个定量指标,用以反映某区域单位时间内侵蚀强度的大小。

输沙模数是指单位面积内某一粒径范围内的泥沙在单位时间内通过某一河流断面的泥沙量,单位采用 t/(km²·a)。

土壤侵蚀模数不同于输沙模数,前者主要描述土壤的侵蚀强度,后者主要描述流域的输沙数量。同一流域内产生的侵蚀总量并非完全进入河道(沟道),河道的冲淘揭底也可能导致大量的产沙与输沙。

泥沙输移比是在一定时段内,通过沟道或河流某一断面的总输沙量与该断面以上汇水面积内总侵蚀量的比值。

1.2.1.1.2 水土保持

水土流失防治即水土保持,是指对自然因素和人为活动造成的水土流失所采取的预防与治理措施。

现阶段我国水土保持的主要工作内容包括预防监督、综合治理(包括雨水利用、面源污染防治等)、生态修复和城市水土保持。

1.2.1.2 我国土壤侵蚀类型及其分区

在我国,土壤侵蚀主要有水力侵蚀、风力侵蚀、重力侵蚀、冻融侵蚀、混合侵蚀、冰川侵蚀等类型。

1.2.1.3 我国土壤侵蚀分级标准

1.2.1.3.1 我国土壤侵蚀分级依据与标准

1)土壤侵蚀强度分级

根据土壤侵蚀的实际情况,土壤侵蚀强度分为微度、轻度、中度、强烈、极强烈、剧烈等等级。

a. 水力侵蚀、重力侵蚀的强度分级

以年均侵蚀模数为判别指标,当缺少实测及调查侵蚀模数资料时,可以在经过分析后,运用有关侵蚀方式(面蚀、沟蚀、重力侵蚀)的指标进行分级,各分级的侵蚀模数与土壤水力侵蚀强度分级相同。土壤侵蚀强度分级标准见表 1-1。

表 1-1 土壤侵蚀强度分级标准

级别	平均侵蚀模数[t/(km²·a)]	平均流失厚度(mm/a)
微度	<200、500、1 000	<0.15、0.37、0.74
轻度	200、500、1 000 ~ 2 500	0.15、0.37、0.74 ~ 1.9
中度	2 500 ~ 5 000	1.9 ~ 3.7
强烈	5 000 ~ 8 000	3.7 ~ 5.9
极强烈	8 000 ~ 15 000	5.9 ~ 11.1
剧烈	>15 000	>11.1

注:本表流失厚度系数按土壤的干密度 1.35 g/cm³ 折算,各地可按当地土壤干密度计算。

b. 风力侵蚀的强度分级

日平均风速大于或等于 5 m/s、全年累计 30 d 以上,且多年平均年降水量小于 300 mm (但南方及沿海风力侵蚀地区,如江西鄱阳湖滨湖地区、滨海地区、福建东山等,不在此限值之内)的沙质土壤地区,应定为风力侵蚀区。

风力侵蚀强度分级见表 1-2。

表 1-2　风力侵蚀强度分级

级别	床面形态(地表形态)	植被覆盖度(%)(非流沙面积)	风蚀厚度(mm/a)	侵蚀模数[t/(km²·a)]
微度	固定沙丘、沙地和滩地	>70	<2	<200
轻度	固定沙丘、半固定沙丘、沙地	50~70	2~10	200~2 500
中度	半固定沙丘、沙地	30~50	10~25	2 500~5 000
强烈	半固定沙丘、流动沙丘、沙地	10~30	25~50	5 000~8 000
极强烈	流动沙丘、沙地	<10	50~100	8 000~15 000
剧烈	大片流动沙丘	<10	>100	>15 000

2)土壤侵蚀程度分级

a. 有明显土壤发生层的分级

有明显土壤发生层的分级标准见表 1-3。

表 1-3　按土壤发生层保留的厚度分级

侵蚀程度分级	指标
无明显侵蚀	A、B、C 三层剖面完整
轻度侵蚀	A 层保留厚度大于 1/2,B、C 层完整
中度侵蚀	A 层保留厚度小于 1/2,B、C 层完整
强烈侵蚀	A 层无保留,B 层开始裸露,受到侵蚀
剧烈侵蚀	A、B 层全部剥蚀,C 层出露,受到侵蚀

b. 按土壤层残存情况的侵蚀程度分级

当侵蚀土壤是由母质甚至母岩直接风化发育的新成土(无法划分 A、B 层),且缺乏完整的土壤发生层剖面进行对比时,应按表 1-4 进行侵蚀程度分级。

表 1-4　按活土层的侵蚀程度分级

侵蚀程度分级	指标
无明显侵蚀	活土层完整
轻度侵蚀	活土层小部分被蚀
中度侵蚀	活土层厚度 50% 以上被蚀
强烈侵蚀	活土层全部被蚀
剧烈侵蚀	母质层部分被蚀

3)土壤侵蚀潜在危险分级

土壤侵蚀潜在危险分级包括加剧侵蚀的危险分级和侵蚀后果的危险分级。无明显侵蚀

(微度侵蚀)的地区,可以不进行侵蚀后果的危险分级。

1.2.1.3.2　我国各类型区的土壤容许流失量

我国主要侵蚀类型区的土壤容许流失量见表1-5。

表1-5　主要侵蚀类型区土壤容许流失量

类型区	土壤容许流失量[t/(km^2·a)]
西北黄土高原区	1 000
东北黑土区	200
北方土石山区	200
南方红壤丘陵区	500
西南土石山区	500

1.2.1.3.3　建设项目不同水土流失类型区的特殊要求

1)风沙区

(1)"三北"戈壁沙漠及沙地风沙区。该区应严格控制施工过程中的扰动范围(特别是施工场地和施工道路),保护地表结皮层;宜采取砾(片、碎)石覆盖、沙障、草方格或化学固化等措施;植被恢复应同步建设灌溉设施。

(2)沿河环湖滨海平原风沙区。该区水土保持植物措施设计时,应注意土壤盐碱化,选择耐盐碱的树种及采取排盐碱措施。

(3)黄河故道及黄泛风沙区或沙土区。该区施工过程中开挖、弃堆土等时,应及时采取临时防护措施。

2)东北黑土区

应保护现有天然林、人工林及草地;建设过程中清基、弃渣、取土时应将表土剥离保存并集中堆放,完工后回覆用于植被恢复;丘陵沟壑区还应注重坡面径流排导工程。因东北地区气候寒冷,工程和植物措施设计时还应考虑防治冻害的措施。东北平原区存在大量湿地,选择取土和弃土场等时应注意保护湿地资源。辽西地区有风蚀存在,应采取防风蚀的有效措施。

3)西北黄土高原区

在沟壑区,应对边坡削坡开级并放缓坡度(45°以下),采取沟道防护、沟头防护措施并控制塬面或梁峁地面径流;沟道弃渣可与淤地坝建设结合,设置排水与蓄水设施,防止泥石流等灾害;因地制宜布设植物措施,降水量在400 mm以下地区植被恢复应以灌草为主,400 mm以上(含400 mm)地区应乔灌草结合。在干旱草原区,应控制施工范围,保护原地貌,减少对草地及地表结皮的破坏,防止土地沙化。子午岭、黄龙山、吕梁山等还应注意天然次生林的保护。

4)北方土石山区

应注意山地丘陵区特别是水源区的天然林草的保护,对扰动破坏的植被,应采取措施恢复;高寒山区应采取更为严格的天然植被保护措施,工程措施应有防治冻害的要求;工程建设过程中应注重剥离和保存表土并加强表土回覆利用。弃土(石、渣)场应做好防洪排水、工程拦挡,防止引发泥石流;弃土(石、渣)应平整后用于造地。

5)西南土石山区

应做好表土的剥离与利用，恢复耕地或植被；弃土(石、渣)场选址、堆放及防护应避免产生滑坡及泥石流问题；施工场地、渣料场上部坡面应布设截排水工程，可根据实际情况适当提高防护标准；秦岭、大别山、鄂西山地区应提高植物措施比重，保护汉江等上游水源区；川西山地草甸区应控制施工范围，保护表土和草皮，并及时恢复植被；工程措施应有防治冻害的要求；应保护和建设水系，石灰岩地区还应避免破坏地下暗河和溶洞等地下水系。

6)南方红壤丘陵区

应做好坡面水系工程，防止引发崩岗、滑坡等灾害；保护地表耕作层，加强土地整治，及时恢复农田和排灌系统；弃土(石、渣)的拦护应结合降雨条件，可适当提高防护的设计标准。

7)青藏高原冻融侵蚀区

局部农区和人口居住区、草场牧场应严格控制施工便道及施工场地的扰动范围；保护现有植被和地表结皮，需剥离高山草甸(天然草皮)的，应妥善保存，及时移植，应与周围景观相协调；土石料场和渣场应远离项目一定距离或避开交通要道的可视范围；工程建设应有防治冻土翻浆的措施。

8)平原和城市

应严格控制建设用地，需加强复耕措施，保存和利用表土(农田耕作层)；控制地面硬化面积，综合利用地表径流；平原河网区还应保持原有水系的通畅，防止水系紊乱和河道淤积；植被措施需提高设计标准；建设过程中应封闭施工，遮盖运输，土石方及堆料应设置拦挡及覆盖措施，防止大风扬尘或造成城市管网的淤积；取土场宜以宽浅式为主，注重复耕，做好复耕区的排水、防涝工程；弃土(石、渣)应分类堆放，宜结合其他基本建设项目综合利用。

1.2.2 案例分析

【案例1】 按照混合侵蚀强度分级标准，当泥石流侵蚀强度为中度时，泥石流浆体密度为________。

A. 1.3～1.6 t/m³　　B. 1.6～1.8 t/m³　　C. 1.8～2.1 t/m³　　D. 2.1～2.2 t/m³

答案: B

考点: 混合侵蚀(泥石流)强度分级。

解: 泥石流侵蚀强度为中度时，沉积物细颗粒较少，泥石流浆体密度为1.6～1.8 t/m³，故选B。

【案例2】 青藏高原冻融侵蚀区因工程建设扰动地表而进行草场建设的最适宜方法是________。

A. 种植本地草种　　B. 植物自我修复

C. 移植附近区域原有草皮　　D. 引进良种种植

答案: C

考点: 青藏高原冻融侵蚀区水土保持的特殊要求。

解: 该区域人为活动影响较小，植被较少，土层较薄，生态环境较为脆弱，新配置的植物措施很难发挥较大的作用，植物成活率较低。在进行草场建设中，新种植草种因成活率较低很难发挥其水土保持等作用，靠植物的自我修复时间较长，且效果不好，最适宜的方法是利用工程建设附近原有草皮层来进行草场的建设，提高植物成活率，保持原有生态系统的完整性、合理性。

综上所述，故选C。

1.3 复习题

1.3.1 水土流失与水土保持

1）单项选择题

（1）土壤侵蚀是指土壤或其他地面组成物质在自然营力作用下或在自然营力与人类活动的综合作用下被________的过程。

A. 淋溶、侵蚀、分离、输送和沉积　　B. 剥蚀、破坏、分离、堵塞和沉积

C. 剥蚀、破坏、分离、搬运和沉积　　D. 剥蚀、分离、坍陷、搬运和堵塞

（2）水土流失是在水力、重力、风力等外营力作用下，水土资源和土地生产力的破坏和损失，包括________的损失。

A. 土地生产力破坏及水　　B. 土地资源损失及土地质量破坏

C. 土地表层侵蚀及水　　D. 土地表层侵蚀及土壤母质破坏

（3）下列表述不正确的是________。

A. 正常侵蚀不同于自然侵蚀

B. 自然侵蚀是一个漫长的地质过程

C. 加速侵蚀分人为加速侵蚀和自然加速侵蚀

D. 现代侵蚀大部分是一种加速侵蚀

（4）水力侵蚀的主要形式应包括________。

A. 面蚀和下切　　B. 溯源和下切　　C. 面蚀和沟蚀　　D. 溅蚀和沟蚀

（5）城市的地表径流是其中一类重要的________。

A. 点源污染源　　B. 面源污染源　　C. 河流污染源　　D. 湖泊污染源

（6）单位面积土壤及土壤母质在单位时间内侵蚀量的大小被称为________。

A. 土壤侵蚀模数　　B. 土壤侵蚀程度　　C. 输沙模数　　D. 泥沙输移比

（7）输沙模数是指单位面积内某一粒径范围内的泥沙在单位时间内通过某一河流断面的________。

A. 泥沙量　　B. 堆积量　　C. 侵蚀量　　D. 冲沙量

（8）下列不属于水力侵蚀的是________。

A. 面蚀　　B. 融雪侵蚀　　C. 沟蚀　　D. 泥石流

（9）下列表述正确的是________。

A. 水土保持即土壤保护　　B. 水土保持即土壤保持

C. 水土保持即水土流失防治　　D. 水土保持即土壤侵蚀控制

2）多项选择题

（1）根据土石物质破坏的特性和移动方式，一般可将重力侵蚀分为________等。

A. 蠕动　　B. 崩塌　　C. 滑塌　　D. 崩岗

(2)下列哪些属于现阶段我国水土保持的主要工作内容________。

A. 预防监督　　B. 综合治理　　C. 生态修复　　D. 雨水利用

(3)预防监督是对现有的________进行调查、监测与管理,其目的是预防人为新的水土流失的产生和扩大,巩固治理成果及保护和合理利用水土资源。

A. 水土流失　　B. 水土保持　　C. 水利资源　　D. 土地资源

参考答案

1)单项选择题

(1)C　(2)C　(3)A　(4)C　(5)B　(6)A　(7)A　(8)D

(9)C

2)多项选择题

(1)ABCD　(2)ABC　(3)AB

1.3.2　我国土壤侵蚀类型及其分区

1)单项选择题

(1)我国土壤侵蚀类型划分是按导致土壤侵蚀的________进行划分的。

A. 内营力种类　　B. 植被种类　　C. 地形地貌　　D. 外营力种类

(2)我国在北纬38°以北的干旱区(包括新疆、青海、甘肃、内蒙古等省区)是以________为主的地区。

A. 风力侵蚀　　B. 水力侵蚀　　C. 重力侵蚀　　D. 冻融侵蚀

(3)我国一级地形台阶和二级地形台阶区的高山以及东北寒温带地区是冻融侵蚀类型区,主要表现形式为________。

A. 风蚀沙化　　B. 泥流蠕动　　C. 崩岗滑塌　　D. 沟谷纵横

(4)________以自然界线为主,适当考虑行政区域的完整性和地域的连续性。

A. 土壤侵蚀分区　　B. 水力侵蚀分区　　C. 风蚀侵蚀分区　　D. 土壤沙化分区

(5)我国强烈侵蚀带的区域为________。

A. 湿润地区　　B. 干旱地区　　C. 半干旱地区　　D. 寒温带地区

(6)土壤侵蚀类型受年降水量、________、覆盖度和活动构造带等因素控制。

A. 植被类型　　B. 坡度长度　　C. 沟道长度　　D. 土壤类型

(7)重力侵蚀类型受________因素控制。

A. 流域性　　B. 区域性　　C. 地带性　　D. 非地带性

(8)我国干旱区的土壤侵蚀方式是________。

A. 吹蚀　　B. 水蚀　　C. 地面破碎　　D. 面源污染

(9)我国湿润地区(北纬35°以南)为水蚀类型区,主要侵蚀方式是________。

A. 面蚀　　B. 泄溜　　C. 滑坡　　D. 崩塌

(10)下列描述正确的是________。

A. 年降水量400 mm等值线以北的地区为水蚀类型区

B. 年降水量400～600 mm等值线之间的区域是风蚀水蚀区

C. 年降水量400～800 mm等值线之间的区域是风蚀水蚀区

D. 年降水量800 mm等值线以南的地区为风蚀水蚀类型区

2)多项选择题

(1)在我国的半干旱区(北纬38°~35°),包括甘肃、内蒙古、陕西、山西等省区,是________并存的土壤侵蚀类型区。

A. 风力侵蚀　B. 重力侵蚀　C. 水力侵蚀　D. 冻融侵蚀

(2)我国一级区的区划以发生学原则(以主要侵蚀外营力)为依据,将其侵蚀类型分为________侵蚀类型区。

A. 冻融侵蚀　B. 混合侵蚀　C. 水力侵蚀　D. 风力侵蚀

(3)全国二级区的区划以形态学原则为依据,即依据________,将以水力侵蚀为主的一级区分为二级类型区。

A. 地质　B. 地貌　C. 土壤　D. 植被

参考答案

1)单项选择题

(1)D　(2)A　(3)B　(4)A　(5)C　(6)A　(7)D　(8)A

(9)A　(10)B

2)多项选择题

(1)AC　(2)ACD　(3)ABC

1.3.3　我国土壤侵蚀分级标准

1)单项选择题

(1)某一地区的土壤平均侵蚀模数为2 800 t/(km^2·a),据此判断该区域的土壤侵蚀强度分级为________。

A. 微度　B. 轻度　C. 中度　D. 强度

(2)根据面蚀分级指标,当非耕地的地面坡度为25°~35°,面蚀强度为中度时,其林草覆盖度为________。

A. 45%~60%　B. 30%~45%　C. 60%~75%　D. <30%

(3)根据土壤侵蚀强度分级标准,当土壤侵蚀强度为极强度、土壤平均侵蚀模数为8 000~15 000 t/(km^2·a)时,其平均流失厚度为________mm/a。

A. 5.9~11.1　B. 12~13.3　C. 3.7~5.9　D. 1.9~3.7

(4)根据沟蚀分级标准,当沟坡占坡面面积比为25%~35%、沟蚀强度分级为强度时,其沟壑密度为________km/km^2。

A. 5~7　B. 3~5　C. 7~8　D. 2~3

(5)按照重力侵蚀强度分级指标,当重力侵蚀强度为中度时,其崩塌面积占坡面面积比为________。

A. 10%~15%　B. 15%~20%　C. 20%~30%　D. 30%~40%

(6)根据风蚀强度分级指标,风蚀强度总共分为________级。

A. 4　B. 5　C. 6　D. 7

(7)根据风蚀强度分级指标,当地面形态为半固定沙丘、沙地,植被覆盖度为50%~30%,风蚀厚度为10~25 mm/a,侵蚀模数为2 500~5 000 t/(km^2·a)时,风蚀强度级别应为________。

A. 微度　　B. 轻度　　C. 中度　　D. 强度

(8)根据主要侵蚀类型区土壤容许流失量，南方红壤丘陵区的土壤容许流失量为________ t/(km² · a)。

A. 200　　B. 400　　C. 500　　D. 1 000

(9)________区域在进行水土流失防治时应考虑防治冻害措施。

A. 风沙区　　B. 东北黑土区　　C. 南方红壤丘陵区　　D. 西南土石山区

(10)________区域在弃土(石、渣)场选址、堆放及防护应避免产生滑坡及泥石流问题。

A. 东北黑土区　　B. 平原和城市

C. 西南土石山区　　D. 青藏高原冻融侵蚀区

(11)________流失程度较高，除一般的面蚀和沟蚀外，还有崩岗这一特殊流失形态。

A. 风沙区　　B. 北方土石山区

C. 西南土石山区　　D. 南方红壤丘陵区

(12)土壤侵蚀强度分级，必须以________为判别指标。

A. 侵蚀面积　　B. 流失水土重量　　C. 流失年度　　D. 年均侵蚀模数

2)多项选择题

(1)下列的土壤平均侵蚀模数属于轻度的是________、强烈的是________、极强烈的是________。

A. 1 300 t/(km² · a)　　B. 5 200 t/(km² · a)

C. 8 100 t/(km² · a)　　D. 14 000 t/(km² · a)

(2)下列描述正确的是________。

A. 土壤侵蚀强度分级与土壤平均侵蚀模数及平均流失厚度有关

B. 面蚀分级指标与非耕地的林草覆盖度及地面坡度有关

C. 沟蚀强度分级与沟坡占坡面面积比及沟壑密度有关

D. 风蚀强度分级与植被覆盖度及地面坡度有关

(3)泥石流侵蚀强度级别包括________和极强烈。

A. 微度　　B. 轻度　　C. 中度　　D. 强烈

参考答案

1)单项选择题

(1)C　(2)D　(3)A　(4)B　(5)A　(6)C　(7)C　(8)C

(9)B　(10)C　(11)D　(12)D

2)多项选择题

(1)A　B　CD　(2)ABC　(3)BC

第 2 章　水土保持调查与勘测

2.1　考试大纲

熟练掌握常规调查的应用范围、内容和方法。

了解专题调查的基本内容与方法。

掌握遥感调查方法与精度要求。

了解水土保持勘测的基本内容与方法。

2.2　复习指导

2.2.1　复习要点

2.2.1.1　常规调查

水土保持调查是通过询问调查、收集资料、普查、典型调查、重点调查、抽样调查、遥感调查等方法，对相关的自然、社会、经济条件、水土流失形式及危害、水土保持措施、水土流失防治效果、水土保持项目管理、执法监督等情况进行全面接触和了解，掌握水土保持各方面的资料，力求真实客观地反映水土保持现实状况，为水土保持规划设计、动态监测、监督管理服务。

2.2.1.1.1　常规调查的应用范围

水土保持常规调查技术既是水土保持科学研究、规划设计等工作的最基本和最经典的方法，也是一种监测方法，通过定期的和不定期的调查，可以获得各种动态监测资料。特别是开发建设项目水土保持，由于涉及监测面积小，遥感调查相对困难，常规调查是主要的监测手段。

2.2.1.1.2　常规调查的方法和内容

1）询问调查

询问调查是将拟调查事项，有计划地以多种询问方式向被调查者提出问题，通过他们的回答来获得有关信息和资料的一种调查方法。询问调查是一种广泛应用于社会和市场调查的方法，也是国际上通用的一种调查方法。

询问调查可分为面谈、电话访问、发表调查、问卷调查、邮送或网络调查等多种形式。

2）收集资料

收集资料是调查中最便捷的一种方法。收集资料主要是指收集、取得并利用现有资料，对某一专题进行研究的一种调查形式。

3）典型调查

典型调查是一种非全面调查，即从众多调查研究对象中有意识地选择若干具有代表性的对象进行深入、周密、系统的调查研究。

4) 重点调查

重点调查是一种非全面调查，它是在调查总体中选择一部分重点对象作为样本进行调查。重点调查对象的标志在于其在总体标志总量中占的比重较大，因此能够反映总体情况或基本趋势。但重点调查的对象与一般对象有较大的差异，不具有普遍性，并不能以此来推算总体。

5) 普查

普查也叫全面调查，指对调查总体中的每一个对象进行调查的一种调查组织形式。普查相比其他调查方法，取得的资料更全面、更系统。普查的主要作用是为国家或部门制定长期计划、宏伟发展目标、重大决策提供全面、详细的信息和资料，为搞好定期调查和开展抽样调查奠定基础。

普查可分为逐级普查、快速普查、全面详查、线路调查。

6) 抽样调查

抽样调查是一种非全面调查，是在被调查对象总体中，抽取一定数量的样本，对样本指标进行测量和调查，以样本统计特征值（样本统计量）对总体的相应特征值（总体参数）作出具有一定可靠性的估计和推断的调查方法。

a. 基本概念

(1) 总体和样本。

被研究事物或现象的所有个体（数值或单元）称为总体；从总体中按预先设计的方法抽取一部分单元，这部分单元称为样本，组成样本的每个单元称为样本单元。总体单元数用 N 表示；样本总体单元数用 n 表示。总体和样本都是一种随机变量。

(2) 抽样估计。

利用样本指标（统计量）来推算总体参数的一种统计分析方法。

(3) 总体参数和样本特征值。

根据总体各单元标志值计算的综合特征值，又称总体参数，常用的总体参数有总体平均数、总体方差、总体标准差、总体成数。

根据样本总体各单元标志值计算的综合特征值，也称统计量。样本单元观测值为随机变量，故统计量也是随机变量。常用的样本特征值有样本平均数、样本方差、样本标准差、样本成数。

b. 重复抽样和不重复抽样

从总体中抽取样本单元的方法有重复抽样和不重复抽样两种。

重复抽样是把已经抽出来的单元再放回到总体中继续参加下一次抽选，使总体单元数始终是相同的，每个单元可能不止一次被抽中。

不重复抽样是把已经抽出来的单元不再放回总体中，每抽一次，总体单元数会相应减少。每个单元只能被抽中一次。

抽样方法不同，样本总体可能数目不同。重复抽样的样本总体可能数目为 N^n，不重复抽样的样本总体可能数目为 $N!/(N-n)!$。

c. 抽样误差的概念

非全面调查中，由于用部分总体单元代表总体，因此在推算总体时必然要产生误差，我们称之为代表性误差。代表性误差有两种：系统误差和随机误差。系统误差也称偏差，是指破坏了抽样的随机原则而产生的误差。随机误差是指遵守了随机原则，但可能抽到不同的样本而产生的误差。随机误差也分两种：绝对误差和平均误差。绝对误差也称实际误差，是指某一样本指标与总体指标之间的数值差异。平均误差是指所有可能出现的样本指标值与总体指标值的平均离差，也可以说是所有可能出现的绝对误差的标准差，它反映了误差的一般水平。抽样平均误差用 μ 表示。

d. 抽样极限误差和相对误差

极限误差就是指变动的样本特征值与确定的总体特征值之间离差的可能范围。

相对误差也是进行抽样调查时需要计算的重要参数之一，它表明在设计出的抽样调查方案中，用各种可能出现的样本资料推算出的总体参数值与客观存在的唯一确定的总体参数值间的相对误差的大小。

e. 常用的抽样方法

常用的抽样方法有简单随机抽样、系统抽样、分层随机抽样、整群抽样等。

简单随机抽样是指在总体单元均匀混合的情况下，随机逐个抽取样本的抽样方式。

系统抽样，又称机械抽样或等距抽样。它是先将总体各单元按某一特征值排队，然后按相等的距离或间隔逐个抽取样本单元的方法。

分层随机抽样也称分类抽样或类型抽样，它是在总体单元特征值的大小明显地呈现出层次时，按该特征值将总体各单元划分为若干层，使层间特征值差异较大，层内特征值差异较小，然后每层随机抽取样本单元，进而实现在总体中抽取样本单元的抽样方法。该方法一般适用于总体单元很多、有关特征值差异较大、总体分布偏于正态的研究对象。

整群抽样是先将总体分为若干群或集团，然后以群为单元成群地抽取一部分群作为样本单元，对抽中的群内所有单元进行全面调查的一种抽样方法，也称为集团抽样。

f. 样本单元数确定

样本单元数是根据抽样调查的精度要求和总体分布特征来确定的，不同抽样方法直接影响抽样样本单元数的大小。

g. 确定调查样本单元数的原则

在实际抽样调查工作中，必须综合考虑，采用多种方式来确定样本量。

h. 实际调查中确定样本量的做法

(1) 通过对方差的估计，采用公式计算所需样本量。主要做法是：用两步抽样，在调查前先抽取少量的样本，得到标准差 s 的估计，然后代入公式中，得到下一步抽样所需样本量 n；如果有以前类似调查的数据，可以使用以前调查的方差作为总体方差的估计。

(2) 根据经验，确定样本量。主要方法有：如果以前有人做过类似的调查，可以参照前人的样本单元数确定。一般大样本应在 50 个以上，小样本不少于 30 个。区域面积越大，样本单元数越多。

i. 参数估计

参数估计就是以样本特征值来估计总体特征值。参数估计主要有点估计和区间估计两种方法。

j. 抽样调查的步骤

(1) 根据调查目的和任务的需要，按照一定的内容和要求，对某一对象总体编制抽样框。

(2)根据调查总体中各调查单位的数量分布特征选择一定的抽样调查方法。

(3)根据调查的精度要求和选择的调查方法确定抽样单元数,并从抽样框中抽取样本单元。

(4)对抽取的样本单元进行调查,对样本资料进行审核、汇总。

(5)根据样本汇总资料结果推断总体,并进行一定的可靠性检验。

k. 抽样调查方案设计

(1)抽样方法与样地数确定。

1 000 km^2 以上流域的调查应采用成数抽样法。抽样可靠性为 90% ~95%,精度为 80% ~85%,最小地类总成数预计值为 1% ~10%,一般采用 5%。以此为依据确定样地数。

1 000 km^2 以下流域的调查,采用随机抽样或系统抽样。变动系数小于 20%,采用系统抽样;变动系数大于 20%,采用随机抽样。抽样可靠性为 90% ~95%,估计抽样误差小于 10%。以此为依据确定样地数。

样地数计算结果应增加 10% 的安全系数。

(2)样地形状与面积。

一般采用方形或长方形样地。乔木林样地面积大于 400 m^2,一般为 600 m^2;草地调查样地面积为 1 ~4 m^2;灌木林样地面积为 10 ~20 m^2;农业用地和其他用地根据坡度、地面组成、地块大小及连片程度确定,一般采用 10 ~100m^2。一次综合抽样,各种不同地类的样地面积应保持一致,以 400 ~600 m^2 为宜。

(3)样地类别。

固定样地:定期监测的可复位的固定样地,应设置固定标志。

临时样地:本期不复位或下一期不复查的样地。

放弃样地:只有样地号,无法设置和调查的样地。

(4)样地布点。

小流域范围内抽样调查林草生长状况、工程质量状况等,可根据确定的样地数,在 1∶10 000地形图上采用网点板布点。

中流域或县域范围进行水土流失及防治措施调查,可根据确定的样地数,在 1∶10 000 或 1∶50 000 的地形图公里网交叉点上布点。

大流域或县域以上范围则在 1∶50 000 或 1∶100 000 的地形图公里网交叉点上布点。

(5)样地定位与设置。

应根据地形图上确定的位置,利用样地附近的永久性明显地物标志,现场采用引点确定样地的位置。

样地边界现地测定时,样地各边方向误差小于 1°,周长闭合误差小于 1/100。

定期抽样调查时,固定样地可根据样地标志复位,如标志已损坏,则可采用原定位方法重新定位与设置样地。复查时发现固定样地位移小于 50 m 但符合随机抽样原则时,可确认为复位样地。

(6)样地调查内容和方法。

样地调查是抽样调查的主要外业工作,也是抽样调查的核心,调查的内容和方法是根据调查目的和任务确定的。样地调查可用人工方法,也可用遥感方法,或者两者结合。

(7)总体特征值估计与误差。

土壤侵蚀总体监测特征值的估计方法是根据不同侵蚀强度级的土地类型样地数计算土地面积成数,根据成数和调查总体面积估计各侵蚀强度及土地面积现状,最终计算出调查总体的土壤侵蚀监测特征值。同时,也能够得出土地利用的现状。

定期抽样调查监测的动态变化,以监测前后期得到的土壤侵蚀面积成数平均数动态估计值除以监测间隔年数并乘以调查总体面积,即可得到土壤侵蚀面积的年平均动态变化。

l. 水土保持工程质量抽检

m. 抽样调查应注意的问题

(1)水土流失监测应将遥感解译与抽样校验结合起来,提高其可靠性和精度,具体方法见遥感监测部分。

(2)水土流失变动调查一般与土地利用类型变动调查结合进行。

(3)用样地调查结果来估计总体时,计算必须符合统计学的计算要求。

(4)植被调查除本规定外,应符合植被调查的有关规定。

2.2.1.1.3　水土流失综合调查

水土流失调查的内容是根据事先明确的规划、设计、监测、监督等任务确定的。主要包括一定区域范围内影响水土流失的各种因子(自然、社会、经济状况)的调查、水土流失及其防治调查。

1)自然情况调查

自然情况调查主要包括地质、地貌与地形、气象、土壤或地面组成物质、植被、水文与水资源及其他资源的调查。

2)社会经济情况调查

社会经济情况调查是水土流失调查的重要组成部分。

3)水土流失及其防治现状调查

水土流失及其防治现状调查主要包括水土流失现状调查、水土流失危害调查、水土保持现状调查。

2.2.1.2　水土流失专题调查

2.2.1.2.1　水土流失专题调查内容

1)土地利用调查

土地利用调查是水土流失调查与水土保持规划设计的基础。土壤侵蚀量可以通过对不同土地利用类型的估测,按各类型的面积推算某一区域的土壤侵蚀总量。同时,也可以澄清梯田、坝地、林地等水土保持措施面积,监测水土保持措施的成效。

土地利用调查首先是对土地利用进行分类,然后进行野外调绘、调查登记、室内整理等最终完成。

a. 土地利用现状分类

《土地利用现状分类》(GB/T 21010—2007),采用一级、二级两个层次的分类体系,严格按照管理需要和分类学的要求,对土地利用现状类型进行归纳和划分。一是区分“类型”和“区域”,按照类型的唯一性进行划分,不依“区域”确定“类型”;二是按照土地用途、经营特点、利用方式和覆盖特征四个主要指标进行分类,一级类主要按土地用途,二级类按经营特点、利用方式和覆盖特征进行续分,所采用的指标具有唯一性;三是体现城乡一体化原则,按照统一的指标,城乡土地同时划分,实现了土地分类的“全覆盖”。

根据水土保持行业特点，在国家一、二级分类的基础上，根据有关因子或指标再分三级、四级，并对部分一级类进行了归并处理，提出了《土地利用现状分类表》（适用于水土保持）。

（1）坡度：根据《土壤侵蚀分类分级标准》，将坡度划分为六级，即0°～5°、5°～8°、8°～15°、15°～25°、25°～35°、>35°。

（2）土地利用类型：《土地利用现状分类表》（适用于水土保持）将土地利用现状分为四级，一级为8类，二级为88类。

b. 土地评价指标与等级

土地利用调查可根据实际情况与土地评价指标评价合并调查分析。评价指标有地貌、地面坡度、土层厚度（cm）、土壤侵蚀程度、土壤质地、有机质含量（%）、砾石含量（%）、pH值、有无灌溉条件、土地适应性。评价等级分为六级。

c. 土地利用调查方法

（1）全面调查法：对调查对象的每一地块进行调查，传统的方法是人工实地调绘，即以1∶5 000～1∶10 000地形图为底图，野外采用对坡勾绘的方法，室内清图和量算面积。现代的调查方法有两种：一是采用一定分辨率航片或高分辨率卫星影像（10 m以内的精度）的野外调绘，然后室内转绘1∶5 000～1∶10 000地形图；二是室内采用航片或卫星影像判读，并进行野外抽样检验。

（2）抽样调查法：较大区域（县域以上），可采用成数抽样的方法。传统的方法是在地形图上布点，野外调绘，室内量算面积，采用样本估计总体的方法获取整个区域的土地利用状况。现代的方法是将地形图上的布点转到遥感航片或卫星影像上，通过读判与地面抽样调查检验相结合获得。

（3）调查精度控制：一般农区小流域外业采用1∶5 000～1∶10 000地形图及相应航片或高分辨率卫星影像（10 m以内的精度）；林区采用1∶10 000～1∶50 000的地形图，牧区采用1∶50 000～1∶100 000的地形图，以及相应比例尺的航片或卫星影像。基础图件的质量主要体现在比例尺大小和现势性上。

2）水土流失调查

a. 沟蚀

沟蚀分细沟侵蚀（面状沟蚀可列入面蚀）、浅沟侵蚀、切沟侵蚀、干沟和河沟侵蚀，后两者实际已形成沟床或河床，存在问题是水流冲刷，应与山洪、泥石流合并调查。

（1）侵蚀量：局部地段的细沟与浅沟侵蚀可采用样地横断面体积量测法。一个样地上等间距取若干个断面，每个断面上量测沟的总断面面积（侵蚀沟的断面面积可根据实际断面以梯形、三角形等形式计算），然后采用公式进行计算。

（2）侵蚀形态：主要通过实测来观测沟头发育情况、沟岸稳定性、沟道下切情况等。

（3）侵蚀危害：主要调查沟蚀引起的土地切割、农作物倒伏、压坎冲毁等。

b. 重力侵蚀

（1）泻溜调查：调查内容主要包括岩石风化物特征、风化速度、风化季节、滑落面植被状况、滑落量。调查采用专家估测法，并填写设计好的表格。

（2）崩塌调查：调查内容主要包括崩塌区域的岩性、岩层、节理、周边环境状况、崩塌规模和崩塌量等。调查性状可采用专家估测法，对崩塌量可进行量测，并填写设计好的表格。

（3）滑坡调查：调查内容主要包括滑坡形成条件、滑坡形态、滑体组成结构、滑体地面组成物质、地面变形情况、地下水活动情况、滑坡规模,滑坡诱发的原因、危害、造成的经济损失,滑坡稳定性及动态情况,对滑坡的防治措施等。大型滑坡应编写专门的调查报告。

(4)泥石流调查:调查内容主要包括区域内堆积物形态、结构、组成,流域自然与人为活动情况,泥石流形成与诱发原因,历史上泥石流的活动情况、危害及经济损失等,以及泥石流防治情况等。大型泥石流调查还应编制专门的报告。

c. 风力侵蚀

我国风蚀地区大体可分为北方风沙区、滨海湖岸风沙区和河流泛滥风沙区(主要是黄泛风沙区)等。北方风沙区可以分为沙漠、沙地和水蚀风蚀交错区等。风蚀专项调查主要包括大风日数、风速、起沙风速、沙丘移动速度、沙区植被、沙区水资源、风沙危害(沙埋、沙割)等。

d. 冻融侵蚀

冻融侵蚀是气温在0 ℃左右及其以下变化时,产生的对土体的机械破坏作用,是高寒地区的一种重要的侵蚀形式。我国冻融侵蚀的地区多数为无人居住区或人口稀少的地区。典型调查内容应根据当地实际情况确定,主要包括岩性、岩层、节理、水分来源、温度变化、植被状况、崩解规模和崩解量、造成的危害等。

3)水土保持专项调查

为了掌握全国或区域水土保持动态,还经常进行一些水土保持专项调查,如典型流域调查、重点流域调查、开发建设项目水土保持调查、水土保持执法监督调查、城市水土保持调查、生态自然修复调查等。每一项调查方法及内容都应根据调查目的和任务确定。

a. 典型或重点流域调查

典型流域调查主要是针对流域综合治理的典型,其可能代表一种新的治理模式或方向,通过调查总结,将好的经验加以推广。调查内容包括政策、投资方式、治理模式和方法、经营管理等,可采用询问、实地考察等方法。

重点流域调查则是对国家或地方重点投资治理的小流域进行调查,目的是通过调查掌握全国或地方小流域治理的总体情况。调查的重点是治理的面积、采取的措施及其工程质量、投资完成情况等,采用收集资料、普查(或详查)、抽样调查等方法。调查表格式参考《水土保持监测技术规程》(SL 277—2002)附录H。

b. 开发建设项目水土保持调查

开发建设项目水土保持调查有两种类型,一是全国开发建设项目水土保持普查,二是某一特定项目水土保持监测中的各项调查。这里主要是指前者,后者将在第七章中讨论。

全国或区域性开发建设项目水土保持调查应与全国水土保持定期普查同时进行,但由于这类项目多为点线工程(特大型矿山除外),一般遥感影像的分辨率是很难达到调查要求的,因此除实行各部门的行业上报统计制度外,一般宜分层抽样调查。即先将一个区域划分为若干类型(每一类型集中的开发项目不同),然后根据权重,确定抽样点数,对抽中的样点进行全面详查,最后进行统计分析,估计总体情况。如果区域面积不大,可采用全面调查。全国范围内的详查以县级为单元,通过逐级调查上报完成,国家对重点项目进行抽检。调查表格式参考《水土保持监测技术规程》附录Ⅰ。

c. 水土保持执法监督调查

水土保持执法监督调查内容包括执法宣传、案件立项查处、开发建设项目水土保持“三同时”执行情况等,可采用问卷调查、逐级上报统计、抽样调查等调查方法。水土保持执法监督工作、水土保持方案执行情况是最为重要的方面。

d. 城市水土保持调查和生态自然修复调查

城市水土保持调查是近年来兴起的一项新的水土保持工作,由于其定义尚不明晰,因此应以典型调查为主,着力探讨与推广。普查主要依据逐级统计表,目前尚无定型的调查内容、方法和表格。

生态自然修复是在水利部治水新战略指导下出现的水土流失防治新思路。目前正在进行试点,通过典型调查,总结经验,显得十分迫切。具体调查方法可参照封育治理调查。

2.2.1.2.2 水土保持制图

水土保持制图执行水利部制定并颁布实施的《水利水电工程制图标准 水土保持图》(SL 736—2002)(以下简称《制图标准》)。

1)水土保持制图术语和符号

了解水土保持图例、图式、图样、小班等制图术语和符号。

2)水土保持图式

包括通用图式、综合图式、工程措施图式、植物措施图式和园林式种植工程图式等5种类型。

了解一般综合性图如水土保持分区图或土壤侵蚀分区图、土地利用和水土保持措施现状图、水土保持工程总体布置图常用比例尺。

3)水土保持图例

图例可分为通用图例、综合图例、工程措施图例、耕作措施图例、植物措施图例、园林式种植工程图例等6种类型。

2.2.1.3 遥感调查

2.2.1.3.1 遥感信息的选择与使用

1)信息源的选择与使用

按照调查或监测区域的大小和制图比例尺要求,可选择相应的航空遥感(航片)、航天遥感信息源(卫片)。

2)时间跨度的确定

时间跨度是指在同一次遥感调查(或监测)中,当监测区由多景遥感影像组成时,遥感影像之间的时间差。时间跨度应当按照调查区域级别分类确定,不宜太大。

3)时相选择

遥感图像的时相选择,既要根据地物本身的属性特点,同时也要考虑同一种地物不同区域间的差异。

2.2.1.3.2 遥感图像解译、遥感信息处理与制图

1)航空照片

(1)航空照片的判读。航空照片的判读标志,又称解译标志,它反映了目标地物信息的遥感影像的各种特征,分为直接判读标志和间接判读标志。

(2)航空照片的调绘。航空摄影测量方法成图大体上分为三个阶段:航空摄影、航测外业、航测内业。航测外业包括像片联测和判读、调绘。

(3)航空照片的制图。常规编制流程的第一步是根据任务要求对影像地图进行设计。

第二步是地理基础底图的选取。

2）卫星图像

a. 卫星图像的判读

（1）遥感图像的解译方法：遥感图像解译采用人机交互式解译法，并鼓励试用自动识别等新方法。人机交互式解译是在地理信息系统支持下，由经验丰富的专业人员进行遥感影像解译。自动识别解译是由计算机自动完成信息提取的。

（2）人机交互解译的步骤。

①建立解译标志：通过外业调查，建立遥感解译标志，拍摄相应的野外实况照片，并作详细野外记录。

②室内人机交互解译：根据野外建立的判读标志及相关资料，在影像上勾绘图斑。

③野外校核：应用典型样区校核法和线路验证法，校核室内判读的准确性，拍摄照片，并作现场记录。

④修编：根据野外校核情况和专家意见，对解译结果进行全面修改和补充。

⑤数字图生成：将修编后的数字图接边，并转换成 ARC/INFO 的 EOO 和 Coverage 格式。

b. 卫星图像的制图

（1）遥感影像的选取与数字化。应根据搜集到的遥感信息，选择最佳波段组合，利用数字图像处理方法进行信息增强。

（2）遥感影像几何纠正与图像投影配准。

①几何纠正。应根据地形图，选取控制点进行几何校正。校正后图面误差不应大于 0.5 mm，最大不应大于 1 mm。

②图像配准。在水土保持动态监测时，可以以前一期校正好的遥感影像为基础，对新一期的遥感影像进行校正。

c. 遥感影像镶嵌

镶嵌的第一种情况是把左右相邻的两幅或两幅以上的图像准确地拼接在一起；第二种情况是把一幅小图像准确地嵌入另一幅大图像中。

d. 地理基础图拼接

多幅地理基础图拼接可利用 GIS 提供的地图拼接功能进行。

e. 地理基础底图与遥感影像复合

利用多个同名地物控制点作为卫星数字影像与数字地图之间的位置配准；将数字专题地图与卫星数字图像进行复合叠置。

f. 符号注记层生成

符号和注记可以利用图形软件交互式添加在新的数据图中。

g. 影像地图图面配置

图面配置的内容包括影像地图放置的位置、添加影像标题、配置图例、配置参考图、放置比例尺、配置指北箭头及图幅的边框等。

2.2.1.3.3　面积量算与汇总

面积量算时控制面积应以图幅理论面积或国家统一的行政单位面积为准，即以分幅地形图上各级行政区的总面积为依据，对下一级行政区总面积或各类各级图斑面积量测进行控制。

2.2.1.3.4 精度、质量控制与要求

1)图像拼接与投影质量要求

航片处理控制时,航向重叠不得小于60%,旁向重叠不得小于30%,每张像片的倾角不应大于2°,个别不应大于3°;每张航片上4条压平线的弯曲度不得大于0.01 mm;投影误差应控制在±0.4 mm。

2)解译质量控制要求

解译质量控制应符合下列规定:

(1)图斑属性的判对率应大于90%。

(2)图斑边界线的走向和形状与影像特征的允许误差:遥感影像小于1个像元,航片按成图比例尺控制在0.5 mm内。

(3)按成图比例尺,最小图斑面积应为4 mm;条状图斑短边长度不应小于1 mm。

(4)图斑定性和定位应准确,矢量图内弧段应封闭,图斑应标注,图形应建立拓扑关系,图幅接边及其判读应在规定误差内,对其质量采用随机抽样方法进行检查,各级检查图斑数不得少于总图斑数的5%。

(5)采用分级检查制度控制人机交互式解译结果的误差:自查(指解译人员自己的检查)误差应不大于10%,复验(指其他解译人员的检查)误差应不大于8%,审核(指解译质量负责人的检查)误差应不大于5%。

2.2.1.4 水土保持勘测

2.2.1.4.1 测量方法和应用范围

(1)常用的测量方法有两种:①实地测量;②在一定比例尺的地形图上量取。

(2)实地测量一般采用常规的地面测量和利用全球卫星定位系统(GPS)测量。

(3)常规测量包括角度测量、距离测量、高差测量、方位角测量等。

(4)测量方法:水平角度测量通常采用经纬仪、罗盘实地测量,或在纸质图纸、电子图纸上量算;水平距离测量采用钢尺、测距仪、量图等方法量测;高差测量采用水准仪、经纬仪、全站仪等仪器量测;方位角测量一般采用罗盘仪;面积测量一般采用求积仪法、解析法、图解法;坡度、坡向测量一般采用罗盘仪、经纬仪或量图;比降量测采用水准仪、经纬仪等;土方量的计算采用断面法和方格法计算;淤地坝汇水边界测量一般根据分水岭画出汇水面积后量图计算;库容计算要先测绘水下地形,再根据等高距和面积计算。

2.2.1.4.2 工程地质勘测方法与应用范围

水土保持工程地质勘测以踏勘为主,必要时可进行地质勘探。

1)工程地质测绘

工程地质测绘的比例尺分为小比例尺(1:100 000、1:50 000)、中比例尺(1:25 000、1:10 000)、大比例尺(1:5 000、1:1 000或更大)三类。使用的地形图必须是符合精度要求的同等或大于地质测绘比例尺的地形图,并必须在图上注明实际的地质测绘比例尺。

2)工程地质测绘方法

a.地层剖面实测

根据测区露头出露的情况,可以采用不同的测绘地层剖面。

b.地质点的观测

地质点的观测工作包括位置的标测、岩层产状要素的量测、地质现象的观察与素描、标

本采集等。

c. 野外地质观察

野外地质观察工作包括层理的观察、地质构造的观察、节理裂隙统计、岩层接触关系观察。

3)遥感技术应用

a. 区域地质构造稳定性确定

区域地质构造的稳定性与区域水土流失特别是滑坡泥石流及其强度有很大关系,利用遥感图像能提供大量宏观的线性构造信息,对于了解与掌握区域地质特征、水系分布特征和地貌形态是十分重要的手段。

b. 崩塌、滑坡、泥石流调查

在滑坡、崩塌、泥石流以及某些松散堆积体的调查中,利用航(卫)片或彩红外片进行地质解译,结合野外现场观察、复查和检查,能够查明大型或较大型塌滑体的数量、分布及其稳定状态,查明泥石流发生情况及泥石流易发区域的地质地貌情况。

c. 岩溶调查

利用遥感影像,特别是彩红外影像进行岩溶及岩溶水文地质调查有其特殊的优势,像片解译不仅能很好地判读各种岩溶地貌现象,而且可以充分利用岩溶地貌与其他介质红外光谱的差异,判断地下水的分布和泉水分布等。

d. 中小比例尺地质测绘填图

在保持必需的野外工作量和成图现场校核工作的前提下,中小比例尺地质图以遥感成图取代常规地质测绘;建筑物及其他重要地区大比例尺工程地质图优先考虑遥感成图。

e. 岩土工程开挖面地质编录

为适应大型水利水电工程施工中进行反馈设计、安全预报和存档备查的需要,在人工开挖高边坡、大型地下建筑物和大坝基坑的开挖中采用地面遥感技术,进行地质编录,可以为相关的水土保持工程提供翔实的现场地质资料和数据。

f. 工程钻探与物探

水土保持工程地质调查中很少采用工程钻探与物探,但应有所了解,以便在开发建设项目水土保持中应用有关资料。

(1)钻探是工程勘察中能直接获取地下信息的最重要的手段。平硐和竖井(或大径钻井)勘探,是山地勘探工作中的重要组成部分。

(2)物探包括重力勘探、磁性勘探、电法勘探、弹性波探测、钻孔地球物理勘探。

2.2.1.4.3 勘测图件绘制

1)地质勘测图件

水利与水土保持工程的地质勘测图件主要包括综合地层柱状图、区域构造稳定性地质图、综合地质图、坝址与其他建筑物区工程地质图及剖面图、天然建筑材料产地分布图、喀斯特区水文地质图、土基工程地质剖面图、钻孔柱状图、硐井展示图等。

2)勘测图件绘制的一般要求

绘制图件所应用的各项资料必须经过系统整理、综合分析和全面校核。各类图件应主题突出,图面布置紧凑、协调,线条主次分明,字体端正清楚。

各类图件的精度应与地质测绘的比例尺相适应。为了保证图件的准确性,主要地质图必须在底图上描绘,不得在蓝图上套描。地质平面图必须标明经纬度或坐标网,应以正上方为北,否则必须标出指北方向。

2.2.2 案例分析

【案例1】 调查某区域沟坝地的单位面积产量,已知其标准差为800,要求的调查误差不超过50 kg,可靠性指标(置信程度)为95%时($t=1.96$),所需的样本单元总数是________。

A. 100个　　B. 555个　　C. 983个　　D. 1 537个

答案:C

考点:抽样调查计算统计方法。

解:采用重复抽样时的计算公式计算,$n=\frac{t^2\sigma^2}{\Delta_x^2}=\frac{1.96^2\times800^2}{50^2}=983$(个)

由上计算,需要调查的样本单元数为983个,故选C。

【案例2】 土地利用调查中一般农区小流域外业采用________地形图及相应航片或高分辨率的卫星影像(10 m以内的精度)进行调查。

A. 1∶1 000~1∶5 000　　B. 1∶5 000~1∶10 000

C. 1∶10 000~1∶50 000　　D. 1∶50 000~1∶100 000

答案:B

考点:土地利用调查精度控制。

解:一般农区小流域外业采用1∶5 000~1∶10 000地形图及相应航片或高分辨率的卫星影像(10 m以内的精度);林区采用1∶10 000~1∶50 000的地形图;牧区采用1∶50 000~1∶100 000的地形图,以及相应比例尺的航片或卫星影像。

【案例3】 植物措施图例包括整地图例。整地图例主要应用于植物工程施工设计的平面布置图,主要包括全面整地、鱼鳞坑、________等图例。

A. 大坑(果树坑)　　B. 水平阶　　C. 隔坡整地　　D. 改良土壤

答案: ABC

考点:植物措施图的整地图例种类。

解:整地图例主要应用于植物工程施工设计的平面布置图,主要包括全面整地、鱼鳞坑、大坑(果树坑)、小坑、水平阶、水平沟、隔坡整地7种图例。

【案例4】 水土保持遥感监测调查中,全国和大江大河流域应采用________投影。

A. 双标准纬线等积圆锥投影　　B. 正轴方位投影

C. 墨卡托投影　　D. 高斯—克吕格投影

答案:A

考点:遥感图像投影配准。

解:水土保持监测中,全国、大江大河流域和省(自治区、直辖市)的监测结果图比例尺不小于1∶100 000~1∶500 000,县和重点区一般为1∶10 000~1∶50 000,小流域为1∶10 000。双标准纬线等积圆锥投影是我国常用的小比例尺等积投影。

【案例5】 下列________特征是推断地质断层存在的间接判读标志。

A. 像片上的色调　　B. 像片上的形状

C. 像片上的纹理　　D. 像片上呈线状延伸的陡立的三角面地形

答案:D

考点:遥感调查方法图像解译。

解:间接判读标志能够间接反映和表现目标地物的遥感影像的各种特征,借助它可以推断与某地物属性相关的其他现象。“像片上呈线状延伸的陡立的三角面地形”是反映地质断层存在的指示特征。像片上的色调、形状和纹理均表现为直接判读标志。

【案例6】 在某一水土保持工程中,用经纬仪测定同一坡度上两点的高程分别为 H_1 和 H_2,经求算两点间的水平距离为 L,由此推算坡面的坡度为________。

A. $(H_1+H_2)/L$　　B. $(H_2-H_1)/L$　　C. $L/(H_1+H_2)$　　D. $L/(H_2-H_1)$

答案:B

考点:熟悉在某一水土保持工程中,用经纬仪测坡度的方法。

解:用经纬仪测定同一坡度上两点的高程分别为 H_1 和 H_2,经求算两点间的水平距离为 L,由此推算坡面的坡度为 $(H_2-H_1)/L$。

【案例7】 在水土保持工程中,经常需要测量或求算面积,在面积测量时使用的方法包括________。

A. 解析法　　B. 求积仪法　　C. 图解法　　D. 平行线法

答案:ABC

考点:熟悉在水土保持工程中,如何测量或求算面积。

解:在面积测量时使用的方法包括解析法、求积仪法、图解法。图解法包括几何图形法、方格法、平行线法。

2.3 复习题

2.3.1 常规调查

1)单项选择题

(1)普查也叫________,指对调查总体中的每一个对象进行调查的一种调查组织形式。

A. 全面调查　　B. 抽样调查　　C. 重点调查　　D. 典型调查

(2)典型调查是一种________,即从众多调查研究对象中有意识地选择若干具有代表性的对象进行深入、周密、系统的调查研究。

A. 非全面调查　　B. 全面调查　　C. 重点调查　　D. 非重点调查

(3)重点调查是在调查总体中,选择一部分重点对象作为样本进行调查。重点调查的对象不具有普遍性,________以此来推算总体。

A. 能　　B. 不能　　C. 基本上能　　D. 基本上不能

(4)全国或大流域范围内的水土流失普查一般为________年,一般采用遥感普查与抽样调查相结合的方法进行。

A. 5 ~ 10　　B. 1 ~ 4　　C. 11 ~ 15　　D. 16 ~ 20

(5)抽样调查是在被调查对象总体中,抽取一定数量的样本,对样本指标进行量测和调查,以样本统计特征值对应的________作出具有一定可靠性的估计和推断的调查方法。

A. 个体特征值　　B. 总体特征值　　C. 样本特征值　　D. 标本特征值

(6)植被是控制水土流失的主要因素。植被调查多采用________。

A. 全面普查　　B. 重点调查　　C. 样方调查　　D. 线路调查

(7)水土流失危害调查方法以________和询问为主,需要时可进行典型调查。

A. 收集资料　　B. 抽样调查　　C. 问卷调查　　D. 现场调查

(8)水土保持过程调查主要是调查区内水土保持工作开展的时间、发展阶段、________。

A. 各阶段的特点　　B. 水土保持措施　　C. 产生的水保效益　　D. 维护运行管理

(9)水土保持成果调查包括水土保持措施的类型、分布、面积、________、产生的效果。

A. 保存情况　　B. 治理经验　　C. 开展时间　　D. 阶段情况

(10)水土保持经验调查包括________、水土保持组织领导、水土保持工程项目管理、水土保持维护运行管理等方面的经验。

A. 水土保持治理　　B. 水土保持面积　　C. 水土保持成果　　D. 水土保持类型

(11)水土保持存在问题调查包括________、水土保持工作过程中的失误与教训、存在的困难与问题、今后可能解决的途径与方法。

A. 公众对水土保持的意见　　B. 水土保持成果调查

C. 水土保持面积调查　　D. 水土保持机构组织

(12)常用的抽样方法很多,其中________不属于常用的抽样方法。

A. 系统抽样　　B. 典型抽样　　C. 分层随机抽样　　D. 整群抽样

(13)________属于面蚀调查的指标。

A. 沟壑密度　　B. 林草覆盖度　　C. 崩塌面积　　D. 沟谷面积

(14)郁闭度调查时常采用________方法。

A. 触针法　　B. 抬头法　　C. 普查法　　D. 询问法

(15)________适宜于调查总体为“较大或无限”、一般无法开展全面调查的研究对象。

A. 普查　　B. 重点调查　　C. 典型调查　　D. 抽样调查

(16)下列哪个不属于区间估计的要素________。

A. 估计值　　B. 抽样误差范围　　C. 概率保证程度　　D. 最大样本量

(17)灌木林进行抽样调查时样地面积一般选为________。

A. $>400\ m^2$　　B. $10\sim100\ m^2$　　C. $10\sim20\ m^2$　　D. $1\sim4\ m^2$

(18)坡度分级中,________坡为斜坡。

A. $6^\circ\sim8^\circ$　　B. $9^\circ\sim15^\circ$　　C. $16^\circ\sim25^\circ$　　D. $26^\circ\sim35^\circ$

2)多项选择题

(1)水土保持调查方法包括询问、收集资料、________等。

A. 普查　　B. 典型调查　　C. 重点调查　　D. 抽样调查

(2)水土保持调查方法中的普查可分为________等。

A. 逐级普查　　B. 快速普查　　C. 全面详查　　D. 重点调查

(3)下列表述正确的是________。

A. 典型调查不同于重点调查

B. 重点调查是一种非全面调查

C. 典型调查是一种非全面调查

D. 重点调查是从某种数量方面掌握重点对象的状况

(4)抽样代表性误差包括________。

A. 系统误差　　B. 随机误差　　C. 绝对误差　　D. 极限误差

(5)常用的抽样方法有________等方法。

A. 简单随机抽样　　B. 系统抽样　　C. 典型抽样　　D. 整群抽样

(6)水土流失调查主要是对一定区域范围内影响水土流失的各种因子包括________的调查、水土流失及其防治调查。

A. 自然　　B. 社会　　C. 地貌　　D. 经济状况

(7)植被调查主要内容包括________和林下枯枝落叶层等。

A. 植物种类　　B. 植被类型　　C. 郁闭度(森林)　　D. 覆盖度(草或灌木)

(8)水土流失危害调查主要包括水土流失对________的调查。

A. 当地危害　　B. 下游地区危害

C. 大型灾害性水土流失事件　　D. 土壤危害

(9)水土流失对当地危害的调查包括________。

A. 降低土地生产力　　B. 对周边生产生活的危害

C. 生态环境的危害　　D. 土地利用的危害

(10)水土流失对下游危害的调查包括________等的淤积调查。

A. 库　　B. 湖　　C. 塘　　D. 河道

(11)对大型灾害性水土流失事件的调查包括对________等进行典型调查。

A. 山洪　　B. 泥石流　　C. 滑坡　　D. 河道淤积

(12)水土保持现状调查内容包括________等。

A. 水土保持过程(历史)　　B. 水土保持成果

C. 水土保持经验　　D. 水土保持面积

(13)随机误差分为________。

A. 绝对误差　　B. 平均误差　　C. 相对误差　　D. 系统误差

参考答案

1)单项选择题

(1)A　(2)A　(3)B　(4)A　(5)B　(6)D　(7)A　(8)A
(9)A　(10)A　(11)A　(12)B　(13)B　(14)B　(15)D　(16)D
(17)C　(18)B

2)多项选择题

(1)ABCD　(2)ABC　(3)ABCD　(4)AB　(5)ABD　(6)ABD
(7)ABCD　(8)ABC　(9)ABC　(10)ABCD　(11)ABC　(12)ABC
(13)AB

2.3.2　水土流失专题调查

1)单项选择题

(1)灌木林地的覆盖度应________。

A. >30%　　B. >40%　　C. >50%　　D. >20%

(2)疏林地是指树木郁闭度为________的林地。

A. 10% ~30%　　B. 5% ~10%　　C. 10% ~20%　　D. 20% ~30%

(3)迹地是指森林采伐、火烧后,________未更新的土地。

A. 3 年内　　B. 4 年内　　C. 5 年内　　D. 6 年内

(4)水土流失调查中对侵蚀形态主要是通过实测来观测沟头发育情况、沟岸稳定性、________情况等。

A. 河床下切　　B. 沟道下切　　C. 河岸冲刷　　D. 沟岸冲刷

(5)小班也称________,是土地利用调查、水土流失调查、水土保持调查及规划设计时的最小单位。

A. 地块　　B. 地区　　C. 地域　　D. 地类

(6)耕作措施图例包括________、增加地面覆盖、改良土壤三种。

A. 改变微地形　　B. 改变坡度　　C. 改变耕作方式　　D. 改变种植结构

(7)林种图例主要适用于小比例尺的规划设计,一般相当于县级以上区域,比例尺________。

A. ≤1∶50 000　　B. ≤1∶5 000　　C. ≥1∶50 000　　D. ≥1∶5 000

(8)区域水土保持分区图或土壤侵蚀分区图、水土流失类型及现状图,其所用比例尺________。

A. ≤1∶50 000　　B. ≤1∶5 000　　C. ≥1∶50 000　　D. ≥1∶5 000

(9)开发建设项目水土保持调查有两种类型,一是全国开发建设项目水土保持________,二是某一特定项目水土保持监测中的各项调查。

A. 详查　　B. 普查　　C. 抽查　　D. 典型调查

(10)水土保持执法监督调查包括执法宣传、________、开发建设项目水土保持"三同时"执行情况等。

A. 水土保持成果调查　　B. 案件立项查处

C. 水土保持经验调查　　D. 典型调查

2)多项选择题

(1)土地利用调查是水土流失调查与水土保持规划设计的基础。土地利用调查首先是对土地利用进行分类。我国国土资源部门将土地利用现状分为四级,一级为________类,二级为________类。

A. 5　　B. 8　　C. 66　　D. 88

(2)我国国土资源部门将土地利用现状分为四级,一级包括耕地、园地、林地、________等。

A. 牧草地　　B. 居民点及工矿用地

C. 交通用地　　D. 水域

(3)我国风蚀地区大体可分为________等。

A. 北方风沙区　　B. 滨海风沙区　　C. 河流泛滥风沙区　　D. 湖岸风沙区

(4)风蚀专项调查主要包括大风日数、风速、________等。

A. 沙丘移动速度　　B. 沙区植被　　C. 沙区水资源　　D. 风沙危害

(5)水土保持图例可分为________、园林式种植工程图例等类型。

A. 通用图例　　B. 综合图例　　C. 工程措施图例　　D. 植物措施图例

(6)通用图例包括________等。

A. 地界图例　　B. 道路及附属设施图例

C. 地形地貌图例　　D. 水系图例

(7)综合图例包括________等。

A. 土地利用类型图例　　B. 地面组成物质图例

C. 水土流失类型图例　　D. 土壤侵蚀强度图例

(8)常规水土保持植物工程图例包括________。

A. 林种图例　　B. 树种图例　　C. 草种图例　　D. 整地图例

(9)小流域水土保持工程总体布置图或综合规划图,其所用比例尺包括________。

A. 1:10 000　　B. 1:5 000　　C. 1:2 000　　D. 1:1 000

(10)水土保持专项调查有典型流域调查、水土保持执法监督调查、________。

A. 重点流域调查　　B. 开发建设项目水土保持调查

C. 城市水土保持调查　　D. 水土保持过程调查

参考答案

1)单项选择题

(1)B　(2)A　(3)C　(4)B　(5)A　(6)A　(7)A　(8)A

(9)B　(10)B

2)多项选择题

(1)BD　(2)ABCD　(3)ABCD　(4)ABCD　(5)ABCD　(6)ABCD

(7)ABCD　(8)ABCD　(9)ABCD　(10)ABC

2.3.3　遥感调查

1)单项选择题

(1)按照水土保持监测技术规程要求,全国、大江大河流域、省(自治区、直辖市)和重点防治区遥感信息的时间跨度不得超过________年。

A. 2　　B. 4　　C. 6　　D. 8

(2)按照水土保持监测技术规程要求,县和小流域遥感信息的时间跨度不得超过________个月。

A. 8　　B. 6　　C. 4　　D. 2

(3)对遥感图像的时相选择,一般情况下,我国华北地区选择________。

A. 4 月中下旬　　B. 5 月中下旬　　C. 6 月中下旬　　D. 7 月中下旬

(4)水土保持遥感监测调查时,在面积量算时控制面积应以图幅理论面积为准。理论面积(是指根据地图投影方式计算出的图幅面积)与实际面积(是按图幅轮廓实际测算出的面积)的误差范围不得大于理论面积的________。

A. 1/300　　B. 1/400　　C. 1/500　　D. 1/600

(5)水土保持遥感监测调查中,对图像拼接的要求是航片处理控制时,航向重叠不得小于________。

A. 30%　　B. 40%　　C. 50%　　D. 60%

(6)水土保持遥感监测调查中,对图像拼接的要求是航片处理控制时,旁向重叠不得小于________。

A. 30%　　B. 40%　　C. 50%　　D. 60%

(7)水土保持遥感监测调查中,按照图像解译质量控制要求,图斑属性的判对率应大于________。

A. 60%　　B. 70%　　C. 80%　　D. 90%

(8)水土保持遥感监测调查中,根据图像解译成果质量控制要求,图斑属性接边正确,图斑界线接边误差不应大于遥感影像的0.5个像元,航片按成图比例尺不应大于________。

A. 0.3 mm　　B. 0.4 mm　　C. 0.5 mm　　D. 0.6 mm

2)多项选择题

(1)利用遥感技术对水土流失状况进行调查时,其调查内容包括土壤侵蚀________。

A. 类型　　B. 强度　　C. 分布　　D. 危害

(2)遥感图像的时相选择,一般情况下,我国东北地区选择5月上旬至6月上旬或10月上旬,西北地区则选择5~6月或9~10月,这主要是根据________。

A. 地物本身的属性特点　　B. 同一种地物不同区域间的差异

C. 区域本身的属性特点　　D. 不同地物间的特点

(3)遥感调查的程序为确定计划任务、组织培训监测人员、野外考察、建立解译标志、________、成果资料管理。

A. 遥感图像解译　　B. 野外校核

C. 图形编辑与面积量测　　D. 检查与验收

(4)水土保持遥感资料整编包括________。

A. 基础资料　　B. 成果资料　　C. 技术文档　　D. 调查资料

(5)水土保持遥感资料整编中的成果资料包括________、原始数据。

A. 数字图　　B. 成果图　　C. 原始记录　　D. 调查资料

参考答案

1)单项选择题

(1)A　(2)B　(3)B　(4)B　(5)D　(6)A　(7)D　(8)C

2)多项选择题

(1)ABCD　(2)AB　(3)ABCD　(4)ABC　(5)ABC

2.3.4　水土保持勘测

1)单项选择题

(1)在水土保持工程测量中,关于方位角测量的说法正确的是________。

A. 方位角测量主要指磁方位角,常用罗盘仪测量

B. 方位角测量主要指磁方位角,常用经纬仪测量

C. 方位角测量主要指磁方位角,也称为角度测量

D. 角度测量包括磁方位角、水平角、竖直角

(2)新老底层依次平行叠置,但中间有底层缺失的岩层接触关系为________。

A. 整合　　B. 假整合　　C. 不整合　　D. 部分整合

(3)遥感技术不可用于________。

A. 崩塌、滑坡、泥石流调查　　B. 岩溶调查

C. 大比例尺地质测绘填图　　D. 岩土工程开挖面地质编录

(4)在水土保持工程测量中,当高差测量要求精度较低时,一般利用________就能够满足要求。

A. 经纬仪　B. 水准仪　C. 罗盘仪　D. GPS

(5)在水土保持工程测量中,方位角的测量常用________测量。

A. 经纬仪　B. 水准仪　C. 罗盘仪　D. GPS

(6)在水土保持工程中,梯田埂坎高度测量一般直接用________测量。

A. 水准仪　B. 经纬仪　C. 罗盘仪　D. GPS

(7)在水土保持工程勘测中,有一工程其水平距离可能达到数十千米,测量精度要求高,在野外距离测量时应用________测量。

A. 水准仪　B. 经纬仪　C. 罗盘仪　D. 测距仪

2)多项选择题

(1)在水土保持工程勘测中,常规测量包括________。

A. 角度测量　B. 距离测量　C. 高差测量　D. 方位角测量

(2)水土保持工程的水平角测量方法有________。

A. 在实地用经纬仪测量

B. 在实地用罗盘仪观测两个方向的磁方位角,通过其差数得到水平角

C. 在纸质地形图上用量角器直接量取

D. 在电子图上量取

(3)水土保持土方量计算一般采用________。

A. 求积仪法　B. 方格法　C. 平行线法　D. 断面法

(4)在水土保持工程勘测中,直接测定坡度的仪器包括________。

A. 罗盘仪　B. 经纬仪　C. 坡度仪　D. 水准仪

(5)在水土保持工程高差测量时使用的仪器有水准仪和经纬仪,这两种测量仪的优点为________。

A. 水准仪测量精度高　　B. 经纬仪测量精度高

C. 经纬仪测量不受地形条件的影响　　D. 水准仪测量不受地形条件的影响

(6)工程地质测绘的野外地质观察内容有________。

A. 褶皱　B. 断层　C. 节理裂隙统计　D. 岩层接触关系

(7)下列各项中哪项不是工程地质钻探内容________。

A. 平硐　　B. 竖井

C. 钻孔地球物理勘探　　D. 重力勘探

(8)面积测量方法有解析法、求积仪、图解法,其中:图解法可分为________。

A. 方格法　B. 平行线法　C. 几何图形法　D. 断面法

(9)野外识别断层的标志是破碎带和构造岩。根据构造的性状、破碎和动力变质程度,一般可分为________等 。

A. 断层泥　B. 断层糜棱岩　C. 角砾岩　D. 构造碎裂岩

(10)根据“V字形法则”进行野外地质测绘,关于岩层倾向的说法正确的是________。

A. 当地质体界面倾向与沟谷流水方向相同,但界面倾角小于谷底坡度时,则勾绘出的地质界线V字形尖端应指向沟谷上方,且与地形等高线相近

B. 当地质体界面倾向与沟谷流水方向相同,但界面倾角大于谷底坡度时,则勾绘出的地质界线V字形尖端应指向沟谷的下方,且与地形等高线弯曲相反

C. 当地质体界面倾向与沟谷流水方向相反时,无论界面倾角大小,其地质界线的V字形尖端总是指向沟谷的上方断层泥

D. 当地质体界面倾向与沟谷流水方向相反时,无论界面倾角大小,其地质界线的V字形尖端总是指向沟谷的下方断层泥

参考答案

1)单项选择题

(1)A (2)B (3)C (4)A (5)C (6)A (7)D

2)多项选择题

(1)ABCD (2)ABCD (3)BD (4)ABC (5)AC (6)ABCD

(7)CD (8)ABC (9)ABCD (10)ABC

第3章 水土保持项目管理

3.1 考试大纲

了解水土保持工程前期工作管理程序。

掌握水土保持工程各阶段划分、深度和重点。

了解水土保持项目管理的有关规定。

3.2 复习指导

3.2.1 复习要点

3.2.1.1 前期工作管理程序

3.2.1.1.1 水土保持生态建设工程前期工作管理程序

水土保持前期工作划分为规划、项目建议书、可行性研究、初步设计四个阶段。水土保持规划是一种政府行为,一般由政府委托相应机构按《中华人民共和国水土保持法》的规定以及规划区域的实际情况进行编制,规划报告经县级以上人民政府批准后,将作为某一时期的水土保持生态建设工作的指导性文件,也是政府有计划地安排规划中确定的重点地区进行重点建设项目立项的依据。项目建议书是在规划指导下,根据规划确定的工程项目,按轻重缓急编制的工程立项技术文件。项目建议书被批准后,即视为该项目已列入建设计划,接下来应按规定开展项目的可行性研究工作,编制可行性研究报告,该报告一经批准,则工程项目正式立项。可行性研究报告批复后应进行水土保持初步设计,经有关部门审批后,列入年度计划。初步设计审批后,应由建设单位委托相应资质单位开展施工图设计,组织实施。

水土保持生态建设项目因点多面广,项目小而分散。项目建议书与可行性研究报告一般针对大中流域或县级以上行政区域或较大片区,而初步设计则针对小流域或骨干工程。因此,国家在建设管理程序上有时作适当简化,将项目建议书与可行性研究报告合并,初步设计与施工图设计合并。

3.2.1.1.2 开发建设项目水土保持前期工作管理程序

1)开发建设项目水土保持方案报告制度

根据《中华人民共和国水土保持法》、《中华人民共和国环境影响评价法》、《中华人民共和国水土保持法实施条例》、《建设项目环境保护管理条例》的规定,凡在生产建设过程中可能引起水土流失的开发建设项目必须编制水土保持方案,防治其造成的水土流失。

国家计委、环保总局、水利部根据法律法规,于1994年制定了《开发建设项目水土保持方案管理办法》,调整了建设项目立项审批的程序,首先由水行政主管部门审批水土保持方案,之后由环境保护主管部门审批环境影响报告,最后由计划主管部门审批项目的立项。管理办法中明确在开发建设项目的可行性研究阶段报批水土保持方案。

2）编制水土保持方案的资质规定

2008 年水利部的水保〔2008〕329 号文将水土保持方案编制资质移交中国水土保持学会管理，中国水土保持学会以〔2008〕中水会字第 024 号印发了《水土保持方案编制资质管理办法（试行）》的通知，资质证书分为甲、乙、丙三个等级。

3）水利工程水土保持技术文件编制

根据《水利工程水土保持技术文件编制指导意见》（水总局科〔2005〕3 号文）的规定，水利工程项目前期工作应根据工程性质、任务、规模及水土流失的影响程度等编制相应的水土保持技术文件。

3.2.1.2 水土保持规划设计各阶段深度与重点

3.2.1.2.1 水土保持生态建设规划

1）水土保持生态建设规划类型

水土保持生态建设规划是根据国家国民经济发展规划或区域经济发展规划进行的一种专业规划，是一种宏观的战略性的指导性文件。根据目前我国水土保持规划设计的主要层次和类型，按国家基本建设项目前期工作管理程序，水土保持规划可分为水土保持综合规划和专项规划、其他规划中的水土保持专业规划；从工作层面上分，有全国性或大区域（流域）水土保持规划、地方性或中大区域（流域）水土保持规划。结合起来主要有以下四方面。

（1）全国性或大区域大江大河水土保持综合规划。一般由国家批准，此类规划可根据形势的发展做相应的修订。

（2）全国性或大区域大江大河专项规划。主要包括全国水土流失预防监督规划、全国水土保持监测网络建设规划、全国水土保持生态修复规划、全国坡耕地水土综合整治规划、黄土高原淤地坝工程建设规划等。一般也应由国家或部门批准，此类规划多作为国家近期实施的规划，与项目立项有密切关系。

（3）省（区）、市（地、自治州）、县（旗、自治县）级或中大区域大江大河支流（一般面积在 2 000 km^2 以上）综合规划或专项规划。此类规划一般由省（市、县）级人民政府批准，涉及跨省或跨流域的由国家批准。

（4）国家大型综合规划中的水土保持专业规划。经国家批准后作为某一规划的组成部分，有时也可以单独立项。

2）规划阶段的规划深度和重点

a. 规划期与规划水平年

根据《水土保持规划编制规程》（SL 335—2006）的规定，省级以上规划期为 10 ~ 20 年，市、县级为 5 ~ 10 年。规划可根据实际需要确定近期和远期两个水平年，并以近期为重点。

现状水平年：调查资料的年限，一般为 2 ~ 3 年，最好为 1 ~ 2 年。

规划水平年：即达到预期效果的年份，分为近期水平年和远期水平年。近期水平年为 5 ~ 10年，远期水平年为 10 ~ 20 年。

b. 规划深度与重点

规划阶段应对规划区域开展综合调查和资料的整理分析，研究规划区的水土流失状况、成因和规律，划分水土流失类型区，拟定水土流失防治目标、指导思想和原则，因地制宜地提出防治措施；拟定规划实施进度，明确近期安排；估算规划实施所需的投资；预测规划实施后的综合效益并进行经济评价，提出规划实施的组织管理措施。

规划阶段的工作重点是研究和论证水土流失防治方向、任务及目标，提出各类型区防治措施的总体布局、方案和主要防治措施，作实施方案比选，提出优先实施的项目和排序等。

3）设计阶段的设计深度与重点

水利工程设计阶段划分为项目建议书、可行性研究、初步设计和施工图设计，水土保持工程设计可根据情况作适当简化。

a. 项目建议书阶段

（1）设计水平年。

项目建议书是根据规划确定近期实施的项目，建设期不超过5～10年，设计水平年应根据实际情况确定。

（2）设计深度与重点。

项目建议书阶段应说明项目所在行政区域内的自然条件、社会经济条件、水土流失及其防治等基本情况；基本确定工程建设主要任务、建设规模、项目区域，初步查明项目区自然条件、社会经济条件、水土流失及其防治等基本情况；初步确定工程总体方案，推算工程量，初步拟定施工组织形式及进度安排；初步拟定水土保持监测计划、技术支持方案；初步明确管理机构，初步提出项目管理模式和运行管护方式；估算工程投资，初步提出资金筹措方案；进行国民经济评价，提出综合评价结论。对利用外资项目，还应提出融资方案并评价项目的财务可行性。

项目建议书阶段的工作重点是优选建设项目、选择项目建设区并论证项目建设的必要性和合理性，拟定建设规模（治理面积与工程量）与措施布局，初拟建设期，估算投资并进行经济评价。

b. 可行性研究阶段

（1）设计水平年。

可行性研究的工作范围应与项目建议书基本保持一致，建设期一般不超过10年，设计水平年亦应与项目建议书保持一致。

（2）设计深度和重点。

可行性研究阶段应在项目建议书的基础上进一步深化设计，论述项目建设的必要性和确定项目建设任务；确定建设目标和规模，选定项目区；明确现状水平年和设计水平年，查明并分析项目区自然条件、社会经济技术条件、水土流失及其防治状况等基本建设条件；水土保持单项工程涉及工程地质问题的，应查明主要工程地质条件；提出水土保持分区，确定工程总体布局，选择典型小流域进行措施设计，并推算措施数量；对单项工程应确定位置，并初步明确工程型式及主要技术指标；估算工程量，基本确定施工组织形式、施工方法和要求、总工期及进度安排；初步确定水土保持监测方案，基本确定技术支持方案；明确管理机构，提出项目建设管理模式和运行管护方式；估算工程投资，提出资金筹措方案；分析主要经济评价指标，评价项目的国民经济合理性和可行性。对利用外资项目，还应提出融资方案并评价项目的财务可行性。

工作重点是阐述分析项目的技术、经济、社会、环境可行性，确定项目范围、建设地点和数量，比选确定防治总体布局方案。根据按小流域或小片区进行典型设计并推算出的各类型区的防治措施及工程量，初步确定技术支持、施工组织（建设期、进度安排等）、建设管理方案，较准确地估算投资，并进行详细经济评价（一般为国民经济评价）。

c. 初步设计阶段

（1）设计水平年。

设计水平年应根据小流域治理进度安排情况确定。每条小流域或每个项目建设期大都不超过5年。

（2）设计深度和重点。

初步设计阶段要复核项目建设任务和规模；查明小流域（或片区）自然、社会经济、水土流失的基本情况。水土保持工程措施应确定工程设计标准及工程布置，做出相应设计，对于水土保持单项工程应确定工程的等级；水土保持林草措施应按立地条件类型选定树种、草种，并做出典型设计；封育治理等措施应根据立地条件类型和植被类型分别做出典型设计。确定施工布置方案、条件、组织形式和方法，做出进度安排；提出工程的组织管理方式和监督管理办法；编制初步设计概算，明确资金筹措方案；分析工程的经济效益、生态效益和社会效益。

初步设计的重点是各项措施的典型设计、单项设计和专项设计，并落实施工组织设计（含分年实施进度）、项目组织管理，核定投资概算等。

d. 施工图设计阶段

水土保持生态建设工程设计规范尚在制定过程中，小流域综合治理的施工图设计相当于林业部门的作业设计。治沟骨干工程、小型蓄水工程等施工图设计可参照水利工程施工图设计规范。个别水土保持项目涉及园林的可参照园林设计规范执行。

3.2.1.2.2　开发建设项目

1）阶段划分、设计深度与设计水平年

开发建设项目水土保持工程设计可分为项目建议书、可行性研究、初步设计和施工图设计四个阶段。

开发建设项目水土保持各设计阶段的设计深度应与主体工程设计深度相一致。设计水平年因植物措施滞后，一般比主体工程建设完工时间推后一年。

2）各阶段设计深度和重点

a. 项目建议书阶段

项目建议书阶段应简要说明项目区水土流失现状与环境状况，预防监督与治理状况；明确水土流失防治责任；初步分析项目建设过程中可能对水土流失的影响；提出水土流失防治总体要求，初拟水土流失防治措施体系及总体布局，提出下一阶段要解决的主要问题；确定水土保持投资估算的原则和依据，估算水土保持投资。

项目建议书阶段的水土保持设计重点是：通过对主体工程设计提出的各种比选方案进行水土流失影响分析评估，初步明确水土流失防治责任范围；提出对项目主体工程方案比选、工程设计、施工组织设计、移民占地规划等的水土保持初步要求；初步确定水土流失防治标准等级；初步明确水土流失防治分区及总体布局；初拟水土保持措施体系与布置，并进行典型设计分析，合理估算工程量，估算水土保持投资，对主体工程设计提出水土保持建议。

b. 可行性研究阶段

可行性研究阶段应开展相应深度的勘测与调查以及必要的试验研究；从水土保持角度论证主体工程设计方案的合理性及制约因素；对主体工程的选址（线）、总体布置、施工组织、施工工艺等比选方案进行水土保持分析评价，对主体工程提出优化设计要求和推荐意见。估算弃土（石、渣）量及其流向，分析土石方平衡，初步提出分类堆放及综合利用的途径。基本确定水土流失防治责任范围、水土流失防治分区及水土流失防治目标等。分析工程建设过程中可能引起水土流失的环节、因素，定量预测水力侵蚀、风力侵蚀量及分布，定性分析引发重力侵蚀、泥石流等灾害的可能性，定性分析开发建设所造成的水土流失危害类型及程度。确定水土流失防治措施总体布局，按防治工程分类进行典型设计并明确工程设计标准，估算工程量。对主要防治工程的类型、布置进行比选，基本确定防治方案。初步拟定水土保持工程施工组织设计。基本确定水土保持监测内容、项目、方法、时段、频次，初步选定地面监测的点位，估算所需的人工和物耗。编制水土保持工程投资估算，估算防治措施的分项投资及总投资，分析水土保持效益，定量分析水土流失防治效果。拟定水土流失防治工作的保障措施。

本阶段水土保持设计重点是：对主体工程设计提出的方案比选、总体布置、施工组织设计等进行水土保持评价，进行工程建设的水土保持制约性因素分析；根据综合评价结论，提出水土保持要求与建议；确定水土流失防治责任范围；分析计算工程建设过程中扰动地貌植被的面积、弃土弃渣（石）量、损坏水土保持设施数量，预测水土流失面积、危害以及防治责任范围内的新增水土流失量；拟定水土流失防治目标，明确水土流失防治分区、措施体系及总体布局；按水土流失防治分区对拟定的防治措施进行典型设计，并推算各类工程的工程量；初步确定水土保持工程施工组织设计，明确与主体工程施工组织设计相关联的主要问题；提出水土保持监测的初步方案和管理要求；估算投资。

c. 初步设计阶段

初步设计阶段应开展相应深度的勘测与调查；分区（段）复核土石方平衡及弃土（石、渣）场、取料场的布置；复核水土流失防治责任范围、水土流失防治分区和水土保持措施总体布局；在项目划分的基础上进行水土流失防治措施的设计，说明施工方法及质量要求，进一步细化施工组织设计；编制水土保持监测设计与实施计划；编制水土保持投资概算。

初步设计阶段的水土保持设计重点是根据主体工程设计进一步复核水土保持方案中提出的有关建议的落实；在水土保持勘测与调查的基础上，复核工程建设过程中扰动土地、植被破坏、水土保持设施破坏的面积、土石方平衡及弃土弃渣量；复核水土流失防治责任、范围；根据主体工程设计，复核并确定弃渣场、取土场的位置，调整分区防治标准与水土保持措施总体布局，复核工程设计标准，按防治分区，对各项水土保持工程措施、植物措施进行详细设计，并计算工程量；基本确定水土保持工程施工进度，并做出水土保持施工组织设计；提出水土保持监测、管理及监理计划；编制水土保持投资概算。

d. 施工图设计阶段

施工图设计是在初步设计的基础上，进行水土流失防治单项工程的施工图设计，计算工程量，编制工程预算。

其重点是根据水土保持初步设计、招标投标文件及合同，在收集主体工程征占地图，工程平面布置总图，各类建筑物的平、立剖面图和基础图，有关土方挖填平衡、土方调用资料，工程地质资料及施工组织设计资料等的基础上，进行必要的补充调查勘测工作，绘制施工图和编制施工组织说明书。施工组织说明书内容包括:水土保持工程概况、施工组织管理、施工准备、施工布置、施工方案、施工进度、质量保证体系、安全管理和文明施工等。

3.2.1.3 水土保持项目管理

3.2.1.3.1 项目组织管理形式

工程建设项目组织管理形式有多种,常见的有自营方式、工程指挥部管理方式、总承包管理方式、工程托管方式、三角管理方式。目前,我国已基本实行项目管理项目法人制、工程建设招标投标制和建设监理制(通常称“三制”)。开发建设项目水土保持工程应纳入主体工程项目建设管理的范畴,采用工程项目管理的组织形式。

3.2.1.3.2 项目“三制”管理

1)项目法人制

主要有以下几种形式:①县级行政主管部门主体法人负责制;②专业队项目法人负责制;③股份公司形式的项目法人制;④专项工程项目法人责任制。

2)招标投标制

(1)招标形式如下所示:

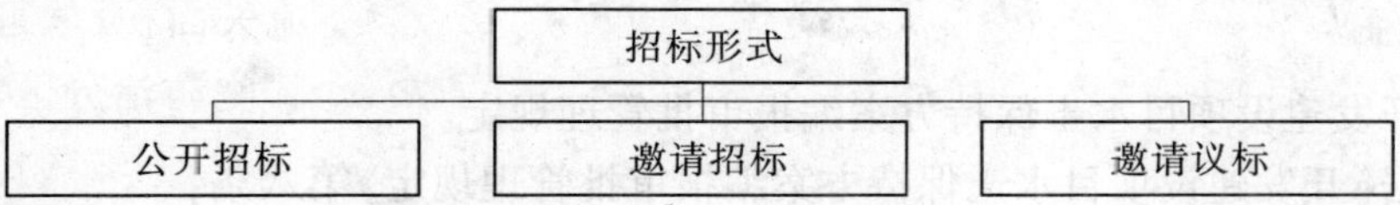

(2)招标程序如下所示:

招标准备阶段 ⇨ 招标阶段 ⇨ 决标与签订合同阶段

3)建设监理制

监理的主要任务:①对工程建设的各阶段投资进行控制;②在项目设计和施工中对工程质量进行全面控制;③对工程整个过程的进度进行控制;④依据各方签订的合同,对合同的执行进行管理;⑤及时了解、掌握项目的各类信息,并对其进行管理;⑥在项目实施过程中,对项目法人与承包方发生的矛盾和纠纷组织协调。

3.2.1.3.3 质量管理

工程质量管理体系一般包括各级政府及其所属的质量监督体系、设计单位和施工单位的质量保证体系、项目法人及其所聘的监理单位的质量控制体系。

1)设计质量控制

水土保持生态建设工程的设计质量控制主要在流域综合治理(包括淤地坝工程)的初步设计阶段。设计目标、任务、措施应充分具体反映综合治理的特点,按限额设计目标(即每平方千米的投资额),合理优化配置各类、各项治理措施。设计深度上,林草措施要求落实到地块;工程措施要求到工点位置,必须能指导施工。小流域综合治理项目应控制建设期,最长不超过5年。

2)施工质量控制

施工阶段的质量控制分为事前控制、事中控制和事后控制3个过程。

3)质量检测与评定

质量检测与评定包括生态工程质量检测与工程质量评定。

3.2.1.3.4 工程验收

1)水土保持生态建设工程验收

根据验收的时间和内容分单项措施验收、阶段验收和竣工验收3类。

2)开发建设项目水土保持设施验收

设施验收包括建设单位开展的自查初验和审批水土保持方案报告书的水行政主管部门主持的水土保持设施行政验收两个方面。开发建设项目水土保持设施应由县级以上人民政府水行政主管部门或者其委托的机构,按照开发建设项目水土保持方案的审批权限,负责项目的水土保持设施的验收工作。组织完成的水土保持设施验收材料,应当报上一级人民政府水行政主管部门备案。

3.2.2 案例分析

【案例1】 某省一中央立项的开发建设项目,其工程征占地面积约为43 hm^2,挖填土方总量约为20万 m^3,该项目水土保持方案报告书由________审批。

A. 国务院水行政主管部门　　B. 县级水行政主管部门

C. 省级水行政主管部门　　D. 上一级水行政主管部门

答案:C

考点:开发建设项目水土保持方案编报审批管理规定。

解:根据《开发建设项目水土保持方案编报审批管理规定》第八条:

水行政主管部门审批水土保持方案实行分级审批制度,县级以上地方人民政府水行政主管部门审批的水土保持方案,应报上一级人民政府水行政主管部门备案。

中央立项,且征占地面积在50 hm^2 以上或者挖填土石方总量在50万 m^3 以上的开发建设项目或者限额以上技术改造项目,水土保持方案报告书由国务院水行政主管部门审批。中央立项,征占地面积不足50 hm^2 且挖填土石方总量不足50万 m^3 的开发建设项目,水土保持方案报告书由省级水行政主管部门审批。

【案例2】 开发建设项目水土保持植被恢复工程施工图设计深度应在________地形图上做总平面布置,按地块逐块设计,并附施工说明。

A. 1∶1 000~1∶5 000　　B. 1∶2 000~1∶10 000

C. 1∶3 000~1∶10 000　　D. 1∶5 000~1∶10 000

答案:B

考点:开发建设项目水土保持工程施工图设计深度。

解:开发建设项目水土保持植被恢复工程施工图设计深度:应在1∶2 000~1∶10 000地形图上做总平面布置,按地块逐块设计,并附施工说明。

【案例3】 水土保持生态建设工程造林典型设计,要根据流域的水土资源条件确定各地块的造林类型,然后对各类型的造林分别作出________等设计。

A. 林种　　B. 树种　　C. 造林技术　　D. 种苗、幼林抚育

答案:ABCD

考点:设计质量控制(造林典型设计要求)。

解:在质量管理设计质量控制中,对水土保持生态建设工程造林典型设计,要根据流域的水土资源条件确定各地块的造林类型,分别做出林种、树种、造林技术、种苗、幼林抚育等设计。

3.3 复习题

3.3.1 前期工作管理程序

1)单项选择题

(1)项目建议书是在________指导下,编制的工程立项技术文件。

A.规划　B.可行性研究　C.初步设计　D.技术设计

(2)小流域综合防治设计,最为重要的规划设计阶段为________。

A.规划　B.项目建议书　C.可行性研究　D.初步设计

(3)凡在生产建设过程中可能引起水土流失的开发建设项目必须编制________。

A.水土保持方案　B.项目建议书

C.可行性研究报告　D.初步设计报告

(4)《中华人民共和国环境影响评价法》规定:"涉及水土保持的建设项目,还必须有经________主管部门审查同意的水土保持方案。"

A.水行政　B.环境保护　C.水资源　D.土地资源

(5)为保证水土保持方案编制的质量,编制水土保持方案的机构和单位必须持有________主管部门颁发的水土保持方案编制资格证书。

A.水行政及流域　B.环境保护及水行政

C.水资源及水行政　D.水利部及省级水行政

(6)根据《开发建设项目水土保持方案审批管理办法》,建设项目立项审批的程序是________。

A.水行政主管部门审批水土保持方案—环境保护主管部门审批环境影响报告—计划主管部门审批项目的立项

B.环境保护主管部门审批环境影响报告—计划主管部门审批项目的立项—水行政主管部门审批水土保持方案

C.计划主管部门审批项目的立项—水行政主管部门审批水土保持方案—环境保护主管部门审批环境影响报告

D.计划主管部门审批项目的立项—环境保护主管部门审批环境影响报告—水行政主管部门审批水土保持方案

2)多项选择题

(1)水土保持生态建设工程前期工作《暂行规定》,将水土保持前期工作划分为________阶段。

A.规划阶段　B.项目建议书阶段

C.可行性研究阶段　D.初步设计阶段

(2)下列描述正确的是________。

A.项目建议书与可行性研究报告一般针对大中流域

B.项目建议书与可行性研究报告一般针对县级以上行政区域

C.项目建议书与可行性研究报告一般针对较大片区

D. 初步设计一般针对小流域或骨干工程

(3)对于大江大河支流治理(面积大于2 000 km^2),水土保持生态建设项目规划设计阶段包括________。

A. 规划阶段　　B. 项目建议书阶段

C. 可行性研究报告阶段　　D. 初步设计阶段

(4)引起水土流失的开发建设项目包括在________,以及在县级以上人民政府划分并公告的水土流失重点预防保护区、重点监督区和重点治理区的各类开发建设项目。

A. 山区　　B. 丘陵区　　C. 风沙区　　D. 平原区

(5)编制水土保持方案的机构和单位必须持有水土保持方案编制资格证书。该资格证书分为________级。

A. 甲　　B. 乙　　C. 丙　　D. 丁

参考答案

1)单项选择题

(1)A　(2)D　(3)A　(4)A　(5)D　(6)A

2)多项选择题

(1)ABCD　(2)ABCD　(3)ABCD　(4)ABC　(5)ABC

3.3.2 水土保持规划设计各阶段深度与重点

1)单项选择题

(1)东北黑土区水土流失综合防治规划,属于________。

A. 大区域水土保持综合规划　　B. 大区域水土保持专项规划

C. 省(区)级水土保持综合规划　　D. 省(区)级水土保持专项规划

(2)黄土高原淤地坝工程建设规划,属于________。

A. 大区域水土保持专项规划　　B. 大区域水土保持综合规划

C. 省(区)级水土保持综合规划　　D. 省(区)级水土保持专项规划

(3)省级以上建设项目的规划期为10~20年,最长不超过________年。

A. 25　　B. 30　　C. 40　　D. 50

(4)市、县级建设项目的规划期为________年。

A. 5　　B. 10　　C. 15　　D. 20

(5)拟定水土流失防治方向,提出各类型区防治措施的总体布局、方案和主要防治措施,对近期水土保持生态建设作出规划,远期可根据实施情况做适当调整或修订是________的重点。

A. 规划阶段　　B. 项目建议书阶段

C. 可行性研究阶段　　D. 初步设计阶段

(6)优选建设项目、选择项目建设区并论证项目建设的必要性和合理性、拟定建设规模(治理面积与工程量)与措施布局、初拟建设期、估算投资并进行经济评价是________阶段的工作重点。

A. 规划阶段　　B. 项目建议书阶段

C. 可行性研究阶段　　　　　　　　　D. 初步设计阶段

(7)开发建设项目水土保持各设计阶段的设计深度应与主体工程设计深度相一致。设计水平年因植物措施滞后，一般比主体工程建设完工时间推后________年。

A. 1　　　B. 2　　　C. 3　　　D. 4

(8)可行性研究阶段水土保持设计的重点是对主体工程设计提出的________、总体布置、施工组织设计等进行水土保持评价，根据综合评价结论，提出水土保持要求与建议。

A. 方案比选　　　　　　　　　B. 水土流失影响分析

C. 水土流失防治责任范围　　　　　　D. 分区防治标准

(9)开发建设项目在可行性研究阶段应编制________，并经相应级别的水行政主管部门批复。

A. 水土保持方案　　　　　　　　B. 水土保持规划报告

C. 水土保持设计报告　　　　　　D. 水土保持评价报告

(10)根据主体工程设计进一步复核水土保持方案中提出的有关建议的落实；在水土保持勘测与调查的基础上，复核工程建设过程中扰动土地、植被破坏、水土保持设施破坏的面积、土石方平衡及弃土弃渣量；复核水土流失防治责任、范围；根据主体工程设计，复核并确定弃渣场、取土场的位置，调整分区防治标准与水土保持措施总体布局，复核工程设计标准，按防治分区，对各项水土保持工程措施、植物措施进行详细设计，并计算工程量；基本确定水土保持工程施工进度，并做出水土保持施工组织设计；提出水土保持监测、管理及监理计划；编制水土保持投资概算。这是开发建设项目________水土保持设计的工作重点。

A. 规划阶段　　　　　　　　　B. 项目建议书阶段

C. 可行性研究阶段　　　　　　D. 初步设计阶段

(11)通过对主体工程设计提出的各种比选方案进行水土流失影响分析评估，初步明确水土流失防治责任范围；提出对项目主体工程方案比选、工程设计、施工组织设计、移民占地规划等的水土保持初步要求；初步确定水土流失防治标准等级；初步明确水土流失防治分区及总体布局；初拟水土保持措施体系与布置，并进行典型设计分析，合理估算工程量，估算水土保持投资，对主体工程设计提出水土保持建议。这是开发建设项目________水土保持设计的工作重点。

A. 规划阶段　　　　　　　　　B. 项目建议书阶段

C. 可行性研究阶段　　　　　　D. 初步设计阶段

(12)简要说明项目区水土流失现状与环境状况，预防监督与治理状况；明确水土流失防治责任；初步分析项目建设过程中可能对水土流失的影响；提出水土流失防治总体要求，初拟水土流失防治措施体系及总体布局，提出下一阶段要解决的主要问题；确定水土保持投资估算的原则和依据，估算水土保持投资。这是开发建设项目________水土保持设计深度。

A. 规划阶段　　　　　　　　　B. 项目建议书阶段

C. 可行性研究阶段　　　　　　D. 初步设计阶段

(13)对主体工程设计提出的方案比选、总体布置、施工组织设计等进行水土保持评价，进行工程建设的水土保持制约性因素分析；根据综合评价结论，提出水土保持要求与建议；确定水土流失防治责任范围；分析计算工程建设过程中扰动地貌植被的面积、弃土弃渣(石)量、损坏水土保持设施数量，预测水土流失面积、危害以及防治责任范围内的新增水土流失量;拟定水土流失防治目标,明确水土流失防治分区、措施体系及总体布局;按水土流失防治分区对拟定的防治措施进行典型设计,并推算各类工程的工程量;初步确定水土保持工程施工组织设计,明确与主体工程施工组织设计相关联的主要问题;提出水土保持监测的初步方案和管理要求;估算投资。这是开发建设项目________水土保持设计的工作重点。

A. 规划阶段　　B. 项目建议书阶段

C. 可行性研究阶段　　D. 初步设计阶段

2)多项选择题

(1)可行性研究阶段应在项目建设议书的基础上进一步深化设计,重点是阐述分析项目的________可行性,确定项目范围、建设地点和数量,比选确定防治总体布局方案。

A. 技术　　B. 经济　　C. 社会　　D. 环境

(2)水土保持初步设计阶段,水土保持措施现状图和总体布置图要有一定的精度,一般在农区图的比例尺为________,在林区图的比例尺为________,在牧区(风沙草原区)图的比例尺为________。

A. 1∶5 000～1∶10 000　　B. 1∶25 000

C. 1∶50 000～1∶100 000　　D. 1∶30 000

参考答案

1)单项选择题

(1)A　(2)A　(3)B　(4)B　(5)A　(6)B　(7)A　(8)A

(9)A　(10)D　(11)B　(12)B　(13)C

2)多项选择题

(1)ABCD　(2)ABC

3.3.3　水土保持项目管理

1)单项选择题

(1)________是根据拟建工程的内容、工期、质量和投资额等技术经济要求,招请有资格和能力的企业或单位参加投标报价,从中择优选取承担任务的承包单位。

A. 招标　　B. 投标　　C. 承包　　D. 中标

(2)________是指经审查获得投标资格的投标人,以统一发包方投标文件所提出的条件为前提,以投标报价的竞争形式获取工程任务的过程。

A. 招标　　B. 投标　　C. 承包　　D. 中标

(3)邀请招标是业主根据自己的经验和对各种信息资料的了解,对那些被认为有能力承担该工程的承包商发出邀请,一般邀请________家前来投标。

A. 1～3　　B. 3～5　　C. 5～10　　D. 10～12

(4)邀请议标亦称非竞争性招标或称指定性招标。这种方式是业主邀请1家,最多不超过________家承包商来直接协商谈判。

A. 2　　B. 3　　C. 4　　D. 5

(5)在决标与签订合同阶段,首先是公开________,接着是由专家委员会评标,双方进行谈判,最后签订合同。

A. 评标　　B. 开标　　C. 议标　　D. 编标

(6)水土保持生态建设工程在设计深度上,林草措施要求落实到________。

A. 林种　　B. 树种　　C. 地域　　D. 地块

(7)水土保持生态建设工程在设计深度上,小流域综合治理项目应控制建设期,最长不超过________年。

A. 3　　B. 4　　C. 5　　D. 6

(8)水土保持生态建设工程典型设计是对不同类型的生态工程进行________设计。

A. 分类　　B. 综合　　C. 典型　　D. 抽样

(9)根据工程项目质量评定标准,符合标准的条件是单位工程质量全部合格,其中有________以上的单位工程优良,且主要建筑物单位工程为优良。

A. 30%　　B. 40%　　C. 50%　　D. 60%

(10)根据分部工程质量评定标准,符合优良标准的条件是单元工程质量全部合格,其中有________以上达到优良,主要单元工程、重要隐蔽工程及关键部位的单元工程质量优良。

A. 40%　　B. 50%　　C. 60%　　D. 70%

(11)下列不属于水土保持生态建设工程竣工验收重点的是________。

A. 造林、种草的成活率和保存率

B. 各类工程措施经汛期暴雨考验的情况

C. 各项治理措施的质量和数量

D. 水土保持设施的设计落实情况

(12)水土保持设施的竣工验收由水土保持方案的________组织,不得越级验收。

A. 原编制单位　　B. 原审查单位

C. 原报送机关　　D. 原批准机关

(13)根据开发建设项目水土保持设施验收实行备案制度,下列说法正确的是________。

A. 下一级水行政主管部门组织的水土保持设施验收材料须认真保管

B. 下一级水行政主管部门组织的水土保持设施验收材料须报水行政主管部门备案

C. 下一级水行政主管部门组织的水土保持设施验收材料须报上一级水行政主管部门备案

D. 下一级水行政主管部门组织的水土保持设施验收材料不须报上一级水行政主管部门备案

(14)根据开发建设项目水土保持工程验收程序,具有验收权限的水行政主管部门,应在接到验收申请后________内组织完成验收工作,包括技术评估和行政验收。

A. 3 个月　　B. 6 个月　　C. 9 个月　　D. 1 年

(15)属于国家立项的开发建设项目,根据水土保持项目竣工验收程序,下列说法正确的是________。

A. 必须先进行技术评估,在评估合格的基础上方能组织验收

B. 不需要进行技术评估就可组织验收

C. 只进行评估,不组织验收

D. 先组织验收,再进行评估

2)多项选择题

(1)项目法人负责制是指将投资者所有权和经营管理权分离,对项目________,以及投

资保值、增值和投资风险负全部责任。

A. 规划设计　　B. 筹资　　C. 建设实施　　D. 生产经营

(2)水土保持生态建设项目招投标主要发生在项目前期,包括________招标投标。

A. 勘察设计　　B. 设备材料　　C. 项目监理　　D. 施工

(3)招标申请经批准后,首先是编制________,其次是编制________。

A. 投标文件　　B. 招标文件　　C. 合同文件　　D. 标底

(4)招标文件也称标书,主要内容包括工程综合说明、投标须知及邀请书、投标书格式、________及有关资料说明等。

A. 工程量报价　　B. 合同协议书格式

C. 合同条件　　D. 技术准则、验收规程

(5)水土保持生态建设工程设计类型主要有________。

A. 典型设计　　B. 单项工程设计

C. 专项设计　　D. 林草措施设计

(6)水土保持生态建设工程典型设计包括的主要工程措施有________。

A. 水平梯田　　B. 造林　　C. 种草　　D. 谷坊、水窖

(7)水土保持生态建设工程施工质量控制方法包括________。

A. 旁站式检查　　B. 试验与检验控制

C. 指令性控制　　D. 抽样检验控制

(8)根据单位工程质量评定标准,符合优良标准的条件包括________。

A. 所含分部工程质量全部合格,其中有50%以上达到优良

B. 主要分部工程或关键分部工程质量优良

C. 外观质量得分率达到85%以上

D. 施工质量检验资料齐全

(9)水土保持生态建设工程验收的时间和内容分为________。

A. 单项措施验收　　B. 单位工程验收

C. 阶段验收　　D. 竣工验收

(10)水土保持生态建设工程单项措施验收成果包括________。

A. 验收单　　B. 验收图　　C. 验收表　　D. 验收报告

(11)开发建设项目水土保持设施验收技术指标包括________。

A. 扰动土地整治率　　B. 水土流失总治理度

C. 土壤流失控制比、拦渣率　　D. 植被恢复系数、林草覆盖率

参考答案

1)单项选择题

(1)A　(2)B　(3)C　(4)A　(5)B　(6)D　(7)C　(8)A

(9)C　(10)B　(11)D　(12)D　(13)C　(14)A　(15)A

2)多项选择题

(1)ABCD　(2)ABCD　(3)B　D　(4)ABCD　(5)ABCD　(6)ABCD

(7)ABCD　(8)ABCD　(9)ACD　(10)ABC　(11)ABCD

第 4 章　水土保持区划与规划

4.1　考试大纲

熟练掌握水土保持区划的内容和方法。

熟练掌握水土保持规划的总体布局、措施体系和配置方法。

4.2　复习指导

4.2.1　复习要点

4.2.1.1　背景材料分析

4.2.1.1.1　自然条件分析

自然条件分析包括地理位置、地质、地貌、气候、土壤、植被、其他等因素分析。

地理位置:地理位置特别是经纬度代表规划区域在地球上的空间位置及所处的气候带。不同的气候带水、热、土壤、植被等因子相差很大,因而从宏观上决定水土流失的类型与强度。

地质:地质对水土流失的影响主要反映在地质构造背景、地层结构和地质构造方面。

地貌:地貌形态一般分为平原、盆地、山地、丘陵和高原。对水土流失影响的强弱主要受坡度、坡长、地表破碎程度等控制。

气候:气候因素对水土流失形成主要外营力,其影响是多方面的,以降水对水蚀的影响、风对风蚀的影响、温度对冻融侵蚀的影响最为突出。

土壤:土壤性状、类型、空间分布规律和构成对水土流失强度及其土地利用方式具有显著的影响。

植被:植被包括林木、草本、灌木、果树、特用植物等。植被能够综合反映自然环境状况,个别植物还具有指示功能(称为指示植物),对自然环境条件分析十分有用。

其他:灾害性气候如霜冻、冰雹、干热风与植物和作物生长有关;矿藏资源、水能资源、旅游资源等分布、贮量以及开发条件等,对区域城镇、工矿企业等建设和开发过程水土流失产生影响。

4.2.1.1.2　社会经济条件分析

对社会经济条件分析包括人口和劳动力分析,土地利用结构、经济结构(经济收入与产业结构等)、物质技术条件分析,政策因素分析等。

人口和劳动力:评价人口与劳动数量和结构、人口分布、人口素质、自然增长率等。

经济结构与物质技术条件:重点分析经济结构中存在的问题及其与水土流失的关系,产业结构调整与水土保持的关系,水土保持效益发挥可能对经济结构的影响等。分析物质技术现有水平、利用状况及效果、存在的问题及与项目建设的矛盾。

政策因素:对国家有关水土保持生态建设项目的计划规划、信贷、价格物资等方面政策及可能的调整进行分析。

农业生产状况:分析产出结构、投入结构、农民生活和消费等。

4.2.1.1.3 土地利用现状分析评价

通过对土地资源总量、人均土地拥有量,以及农、林、牧、工等各业用地比例分析,评价土地资源的适宜性及其限制性;通过土地生产潜力评价,结合当地社会经济对土地生产需求的分析,查找土地利用中存在的问题,论证土地利用结构调整的必要性和可行性,并提出土地利用调整方案。

4.2.1.1.4 水土流失及其防治情况分析

对水土流失类型、强度、潜在危险程度及分布与面积等情况的分析是水土保持规划设计中背景材料分析的基础。重点是主要水土流失类型发生发展的原因和危害。

水土保持"三区"划分是指在划定的水土流失重点防治区内,根据自然条件、社会经济发展、水土流失类型及危害、水土流失防治重点等划分为重点预防保护区、重点治理区和重点监督区。重点预防保护区主要指目前水土流失轻度以下,林草覆盖率较大,但存在潜在水土流失危险,在轻度险型以下区域。重点监督区是指资源开发和基本建设规模较集中,破坏地貌植被造成严重水土流失的区域。重点治理区是指水土流失严重,对国民经济与河流生态环境、水资源利用有较大影响的地区。

对水土流失治理面积和治理度、林草覆盖率、各类治理措施面积等进行综合分析评价是确定建设规模、实施项目区域、重点投资区域等的重要依据。应通过水土流失及其防治的现状分析评价,总结水土保持经验,分析存在的问题,以供规划设计参考。

4.2.1.2 水土保持区划

4.2.1.2.1 水土保持区划的适用范围与原则

区划适应于大区域范围,省级以上或大江大河区划十分重要,县、市、区应视地方实际需要确定。

水土保持区划的原则:一是区内相似性和区间差异性原则。同一类型区内,各地的自然条件、社会经济情况、水土流失特点应有明显的相似性;不同类型区之间则应有明显的差异性。同一类型区内生产发展方向(包括土地利用调整方向、产业结构调整方向等)、水土流失防治途径及措施总体部署应基本一致;不同类型区之间应有明显差异。二是以土壤侵蚀区划为基础的原则。一般均按水土流失类型如水蚀、重力侵蚀、风蚀、冻融侵蚀划分。三是按主导因素区划的原则。水土保持区划的主要依据是影响水土流失发生发展的各种因素,应从众多的因素中寻找主导因素,以主导因素为主要依据划分。四是自然区界与行政区界相结合的原则。首先应考虑流域界、天然植被分界线、等雨量线等自然区界;同时必须充分考虑行政管理区界,适当照顾行政区划的完整性。五是自上而下与自下而上相结合的原则。

4.2.1.2.2 水土保持区划的目的、任务和内容

水土保持区划的目的就是为分类分区指导水土流失防治和水土保持规划提供基础的科学依据。其任务就是在调查研究区域水土流失特征、防治现状、水土保持经验、区域经济发展对水土保持要求和存在问题的基础上,正确处理好水土保持与生态环境和社会经济发展的关系,提出分区生产发展方向,水土保持防治途径、任务和措施部署。

水土保持区划工作内容：一是确定区划指标（或分区特征）。根据自然条件、社会经济条件、水土流失特征筛选确定划分指标体系。二是明确逐级分区方案。根据区域大小确定逐级分区方案，当一级分区不能满足工作需要时，应考虑二级以上分区，同时应明确分级分区界限确定原则（自然区界与行政区划结合）及各级分区的区划指标。一级区以第一主导因素为依据，二、三级区以相对次要的主导因素为依据，并最终确定水土保持逐级分区方案。三是提出生产发展方向与防治途径及总体部署。根据分区特征和分区方案，明确各区的生产发展方向，如土地利用调整方向、产业结构调整方向等，明确各区的水土流失防治途径（主攻方向）、措施总体部署、主要防治措施及其配置模式。

4.2.1.2.3　水土保持区划命名

命名的组成有单因素、二因素、三因素、四因素四类，不同层次的区划，应分别采用不同的命名。目前我国水土保持区划的命名采取多段式命名法，即地理位置 + 地貌类型 + 水土流失类型和强度 + 防治方案。

4.2.1.2.4　水土保持区划的方法与步骤

(1)组织队伍，制订计划。根据区划需要组成区划工作组，技术队伍应按专业特长分工分组。制定工作大纲和技术细则。

(2)收集资料，实地调查。收集与水土保持区划有关的自然、社会经济、农林牧等各方面的资料和成果，进行归类整编。同时进行实地调查，核实分析。

(3)资料分析，专题研究。对收集到的各种图表、文字资料进行分析研究，从中找出区划需要的依据或指标，对关键性问题进行专题研究。

(4)综合归纳，形成成果。对各组分析的资料和专题讨论成果进行综合归纳，确定各级区划的主要指标、范围、界限，然后绘制区划图表，编写区划报告，征求意见，修改审定，形成成果。

4.2.1.3　水土保持规划

4.2.1.3.1　规划任务与内容

应明确水土保持规划依据、范围、任务以及规划原则和目标。

规划的主要任务一般可概括为水土流失治理、生态建设、土壤保护、水源保护、耕地保护、农村经济发展等。

水土保持规划的内容可归纳为：确定任务，明确性质；调查研究，分析现状；界定范围，明确思路；布设措施，核定数量；估算投资，规划进度。

本着“预防为主、全面规划、综合防治、因地制宜、加强管理、注重效益”的方针，按国家行业有关技术规范和标准进行规划。

4.2.1.3.2　水土保持总体部署（布局）

水土保持总体部署（布局）应针对不同水土保持分区的特征，依据“三区”划分的成果，按照水土保持主攻方向，安排生态修复、预防监督、综合治理、水土保持监测、科技示范与推广等措施。省、市、县规划也应在确定的水工保持区划方案基础上进行，在没有区划方案的情况下，可根据实际情况，按照区划的要求和方法进行分区。

(1)应优先考虑规划范围内涉及重点预防保护区、重点监督区与重点治理区的区域，根据“三区”划分要求进行部署（布局）。如列入重点预防保护区的森林和草原，应以防止破坏林草植被的管理措施和生态修复为主；列入重点监督区的工矿区应以预防监督措施为主；列入重点治理区的严重水土流失区域则应以综合治理措施为主。

(2)应充分考虑区域社会经济发展、农业生产方向、土地利用规划调整、环境保护要求等,措施部署(布局)应与社会经济环境协调发展方向一致。如沿海发达地区措施部署(布局)应着重发挥绿化美化功能的水土保持植物措施;而西部地区则在治理水土流失的同时,还应考虑促进农村经济发展,提高农民生活水平,措施部署(布局)应着重生态经济型水土保持措施。对老、少、边、穷地区应加强具有促进脱贫致富、发挥经济功能的水土保持措施(经济林果、径流蓄水引用等)。

(3)大区域水土保持规划,应立足当前,放眼未来,加强水源区上游、湖库周边、城镇、工矿区周边的水土保持措施部署(布局),并应从生态安全角度考虑,加强面源污染控制措施。

(4)应本着分期实施、突出重点、优先安排的原则,措施部署(布局)上处理好重点与非重点、上游与下游、东部与西部、治理与保护、治理与开发的关系。对已确定的重点实施项目应有具体措施布局。

(5)措施部署(布局)应充分研究已实施项目的布局模式及实施效果,并分区抽取一定数量有代表性的中流域、小流域进行典型调查和剖析,作为措施部署(布局)的依据。

4.2.1.3.3　综合防治规划

综合防治规划包括生态修复规划、预防保护与监督管理规划、治理措施规划、水土保持监测规划、科技示范推广规划等。

治理措施的总体配置:根据水土保持规划总体部署(布局),在土地利用结构调整规划的基础上,以江河流域为骨干,以县为单位,以小流域为实施单元,分区配置治理措施;各分区分别选一至两条有代表性的小流域作典型规划,并提出典型的治理措施配置模式,推算各分区的综合治理措施配置,汇总后得出规划区的治理措施量。

各项治理措施规划体系:

(1)坡耕地治理措施规划。主要包括坡改梯、退耕还林还草和保土耕作规划。

(2)荒地治理措施规划。主要包括水土保持造林、种草和封禁治理规划(封山育林与封坡育草)。

(3)沟壑治理措施规划。应根据"坡沟兼治"的原则,从沟头到沟口、从支沟到干沟进行全面治理规划。主要包括沟头防护工程、谷坊工程、淤地坝工程(含治沟骨干工程)、沟道整治工程、小水库(含堰塘)工程、崩岗治理、封沟造林(草)规划等。

(4)风沙区治理规划。北部(东北、西北、华北)风沙区治理包括沙障、防风固沙林带、农田防护林网、成片造林种草、引水拉沙造田等措施的规划;中部(黄河故道为主)包括造林(果)、淤土压沙和改造沙地、育草固沙等措施的规划;东南沿海风沙区主要为大型防风固沙林带规划。

(5)小型蓄排引水工程规划。主要包括坡面小型排引水工程规划、小型蓄水工程规划(水窖、涝池、蓄水池、塘坝等)、引洪漫地工程规划。

4.2.1.3.4　投资估算与经济评价

投资估算应说明投资估算编制的依据方法及确定的价格水平年,按规定进行投资估算,并提出资金筹措方案,进行近期投资估算、远期投资估算。

经济评价包括效益分析和经济评价。效益分析主要是生态效益、经济效益、社会效益分析;经济评价主要是国民经济初步评价。

4.2.1.3.5 进度安排、近期实施意见和组织管理

进度安排:汇总各项防治措施的数量,确定进度安排原则,提出近期与远期实施进度。

近期实施意见:提出近期重点地区重点项目,主要说明重点地区、重点项目确定的依据,项目的名称、位置及规模、进度安排等。

组织管理:包括组织领导措施、技术保障措施、投入保障措施。

4.2.2 案例分析

【案例1】 水土保持区划的原则之一是按主导因素区划的原则,即主要依据影响水土流失发生发展的各种因素,以主导因素为主要依据划分。水土保持分区命名反映不同类型区的特点和应采取的主要防治措施,如:北部黄土丘陵沟壑剧烈水蚀坡沟兼治区。

(1)我国水土保持区划的命名采取多段式命名法,"北部黄土丘陵沟壑剧烈水蚀坡沟兼治区",采用了________。

A. 三因素命名,即地理位置+地貌类型+水土流失类型和强度

B. 三因素命名,即地理地貌类型+水土流失类型和强度+防治方案

C. 四因素命名,即地理位置+地貌类型+水土流失类型+水土流失强度

D. 四因素命名,即地理位置+地貌类型+水土流失类型和强度+防治方案

答案:D

考点:水土保持区划命名。

解:水土保持区划命名的组成有单因素、二因素、三因素和四因素四类,我国水土保持区划的命名采取多段式命名法。"北部黄土丘陵沟壑剧烈水蚀坡沟兼治区"采用了四因素命名,即地理位置+地貌类型+水土流失类型和强度+防治方案。

(2)水土保持区划主要工作内容包括确定区划指标(或分区特征)、明确逐级分区方案、提出生产发展方向与防治途径及总体部署。确定区划指标(或分区特征),就是根据自然条件、社会经济条件、________筛选确定划分指标体系。

A. 土地利用现状　B. 产业结构　C. 水土流失特征　D. 地形地貌指标

答案:C

考点:水土保持区划工作内容。

解:确定区划指标(或分区特征),应根据自然条件、社会经济条件、水土流失特征筛选确定划分指标体系。

【案例2】 东北黑土区分布在我国东北地区的松辽流域,总面积103万km^2,是我国重要的商品粮基地之一,号称"北大仓"。东北黑土区水土流失主要发生在漫川漫岗区、丘陵沟壑区及农牧交错区,其中丘陵沟壑区水土流失主要发生在荒山荒坡、坡耕地及侵蚀沟。采取的主要治理措施是:对荒山荒坡在采取工程措施防治水土流失的基础上,大力营造水土保持林;对于坡耕地根据坡度及土层厚度,采取改垄,修筑地埂植物带、梯田等措施;对侵蚀沟治理,在加强坡面治理、减缓径流的基础上进行沟头防护和谷坊建设。配合植物封沟,结合当地水资源建设水源工程,发展水田及养殖业。

(1)对荒山荒坡治理,除上述采取的大力营造水土保持林外,还可以结合实际情况采取________措施。

A. 保土耕作　B. 水土保持种草　C. 布设沙障　D. 建淤地坝

答案:B

考点:水土保持规划措施体系和配置方法。

解:荒地治理措施主要包括水土保持造林、种草和封禁治理,而保土耕作、布设沙障、建淤地坝分别是坡耕地治理、风沙区治理、沟壑治理中的措施之一。

(2)东北黑土区水土流失发生在多种区域,采取的各种治理措施很多。在各种治理措施规划中包括荒地治理措施规划、风沙区治理规划等,其中________也是治理措施规划。

A. 水土保持监测规划　　B. 小型蓄排引水工程规划

C. 预防保护规划　　D. 科技示范推广规划

答案:B

考点:水土保持治理措施规划体系。

解:水土保持治理措施规划包括坡耕地治理措施规划、荒地治理措施规划、沟壑治理措施规划、风沙区治理规划、小型蓄排引水工程规划。

4.3　复习题

4.3.1　背景材料分析

(1)自然条件分析包括地理位置、地质、地貌、________、土壤、植被、水资源等因素分析。

A. 矿藏　　B. 水文　　C. 气候　　D. 海拔

(2)地貌对水土流失影响的强弱主要是受坡度、坡长、________、海拔等控制。

A. 气候带　　B. 地表破碎程度　　C. 地层结构　　D. 经纬度

(3)降水特征值中与水土流失关系最为密切的是________。

A. 降雨频次　　B. 降雨量与降雨强度

C. 最大年降水量　　D. 最小年降水量

(4)干燥度为________的比值,干燥度大于________为干旱区。

A. 年降水量与年蒸发量　2.0　　B. 年降水量与年蒸发量　1.5

C. 年蒸发量与年降水量　2.0　　D. 年蒸发量与年降水量　1.5

(5)社会经济条件分析包括人口和劳动力分析、土地利用结构、________、物质技术条件分析、政策因素分析等。

A. 人口素质与自然增长率　　B. 基础设施

C. 生态环境承载能力　　D. 经济结构

(6)水土保持“三区”包括________、重点治理区、重点监督区。

A. 重点治理监督区　　B. 重点预防区

C. 重点保护区　　D. 重点预防保护区

(7)重点治理区是指________。

A. 目前水土流失轻度以下,林草覆盖率较大,但存在潜在水土流失危险,在轻度险型以下区域

B. 资源开发和基本建设规模较集中,破坏地貌植被造成严重水土流失的区域

C. 水土流失严重,对国民经济与河流生态环境、水资源利用有较大影响的地区

D. 水土流失不严重,但地貌植被破坏严重,存在潜在水土流失危险的区域

(8)重点预防保护区主要指目前水土流失轻度以下,林草覆盖率较大,但存在潜在水土流失危险,在轻度险型以下区域。在重点预防保护区的规划区域以________为主。

A. 综合治理　　B. 治沟工程

C. 生态修复、保护管理　　D. 坡面治理

(9)在重点监督区的规划区域应加强执法监督,严格执行水土保持"三同时"制度,加快________编制、审批实施、验收工作。

A. 水土保持规划　B. 水土保持方案　C. 项目建议书　D. 水土保持区划

(10)在重点治理区的规划区域应以________为主,加强以小流域为单元的山、水、田、林、路综合治理。

A. 水土保持生态建设　　B. 预防监督

C. 生态修复　　D. 水土保持工程措施

参考答案

(1)C　(2)B　(3)B　(4)C　(5)D　(6)D　(7)C　(8)C

(9)B　(10)A

4.3.2 水土保持区划

(1)水土保持区划可分为________。

A. 国家级、大流域级(跨省)、省级、地(市)级等四级

B. 国家级、大流域级(跨省)、地(市)级、县级等四级

C. 国家级、省级、地(市)级、县级等四级

D. 国家级、大流域级(跨省)、省级、地(市)级、县级等五级

(2)水土保持区划应以自然条件、自然资源、________、水土流失特点等因素为依据,研究不同类型区的生产发展方向和防治措施布局。

A. 矿藏资源　B. 社会经济情况　C. 综合农业区划　D. 水土流失危害

(3)________不是水土保持区划的原则。

A. 区内相似性和区间差异性原则　　B. 以土壤侵蚀区划为基础的原则

C. 区域统筹兼顾协调平衡的原则　　D. 自然区界与行政区界相结合的原则

(4)以土壤侵蚀区划为基础的原则是水土保持区划原则之一。土壤侵蚀区划属自然区划,它是不考虑行政区界和社会因素的,一般均按________划分。

A. 土壤侵蚀状况　B. 水土流失类型　C. 水土流失状况　D. 水土流失危害

(5)在水土保持区划时,在考虑流域界、天然植被分界线、等雨量线等自然区界的基础上,还应适当照顾________的完整性。

A. 地形地貌　B 自然区界　C 行政区划　D 土地现状

(6)在水土保持区划时,一级分区应以第一主导因素为依据,多数情况下以________为第一主导因素。

A. 地理位置　B. 地貌　C. 水土流失强度　D. 水土流失类型

(7)水土保持区划命名的组成有多种类型,________是其中一种类型。

A. 二因素命名　　　　　　　　　　B. 四因素命名和五因素命名

C. 五因素命名　　　　　　　　　　D. 六因素命名

(8)“南部冲积平原轻度侵蚀护岸保滩区”,属________。

A. 五因素命名,即地理位置 + 地貌类型 + 水土流失类型 + 水土流失强度 + 防治方案

B. 三因素命名,即地理地貌类型 + 水土流失类型和强度 + 防治方案

C. 四因素命名,即地理位置 + 地貌类型 + 水土流失类型 + 水土流失强度

D. 四因素命名,即地理位置 + 地貌类型 + 水土流失类型和强度 + 防治方案

(9)水土保持区划是一项重要工作,需掌握方法按步骤进行。以下________不是水土保持区划的方法与步骤之一。

A. 收集资料、实地调查　　　　　　B. 资料分析、专题研究

C. 估算效益、规划进度　　　　　　D. 综合归纳、形成成果

参考答案

(1)D　(2)B　(3)C　(4)B　(5)C　(6)B　(7)A　(8)D
(9)C

4.3.3　水土保持规划

1)单项选择题

(1)编制水土保持规划必须贯彻的水土保持方针是预防为主、全面规划、综合防治、因地制宜、________。

A. 加强管理、注重效益　　　　　　B. 注重科学、讲究效益

C. 科学决策、注重效果　　　　　　D. 加强领导、提高效益

(2)在水土保持治理措施规划中,应遵循治理保护和开发利用相结合、________等原则。

A. 以工程措施为主

B. 以植物措施为主

C. 工程措施与植物措施相结合

D. 工程措施、植物措施和农业措施相结合

(3)小流域综合治理的措施配置,在宜农的坡耕地可配置梯田与________措施。

A. 水土保持种草　B. 保土耕作　　C. 布设沙障　　　D. 谷坊工程

(4)资源开发和基本建设规模较大,破坏地面造成严重水土流失的,应列为________,要求有关单位作好水土保持规划,与主体工程同步实施。

A. 重点监督区　B. 重点预防区　C. 重点保护区　D. 重点治理区

(5)小流域综合治理措施的实施顺序应________。

A. 先治坡面,后治沟底;先治支毛沟,后治干沟;先治上游,后治下游

B. 先治沟底,后治坡面;先治支毛沟,后治干沟;先治上游,后治下游

C. 先治坡面,后治沟底;先治干沟,后治支毛沟;先治上游,后治下游

D. 先治坡面,后治沟底;先治支毛沟,后治干沟;先治下游,后治上游

(6)在水土保持规划中,对大中流域综合治理的实施应该优先安排水土流失严重、影响当地群众生产生活并淤积下游水库、河道,危害较大的地区;少数民族地区和贫困山

区；________等。

A. 已编制水土保持方案的地区

B. 被列为重点预防保护区的地区

C. 被列为重点治理区的地区

D. 平原地区

(7)综合治理规划应该以________为骨干，以县为单位，以小流域为单元，山、水、田、林、路统一规划，综合治理。

A. 地级市　　B."三区"　　C. 省、自治区　　D. 江河流域

(8)水土保持治理措施规划包括坡耕地治理措施规划、荒地治理措施规划、沟壑治理措施规划、________、小型蓄排引水工程规划等。

A. 崩岗治理措施规划　　B. 风沙区治理规划

C. 引洪漫地工程规划　　D. 保土耕作规划

(9)沟壑治理措施规划，应分别提出沟头防护工程规划、谷坊工程规划、淤地坝与小水库(塘坝)工程规划、________等。

A. 荒地治理规划　　B. 梯田工程规划　　C. 崩岗治理规划　　D. 引洪漫地工程规划

(10)下列________项内容，不是水土保持规划中监测网络规划的内容。

A. 监测站网名称、布设数量及分期建设进度

B. 水土保持科研情况

C. 水土流失因子的观测、水土流失量的测定

D. 水土流失灾害及水土保持效益等监测项目

(11)水土保持规划中的技术经济指标包括________三个方面。

A. 投入、进度和效益　　B. 劳工、物资和经费

C. 经济效益、生态效益和社会效益　　D. 投入、产出和效益

(12)水土保持综合治理四类效益分析关系是________。

A. 在生态效益的基础上产生经济效益、社会效益和基础效益

B. 在基础效益和生态效益的基础上产生经济效益和社会效益

C. 在基础效益的基础上产生经济效益、社会效益和生态效益

D. 在基础效益和经济效益的基础上产生社会效益和生态效益

(13)水土保持效益中各项治理措施数量采用________进行计算。

A. 统计数　　B. 抽样数　　C. 保存数　　D. 估计数

(14)小流域或小面积的水土保持规划附图，其比例尺应采用________。

A. 1∶10 000　　B. 1∶10 000 ~ 1∶50 000

C. 1∶50 000　　D. 1∶50 000 ~ 1∶100 000

2)多项选择题

(1)水土保持规划的主要任务一般可概括为________、水源保护、耕地保护、农村经济发展等。

A. 水土流失治理　　B. 生态建设　　C. 预防监督　　D. 土壤保护

(2)水土保持规划的内容包括________、分析技术经济指标等。

A. 开展水土保持综合调查　　B. 进行水土保持区划

C. 编制土地利用规划　　D. 进行防治措施规划

(3)________指标应该在水土保持规划的规划目标中体现。

A. 林草覆盖率　　B. 水土流失治理程度

C. 乡镇工业发展　　D. 水土流失量控制

(4)编制水土保持规划,应针对不同水土保持分区的特征,依据“三区”划分成果,按照水土保持主攻方向,安排________、科技示范与推广等措施。

A. 生态修复　　B. 预防监督　　C. 综合治理　　D. 水土保持监测

(5)土地利用规划的方法步骤是________、进行各业用地规划。

A. 调查土地利用现状　　B. 进行土地资源评价

C. 确定区域经济与生产发展方向　　D. 提高土地利用效率

(6)水土保持治理措施规划包括________、小型蓄排引水工程规划。

A. 坡耕地治理措施规划　　B. 荒地治理措施规划

C. 沟壑治理措施规划　　D. 风沙区治理规划

(7)水土保持规划中的小型蓄排引水工程规划,主要包括________、引洪漫地工程规划等。

A. 坡面小型蓄排工程规划　　B. 农田干渠规划

C. 农田支毛渠规划　　D. “四旁”小型蓄水工程规划

(8)水土保持的效益指标包括________、生态效益。

A. 基础效益(保水、保土)　　B. 经济效益

C. 社会效益　　D. 管理效益

参考答案

1)单项选择题

(1)A　(2)D　(3)B　(4)A　(5)A　(6)C　(7)D　(8)B

(9)C　(10)B　(11)A　(12)C　(13)C　(14)B

2)多项选择题

(1)ABD　(2)ABCD　(3)ABD　(4)ABCD　(5)ABC　(6)ABCD

(7)AD　(8)ABC

第 5 章　水土保持生态建设工程措施设计

5.1　考试大纲

了解水土保持工程措施分类及其作用。

熟练掌握土质梯田和石坎梯田的设计计算。

了解淤地坝的分类、作用和坝系布设、利用。

熟练掌握淤地坝单坝枢纽布置、水文计算和调洪演算。

了解坝体渗流计算、坝坡稳定分析和消能计算。

掌握放水建筑物和溢洪道水力学计算。

了解水坠坝工程设计主要内容。

掌握谷坊和沟头防护工程设计。

掌握小型蓄排引水工程设计，包括水窑、水窖、涝地、蓄水池、截水沟、小型塘坝、滚水坝、引洪漫地。

了解拦沙坝分类及作用。

熟练掌握拦沙坝稳定与应力计算。

掌握坝下消能和冲刷深度计算。

5.2　复习指导

5.2.1　复习要点

5.2.1.1　工程措施分类及其作用

水土保持工程措施按修建目的及其应用条件分为：山坡防护工程、沟道治理工程、山洪和泥石流排导工程、小型蓄水用水工程。

5.2.1.1.1　山坡防护工程

山坡防护工程是布设在坡面以防止冲刷、控制侵蚀、维系坡面稳定的水土保持工程，主要包括梯田、拦水沟埂、水平沟、水平阶、鱼鳞坑、水窖（旱井）、蓄水池、沉沙凼、山坡截水沟、坡面排水沟或渠系、稳定山坡的挡土墙及其他防护工程。

5.2.1.1.2　沟道治理工程

沟道治理工程是为固定沟床、防止或减轻山洪及泥石流危害，而在沟道中修筑的水土保持工程。主要包括沟头防护工程、谷坊工程、拦沙坝、淤地坝、沟道护岸工程等。

5.2.1.1.3　山洪和泥石流排导工程

山洪和泥石流排导工程的作用是防止山洪或泥石流危害沟口冲积扇上的房屋、工矿企业、道路及农田等具有重大经济意义的防护对象。

5.2.1.1.4　小型蓄水用水工程

小型蓄水用水工程主要包括小水库、蓄水塘坝、引水工程、引洪漫地、人字闸等。

5.2.1.2　**梯田工程设计**

在坡地上沿等高线修筑的台阶式或波浪式断面的农田叫梯田。梯田可改变地形坡度，滞蓄地表径流，稳定土壤，具有保水、保土、保肥作用，从而为山区农、林、牧、副业的全面发展创造条件。

5.2.1.2.1　设计标准

梯田防御暴雨标准一般采用10年一遇3~6 h最大降雨，在干旱、半干旱或其他少雨地区，可采用20年一遇3~6 h最大降雨。根据各地降雨特点分别采用当地最易产生严重水土流失的短历时、高强度暴雨。在选择设计标准时还应参考水工设计，一般5级临时建筑物为5年一遇（按24 h最大降雨量），永久建筑物为10年一遇（按24 h最大降雨量）。

5.2.1.2.2　土坎梯田设计

1）水平梯田

a. 水平梯田的断面设计

（1）水平梯田的断面要素，如图5-1所示。

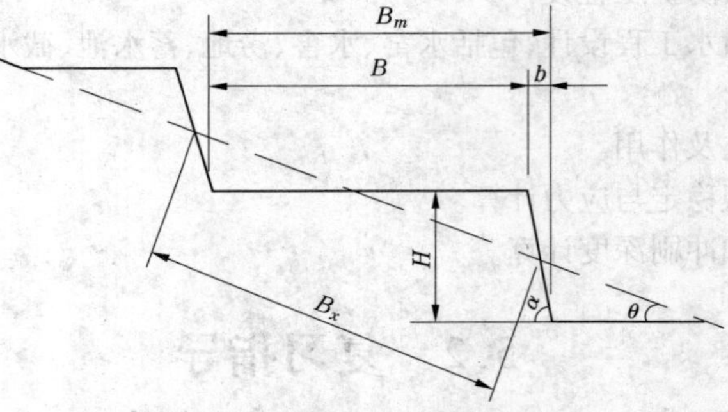

图5-1　水平梯田断面要素图

（2）各要素间关系如下：

田坎高度　$H = B_x \sin\theta$　(5-1)

原坡面斜宽　$B_x = H/\sin\theta$　(5-2)

田坎占地宽　$b = H\cot\alpha$　(5-3)

田面毛宽　$B_m = H\cot\theta$　(5-4)

田坎高度　$H = B_m \tan\theta$　(5-5)

田面净宽　$B = B_m - b = H(\cot\theta - \cot\alpha)$　(5-6)

b. 水平梯田工程量的计算

（1）当挖填方相等时，挖方和填方量计算公式为：

$$V = \frac{1}{2}\left(\frac{B}{2} \times \frac{H}{2} \times L\right) = \frac{1}{8}BHL \qquad (5\text{-}7)$$

式中　V——梯田土方量，m^3；

L——梯田长度，m；

H——田坎高度，m；

B——田面净宽，m。

若梯田面积以公顷计算，其挖、填方量为：

$$V = \frac{1}{8}H \times 10^4 = 1\ 250H \quad (m^3/hm^2) \tag{5-8}$$

若梯田面积以亩计算，其挖、填方量为：

$$V = \frac{1}{8}H \times 666.7 = 83.3H \quad (m^3/\text{亩}) \tag{5-9}$$

②当挖、填方相等时，单位面积土方移运量的计算：

$$W = V \times \frac{2}{3}B = \frac{1}{12}B^2HL \tag{5-10}$$

式中　W—— 单位面积(公顷或亩)土方移运量，$m^3 \cdot m$。

2)坡式梯田

(1)确定等高沟埂间距。确定沟埂间距应综合分析地面坡度情况、降雨情况、土质情况(土壤入渗性能)，并应满足耕作需要。一般地面坡度越陡，沟埂间距越小；雨量和强度越大，沟埂间距越小；土壤渗透性越差，沟埂间距越小。同时可参考当地水平梯田断面设计的 B_x 值，并考虑坡式梯田经过逐年加高土埂，最终变成水平梯田时的断面，应与一次修成水平梯田的断面相近。

(2)确定等高沟埂断面尺寸。沟埂的断面一般为埂顶宽 30 ~ 40 cm，埂高 50 ~ 60 cm，外坡 1∶0.5，内坡 1∶1。干旱、半干旱地区土埂上方容量应能拦蓄当地 10 ~ 20 年一遇的一次降雨中两埂之间坡面所产生的地表径流与泥沙。多雨地区土埂不能全部拦蓄的，应结合坡面小型蓄排工程，妥善处理多余的径流与泥沙。

(3)草带(或灌木带)坡式梯田。可在种草带(或灌木带)之前，先修宽浅式软埂(不夯实)，将草或灌木种在埂上；草带或灌木带的宽度一般为 3 ~ 4 m。

3)隔坡梯田

(1)隔坡梯田适应的地面坡度为 15° ~ 25°，其断面设计就是确定梯田的斜坡部分与平台宽度二者间的相对比例。

(2)平台宽度要求既能适应耕作，又能全部拦蓄斜坡径流(设计频率 10 年一遇一次暴雨下，水平田面能全部拦蓄本身及斜坡产生的径流，不发生漫溢)，一般平台田面宽度 5 ~ 10 m，坡度缓的可宽些，坡度陡的可窄一些。

(3)斜坡宽度(按垂直投影计)以其与水平部分的宽度比例表示，它是根据平台宽度及其田面土壤的渗透性、斜坡受雨量及径流量确定。一般水平面宽与斜坡宽度的比例可为 1∶1 ~ 1∶3(或者更大)。

5.2.1.2.3　石坎梯田设计

1)石坎梯田田面宽度设计

设计石坎梯田田面宽度时，应考虑坡地土层厚度。修平后，梯田表层土厚应大于 30 cm，田面宽度按下式计算：

$$B = 2 \times (T - h)\cot\theta \tag{5-11}$$

式中　B——田面净宽度，m；

T——原坡地土层厚度，m；

h——修平后挖方处后缘保留的土层厚度，m；

θ——地面坡度(°)。

2)田坎高度和埂坎高度设计

田坎高度按下式计算:

$$H = B/(\cot\theta - \cot\alpha) \tag{5-12}$$

式中 H——田坎高度,m;

B——田面净宽,m;

θ——地面坡度(°);

α——田坎坡度(°)。

3)石坎梯田石坎内外坡坡度确定

石坎梯田石坎外坡坡度一般为75°~85°;内侧接近垂直,顶宽0.3~0.4 m。

5.2.1.3 **淤地坝工程设计**

淤地坝设计的主要任务是对选定建筑物的位置和布置进行论证;确定建筑物的等级、设计标准,建筑物的结构型式及尺寸。

5.2.1.3.1 淤地坝的分类、作用

淤地坝是指在水土流失地区的沟道中兴建的以拦泥、淤地为主,兼顾滞洪的坝工建筑物。

淤地坝按筑坝材料可分为土坝、石坝、土石混合坝等;按施工方法可分为碾压坝、水坠坝、定向爆破坝、浆砌石坝等。

其主要作用是:调节径流泥沙,控制沟床下切、沟岸扩张,减少沟谷重力侵蚀,防止沟道水土流失,减轻下游河道及水库泥沙淤积,变荒沟为良田,改善生态环境。

5.2.1.3.2 淤地坝枢纽布置、水文计算

1)建筑物组成

淤地坝建筑物由坝体、放水工程、溢洪道组成;在经济合理、一次设计、分期建设原则指导下,经黄土高原多年实践表明,初期建设时可按下列方案择优确定。

(1)"三大件"方案,即由坝体、放水工程、溢洪道三部分组成。该方案后期对洪水泥沙处理以排为主,工程建成后运用较安全,上游淹没损失小。但工程量较大,工程建设、维修及运行费均较高。

(2)"两大件"方案,即由坝体、放水工程两部分组成。该方案对洪水泥沙处理以滞蓄为主,不修溢洪道,库容大,坝较高,工程量大,上游淹没损失大,但石方和混凝土工程量小,工程总投资较小。此类工程有较大的滞洪库容和放水建筑物,保证设计频率条件下的防洪安全。

(3)"一大件"方案,即仅有坝体。该方案洪水泥沙处理为全拦全蓄,仅适用于集水面积较小的小型淤地坝。为了增加其安全性,一般坝顶布设浆砌石非常溢流口。

2)淤地坝的水文计算

淤地坝工程多建在偏远山丘区,控制流域面积一般只有3~8 km^2,无实测水文泥沙资料。因此,淤地坝水文计算,一般是利用同类地区或工程附近地区的径流站、水文站实测资料,或调查洪水、泥沙资料,或当地水文手册,通过综合分析来计算设计洪水和输沙量。

a. 设计暴雨计算

设计暴雨量是指设计范围内某一选定频率下的暴雨量。即实测暴雨资料系列中,选定

的某一暴雨量发生的次数与实测系列总次数的比率(频率)时的暴雨量。设计暴雨量可采用各地水文手册中给定的方法和参数进行计算。

$$H_{24 \cdot P} = K_P \overline{H}_{24} \tag{5-13}$$

式中 $H_{24 \cdot P}$ —— 频率为 P 的 24 h 暴雨量,mm;

$\overline{H}_{24}$ —— 多年最大 24 h 暴雨量均值,mm;

K_P—— 频率为 P 的皮尔逊Ⅲ型曲线模比系数。

b. 设计洪峰流量

设计洪峰流量是指设计范围内某一选定频率下的洪峰流量。即实测洪峰流量资料系列中,选定的某一洪峰流量发生的次数与实测系列总次数的比率(频率)时的洪峰流量。由于无实测水沙资料,淤地坝设计洪峰流量计算一般采用暴雨资料推求洪峰流量的推理公式法、历史洪水调查法和地区经验公式法。

(1)推理公式法。设计洪峰流量可按下列公式计算:

$$Q_P = 0.278 \times \frac{H}{\tau} F \tag{5-14}$$

$$\tau = 0.278 \times \frac{L}{mJ^{1/3} Q_P^{1/4}} F \tag{5-15}$$

式中 Q_P——设计频率洪峰流量,m^3/s;

H——净雨深,mm,在全面汇流时代表相应于 t 时段的最大净雨,在部分汇流时代表单一洪峰对应的面平均净雨;

F——流域面积,km^2;

τ——流域汇流历时,h;

L——沿主沟道从出口断面至分水岭的最长距离,km;

m——汇流参数;

J——沿流程 L 的平均比降(以小数计)。

(2)历史洪水调查法。当坝址处沟道有历史大洪水调查资料时,可借用邻近沟道最大流量系列的变差系数 C_v 及偏态系数 C_s,采用洪水调查法进行设计洪峰流量的计算。

(3)地区经验公式法。常用的有洪峰面积相关法和综合参数法。

c. 设计洪水总量

设计洪水总量是指设计范围内某一选定频率下的洪水总量,即实测洪水总量资料系列中,选定的某一洪水总量发生的次数与实测系列总次数的比率(频率)时的洪水总量。

(1)推理公式法,计算公式为:

$$W_P = 0.1 \alpha H_P F \tag{5-16}$$

式中 W_P——设计洪水总量,万 m^3;

α——洪量径流系数,可采用当地经验值;

其他符号含义同前。

②经验公式法,计算公式为:

$$W_P = AF^m \tag{5-17}$$

式中 A、m——洪量地理参数及指数,可由当地水文手册中查得;

其他符号含义同前。

d. 设计洪水过程线

设计洪水过程线是洪水流量随时间变化过程。淤地坝调节洪水能力较低,放水涵(或卧)管一般只起放空库容的作用,不参与调洪。同时,考虑到小流域暴雨产生的洪水多为暴涨暴落,因此在推求设计洪水过程线时可将单峰的设计洪水过程线概化为三角形过程线(见图5-2)。三角形的顶点为设计洪峰流量 Q_P,三角形的面积等于设计洪水总量 W_P。

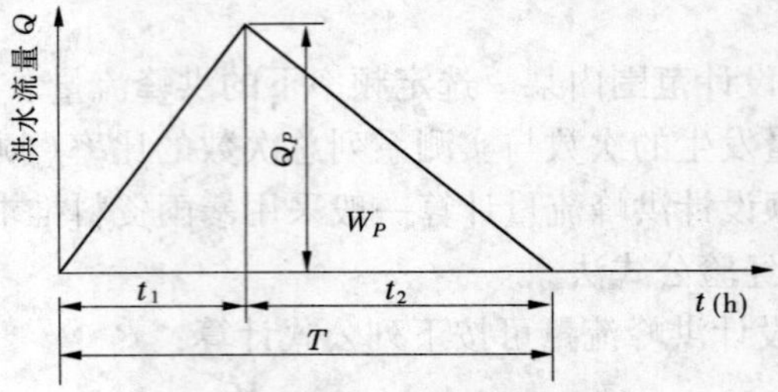

图5-2 概化三角形过程线

洪水过程线的总历时 T 可用下列公式计算:

$$T = t_1 + t_2 = 2\frac{W_P}{Q_P} \tag{5-18}$$

式中 T——洪水总历时,h;

t_1——涨洪历时,h;

t_2——退洪历时,h;

Q_P——设计洪峰流量,m^3/s;

W_P——设计洪水总量,万 m^3。

涨水历时计算公式:

$$t_1 = d_{t1}T \tag{5-19}$$

式中 d_{t1}——涨水历时系数,其值变化在0.1~0.5,视洪水产汇流条件而异,在具体计算时取用当地的经验值;

其他符号含义同前。

e. 淤地坝的调洪演算

淤地坝建筑物组成为“一大件”,全拦全蓄,一般标准较低,不参与调洪;“两大件”工程,由于放水工程的泄洪量较小,调洪演算也不予考虑,滞洪库容只计算坝控流域面积内的一次暴雨洪水总量;“三大件”工程需要进行调洪演算,主要是计算溢洪道的下泄流量、洪水总量和泄洪过程线。

(1)单坝调洪演算。按下列公式计算:

$$q_P = Q_P\left(1 - \frac{V_Z}{W_P}\right) \tag{5-20}$$

$$q_P = Mbh_0^{1.5} \tag{5-21}$$

式中 q_p——频率为 P 的洪水时溢洪道最大下泄流量,m^3/s;

Q_P——设计洪峰流量,m^3/s;

V_Z——滞洪库容,万 m^3;

W_P——设计洪水总量，万 m^3；

M——流量系数；

b——溢洪道宽，m；

h_0——包含行近流速的溢洪道堰上水头，m。

(2)上游有泄洪骨干坝的调洪演算。拟建工程上游有设置溢洪道的骨干坝时，其调洪演算参见《水土保持治沟骨干工程技术规范》(SL 289—2003)。

以上单坝与上游有泄洪量的计算公式常用在溢洪道底面和设计淤泥面高程相平时的调洪演算。

5.2.1.3.3 放水建筑物和溢洪道水力学计算

1)放水建筑物水力学计算

a. 放水流量的确定

(1)灌溉流量 Q 按下式计算：

连续灌溉
$$Q = \frac{q_k A}{\eta} \tag{5-22}$$

轮流灌溉
$$Q = \frac{N q_k \overline{A}}{\eta} \tag{5-23}$$

式中 Q——灌溉流量，m^3/s；

q_k——设计灌水率，$m^3/(s \cdot hm^2)$；

A——灌溉面积，hm^2；

$\overline{A}$——轮灌组平均灌溉面积，hm^2；

N——轮灌组数；

η——灌溉水利用系数，对于小灌区 $\eta = 0.7$。

(2)施工导流流量。当施工期间用涵洞导流时，放水流量应当满足施工导流要求，按施工期间10年一遇洪水进行设计。

(3)泄空拦洪库容的放水流量。放水建筑物的放水流量一般应满足3～5 d腾空拦洪库容，达到安全保坝的要求。同时根据运行方式不同，还应考虑高秆作物保收要求。

对某一具体工程，应根据淤地坝所担负任务(如灌溉、导流、泄空库容)分别计算其所需要的流量，然后取其中的大值(必要时加10%～20%的保证系数)。

b. 卧管式放水工程

(1)卧管放水孔直径按小孔出流公式计算确定。

计算时，一般按同时开启两孔或三孔计算。开启一孔时，孔上水头通常按一个台阶高度考虑，同时开启两孔或三孔时，分别按一个级差和两个级差考虑。

开启一孔
$$d = 0.68\sqrt{\frac{Q}{H_1^{1/2}}} \tag{5-24}$$

同时开启两孔
$$d = 0.68\sqrt{\frac{Q}{H_1^{1/2} + H_2^{1/2}}} \tag{5-25}$$

同时开启三孔
$$d = 0.68\sqrt{\frac{Q}{H_1^{1/2} + H_2^{1/2} + H_3^{1/2}}} \tag{5-26}$$

式中 d——放水孔直径，m；

Q——放水流量，m^3/s；

H_1、H_2、H_3——各级孔上水深，m。

（2）卧管通过的流量。应考虑水位变化而导致的流态变化，设计流量比正常运用时加大20%～30%。按明渠均匀流公式计算其所需过水断面面积

$$A = \frac{Q_{加}}{C\sqrt{Ri}} \tag{5-27}$$

式中 $Q_{加}$——通过卧管的流量，m^3/s；

A——卧管断面面积，m^2；

C——谢才系数，$C = \frac{1}{n}R^{\frac{1}{6}}$，其中 n 为糙率，混凝土 $n=0.014$～0.017，浆砌石 $n=0.02$～0.025；

i——卧管纵坡，取1∶2～1∶3；

R——水力半径，m。

（3）卧管断面尺寸。卧管有圆管和方管（正方形和长方形）两种，一般用浆砌石、混凝土和钢筋混凝土做成。流量小时，也可用陶瓷管或混凝土预制管。当采用方管时，盖板修成台阶状；如系圆卧管，则应在管上或管旁另筑台阶。为保证卧管及涵洞内为无压流，卧管下部的消力池跃后水位应不淹没涵洞进口，卧管高度应较正常水深加高3～4倍。

（4）消力池水力计算。消力池一般采用浆砌石或钢筋混凝土筑成的长方形结构，其水力计算公式见本节放水涵洞部分。

（5）卧管与消力池结构尺寸。卧管与消力池主要承受水压力，其结构尺寸决定于它在水下的位置、跨度以及卧管使用的材料，其结构计算公式可参考本节盖板涵结构尺寸计算公式。

有关各类卧管断面尺寸可参考有关规范和《淤地坝设计》（中国计划出版社）。

c.竖井式放水工程

（1）竖井水力计算。按孔口出流公式计算：

$$\omega = \frac{Q}{2\mu\sqrt{2gH_1}} \tag{5-28}$$

若采用上、下两对放水孔同时放水：

$$\omega = \frac{Q}{2\mu(\sqrt{2gH_1} + \sqrt{2gH_2})} \tag{5-29}$$

式中 ω——孔口面积，m^2；

Q——要求放水流量，m^3/s；

μ——流量系数，一般取 $\mu=0.65$；

H_1、H_2——孔口中心至水面深度，m；

g——重力加速度，m/s^2。

竖井底布设的消力井，可按下式计算：

$$E = 9.81QH \tag{5-30}$$

$$V = \frac{E}{8} = 1.23QH \tag{5-31}$$

式中 H——作用水头，m，可近似采用正常蓄水位与竖井底部高程的差值；

V——消力井的最小容积，m^3；

E——单位体积的消能量，kW/m^3。

(2)竖井结构尺寸。竖井应选在岩石或硬土地基上。较高的竖井或地基较差时，还应在其底部修筑井座，以减小对地基的压力，其高度为1.5～3.0 m，厚度可为井壁的2倍。

竖井结构和不同井深的各部分断面尺寸，可参考《淤地坝设计》(中国计划出版社)。

d. 放水涵洞

过水能力计算：过水能力计算的目的在于设计洞径尺寸。淤地坝的涵洞出流一般为无压自由出流，其过水能力计算公式按均匀流公式计算(即 $Q = \omega C\sqrt{Ri}$)。选定的涵洞孔径应能同时满足通过设计流量和选定流态。洞内流速应不超过洞身材料允许抗冲流速要求，净空面积应不小于涵洞断面的10%～30%。涵洞流量与涵洞尺寸、洞身材料允许抗冲流速、洞内的净空高度等参考《淤地坝设计》(中国计划出版社)。

2)溢洪道水力学计算

溢洪道水力计算的主要任务是：根据调洪计算所确定的溢洪道设计流量和地质、地形条件及建筑物布置要求等，计算溢流堰前沿宽，并确定进口导水墙的型式及尺寸；确定陡坡断面的型式和各部位尺寸，计算水面曲线和流速大小，选择护面型式及确定边墙高度；计算消能设施的各部位尺寸，保证尾水渠不受冲刷。

具体可参见《淤地坝设计》(中国计划出版社)。

5.2.1.4 谷坊和沟头防护工程设计

5.2.1.4.1 沟头防护工程类型

沟头防护工程是指为了制止坡面暴雨径流由沟头进入沟道或使之受控制地进入沟道，从而制止沟头前进，减缓沟道下切和沟岸扩张速度，保护地面不被沟壑切割破坏的工程。沟头防护工程适用于我国北方高塬区、丘陵区、漫岗区和土石山区等沟壑发育、沟头前进危害严重地区。

1)工程类型

沟头防护工程分为蓄水型与排水型两类。应根据沟头以上来水量情况和沟头附近的地形、地质等因素，因地制宜地选用。当沟头以上坡面来水量不大，沟头防护工程可以全部拦蓄时，采用蓄水型。如降水量小的黄土高原多以蓄水型为主；当沟头以上坡面来水量较大，蓄水型防护工程不能完全拦蓄或由于地形土质限制不能采用蓄水型时，应采用排水型沟头防护；降水量大的地区，当沟头溯源侵蚀对村镇、交通设施构成威胁时，多采用排水型沟头防护工程。

2)设计标准

沟头防护工程的设计洪水标准一般为10年一遇3～6 h最大暴雨。实际上，根据各地不同降雨情况，参照同类工程经验，沟头防护工程设计标准可采用5～10年一遇24 h最大降雨。

5.2.1.4.2 沟头防护设计

1)蓄水型沟头防护工程设计

a. 蓄水型沟头防护工程的型式

蓄水型沟头防护工程的型式有围埂式、围埂蓄水池式、围埂与其他工程结合式几种。

b. 蓄水型沟头防护工程设计步骤

（1）来水量按下式计算：

$$W = 10KRF \tag{5-32}$$

式中 W——来水量，m^3；

F——沟头以上集水面积，hm^2；

R——10 年一遇 3～6 h 最大降雨量，mm；

K——径流系数（与降雨量、土壤质地、地面坡度关系密切）。

（2）围埂蓄水量按下式计算

$$V = L\left(\frac{1}{2}HB\right) = \frac{1}{2}LH^2\left(m + \frac{1}{i}\right) \tag{5-33}$$

式中 V——围埂蓄水量，m^3；

L——围埂长度，m；

B——回水长度，m；

H——埂内蓄水深，m；

i——地面比降；

m——围埂上游边坡系数。

（3）围埂断面与位置。围埂断面为土质梯形断面，尺寸应根据来水量具体确定，一般埂高 0.8～1.0 m，顶宽 0.4～0.5 m，内外坡比各约 1∶1。围埂位置应根据沟头深度确定，一般沟头深 10 m 以内的，围埂位置距沟头 3～5 m。

2）排水型沟头防护工程设计

a. 排水型沟头防护工程的型式

排水型沟头防护工程的型式常见的有跌水式和悬臂式。

（1）跌水式。当沟头陡崖（或陡坡）高差较小时，用浆砌块石修成跌水，下设消能设施，水流通过跌水安全进入沟道。

（2）悬臂式。当沟头为垂直陡壁，陡崖高差达 3～5 m，用木制水槽（或陶瓷管、混凝土管）悬臂置于土质沟头陡坎之上，将来水挑泄下沟，沟底设消能设施。

b. 排水型沟头防护工程设计步骤

（1）设计流量按下式计算：

$$Q = 0.278KIF \tag{5-34}$$

式中 Q——设计流量，m^3/s；

K——径流系数；

I——10 年一遇 1 h 最大降雨强度，mm/h；

F——沟头以上集水面积，km^2。

（2）建筑物组成。跌水式沟头防护建筑物由进水口（按宽顶堰设计）、陡坡（或多级跌水）消力池及出口海漫等组成。悬臂式沟头防护建筑物由引水渠、挑流槽、支架及消能设施组成。

（3）跌水式排水沟头防护工程设计可参照淤地坝设计中的陡坡段设计。

5.2.1.4.3 谷坊设计

1）谷坊布设

（1）谷坊群布置。通过沟壑情况调查，选沟底比降 5%～10% 的沟段，用水准仪（或水平仪）测出其比降。绘制沟底比降（纵断面图）。根据沟底比降图，按“顶底相照”原则从下而上系统地布设谷坊群。

（2）坝址选择。坝址应选在“口小肚大”，工程量小，库容大；沟底与岸坡地形、地质（土质）状况良好，无孔洞或破碎地层，没有不易清除的乱石和杂物；取用建筑材料（土、石、柳桩等）比较方便的地方。

（3）谷坊间距。下一座谷坊与上一座谷坊之间的水平距离按下式计算：

$$L = \frac{H}{i - i'} \tag{5-35}$$

式中 L——谷坊间距，m；

H——谷坊底到溢水口底的高度，m；

i——原沟床比降（%）；

i'——谷坊淤满后的比降（%）。

2）土谷坊设计

（1）坝体断面尺寸。应根据谷坊所在位置的地形条件，参照教材中表 5-2-13 执行。

（2）溢洪口。设在土坝一侧的坚实土层或岩基上，上、下两座谷坊的溢洪口尽可能左右交错布设。当沟深小于 3.0 m，且两岸是平地的沟道，坝端没有适宜开挖溢洪口的位置时，土坝高度应超出沟岸 0.5～1.0 m，坝体在沟道两岸平地上各延伸 2～3 m，并用草皮或块石护砌，使洪水从坝的两端漫至坝下土地或转入沟谷，水流不得直接回流至坝脚处。

（3）设计洪峰流量。洪峰流量参照淤地坝相应公式计算。

（4）溢洪口断面尺寸，一般按开敞式矩形溢流堰计算：

$$Q = MB\sqrt{2g}H_0^{3/2} \tag{5-36}$$

式中 Q——设计洪峰流量，m^3/s；

M——流量系数；

B——堰顶宽度，m；

g——重力加速度，m/s^2；

H_0——堰上水头（含行近流速水头），m。

如果溢洪道所在岸坡顺水流方向较缓，可采用明渠均匀流公式计算：

$$Q = Av \tag{5-37}$$

式中 A——溢洪口断面面积，m^2；

v——流速，m/s。

流速按下式计算：

$$v = C\sqrt{Ri} \tag{5-38}$$

式中 C——谢才系数，$C = \frac{1}{n}R^{\frac{1}{6}}$，其中 n 为糙率；

R——水力半径，$R = \frac{A}{\chi}$，m；

i——渠底比降（%）；

χ——溢洪口断面湿周，$\chi = b + 2h\sqrt{1 + m^2}$，m。

3）石谷坊设计

a. 石谷坊型式

石谷坊型式有两种，即干砌阶梯式石谷坊和浆砌重力式石谷坊。

（1）干砌阶梯式石谷坊，一般坝高2~4 m，顶宽1.0~1.3 m，迎水坡1:0.2，背水坡1:0.5，过水深0.5~1.0 m，一般不蓄水，坝后2~3年淤满。

（2）浆砌重力式石谷坊，一般坝高3~5 m，顶宽为坝高的0.5~0.6倍（为便利交通），迎水坡1:0.1，背水坡1:0.5~1:1。此类谷坊在巩固沟床的同时，还可蓄水利用，设计时需做坝体稳定分析。

b. 溢洪口尺寸

石谷坊溢洪口一般设在坝顶，采用矩形宽顶堰公式计算：

$$Q = Mbh^{3/2} \tag{5-39}$$

式中 Q——设计流量，m^3/s；

b——溢洪口底宽，m；

h——溢洪口水深，m；

M——流量系数，一般采用1.55。

4）植物谷坊设计

（1）多排密植型。在沟中已定谷坊位置，垂直于水流方向，挖沟密植柳杆（或杨杆）。沟深0.5~1.0 m，杆长1.5~2.0 m，埋深0.5~1.0 m，露出地面1.0~1.5 m。每处（谷坊）栽植柳杆（或杨杆）5排以上，行距1.0 m，株距0.3~0.5 m。埋杆直径5~7 cm。

（2）柳桩编篱型。在沟中已定谷坊位置，打2~3排柳桩，桩长1.5~2.0 m，打入地中0.5~1.0 m，排距1.0 m，桩距0.3 m；用柳梢将柳桩编织成篱，在每两排篱中填入卵石（或块石），再用捆扎柳梢盖顶；用铅丝将前后2~3排柳桩联系绑牢，使之成为整体，加强抗冲能力。

5.2.1.5 小型蓄排引水工程设计

小型排蓄引水工程包括截排水工程、小型蓄水工程（蓄水池、水窖或窑、涝池）、蓄引工程（滚水坝、小型塘坝或山塘、人字闸）和引洪漫地。

5.2.1.5.1 截排水工程

1）截水沟设计

a. 设计暴雨径流

截水沟设计按5~10年一遇24 h最大降雨量设计。坡面径流量和土壤侵蚀量可参照水土保持试验站的小区径流观测资料或查阅当地水文手册确定。设计频率暴雨下，不同坡度、不同土质及不同植被的坡面，应采用不同的暴雨径流量与土壤侵蚀量。以一次暴雨径流模数 W_w（m^3/hm^2）和年均土壤侵蚀模数 M_s（t/hm^2）表示。小型截水沟工程也可根据工程经验确定。

b. 断面设计

（1）蓄水型截水沟设计。

截水沟的容量：

$$V = V_w + V_s \tag{5-40}$$

$$V_w = M_w F \tag{5-41}$$

$$V_s = 3M_sF \tag{5-42}$$

式中 V ——截水沟容量,m^3;

V_w——次暴雨径流量,m^3;

V_s——1 ~3 年土壤侵蚀量,m^3;

F ——截水沟的集水面积,hm^2;

M_w——次暴雨径流模数,m^3/hm^2;

M_s——年土壤侵蚀模数,m^3/hm^2。

截水沟断面面积:

$$A_1 = V/L$$

式中 A_1——截水沟断面面积,m^2;

L——截水沟长度,m。

(2)排水型截水沟。

多蓄少排型:暴雨产生的坡面径流大部分蓄于沟中,只排除不能容蓄的小部分。断面尺寸基本上参照蓄水型载水沟,沟底取 1% 左右的比降。

少蓄多排型:暴雨产生的坡面径流小部蓄于沟中,大部排入蓄水池。断面尺寸基本上参照排水沟的断面尺寸,同时取 20% 左右的比降。

2)排水沟设计

根据设计频率暴雨坡面最大径流量,按明渠均匀流公式计算:

$$A_2 = \frac{Q}{C\sqrt{Ri}} \tag{5-43}$$

$$Q = \frac{1}{6}(I_r - I_P) \tag{5-44}$$

式中 A_2——排水沟过水断面面积,m^2;

Q——设计最大径流量,m^3/s;

I_r——设计频率 10 min 最大降雨强度,mm/min;

I_P——相应时段土壤平均入渗强度,mm/min;

F——坡面汇水面积,hm^2;

C——谢才系数,$C = \frac{1}{n}R^{1/6}$,计算中土质排水沟糙度 n,一般取 0.025 左右。

排水沟断面型式多为梯形,设计中应考虑不冲不淤流速,具体可参考《综合治理技术规范》中引洪渠设计的有关内容。

3)沉沙池(凼)设计

(1)池体尺寸设计。沉沙池为矩形,宽 1 ~2 m,长 2 ~4 m,深 1.5 ~2.0 m,用于水流入池后能缓流沉沙。

(2)进水口与出水口设计。沉沙池的进水口和出水口设计,可参照蓄水池进水口的尺寸进行。

5.2.1.5.2 小型蓄水工程

小型蓄水工程可分蓄水池、水窖(窑)及涝池等类型。这类工程主要结合引洪(地表径流)排水,收集径流,一方面减少了地面径流防止了冲刷,另一方面可以解决农村人畜用水、点种、小面积浇灌等问题。

1）设计标准

水窖、涝池一般按5～10年一遇3～6 h最大降雨量设计。滚水坝、人字闸及小塘坝等应根据工程具体情况确定。

雨水集蓄利用工程的规模、总体规划和集流水源的设计，请参见开发建设项目地面径流利用部分及《雨水集蓄利用工程技术规范》（SL 267—2001）。

2）蓄水池设计

a. 蓄水池容量设计

蓄水池总容量为：

$$V = V_w + V_s \tag{5-45}$$

式中 V——蓄水池容量，m^3；

V_m——设计频率暴雨径流量，m^3；

V_s——设计清淤年（n年）累计泥沙淤积量，m^3。

当蓄水池与坡面排水沟终端相连时，V_m、V_s即为排水沟的设计排水量与淤积量。当蓄水池与坡面排水系统不连接时应按下式计算：

$$V_w = M_w F; \quad V_s = 3M_s F \tag{5-46}$$

式中 F——蓄水池的集水面积，hm^2；

M_w——设计频率一次暴雨径流模数，m^3/hm^2；

M_s——年侵蚀模数，m^3/hm^2。

b. 主要建筑物设计

（1）池体设计。根据当地地形和总容量V，因地制宜地分别确定池的形状、面积、深度和周边角度。

（2）进水口和溢洪口设计。石料衬砌的蓄水池，衬砌中应专设进水口和溢洪口；土质蓄水池的进水口和溢洪口，应进行石料衬砌。一般口宽40～60 cm，深30～40 cm，并用矩形宽顶堰流量公式校核过水断面：

$$Q = M\sqrt{2g}bh^{3/2} \tag{5-47}$$

式中 Q——进水（或溢洪）最大流量，m^3/s；

M——流量系数，采用0.35；

b——堰顶宽（口宽），m；

h——堰顶水深，m。

c. 引水渠设计

当蓄水池进口不是直接与坡面排水渠终端相连时，应布设引水渠，其断面与比降设计可参照坡面排水沟的设计进行。

3）水窖的设计

a. 井式水窖设计（以传统型式酒瓶式旱井为例）

（1）窖体。井式水窖的窖体由窖筒、旱窖和水窖三部分组成。

（2）窖筒（上接地面窖口，供取水用），直径0.6～0.7 m，深1.5～2.0 m；旱窖（不蓄水部分），上部与窖筒相连，深2～3 m，直径向下逐步放大，到散盘处直径3～4 m；水窖（蓄水部分)，深3~5 m，从散盘处向下，直径逐步缩小，到底部直径2~3 m。

(3)窖口。直径0.6~0.7 m，用砖或石砌成，高出地面0.3~0.5 m。

(4)沉沙池。位于来水方向路旁，距窖口4~6 m，池体呈矩形，长2~3 m，宽1~2 m，深1.0~1.5 m。

(5)进水管。圆形，直径0.2~0.3 m，在沉沙池从地表向下深约2/3处，以1:1坡度向下与旱窖相连。

b. 窑式水窖设计(以传统的道路边窑式水窖为例)

(1)水窖(蓄水部分)。深3~4 m，长8~10 m，断面为上宽下窄的梯形，上部宽3~4 m，两侧坡比为8:1；窑顶(不蓄水部分)：长度与水窖一致，半圆拱形断面，直径3~4 m，与水窖上部宽度一致(有的窑式水窖在窑顶中部留圆形取水井筒，直径0.6~0.7 m，深度随崖坎高度而异，从窑顶上通地面取水口)；窑门：下部梯形断面，尺寸与水窖部分一致，由浆砌石制成，厚0.6~0.8 m，密封不漏水。在离地面约0.5 m处埋一水管，外接阀门，可自由放水。上部半圆形断面，尺寸与窑顶部分一致，由木板(或其他材料)做成，木板中部有可以开关的1.0 m×1.5 m的小门。

(2)地面建筑物。窑式水窖由取水口、沉沙池和进水管三部分组成。可参照井式水窖的设计，沉沙池的尺寸应根据来水量适当放大。

4)涝池的设计

涝池主要修于路旁(道路附近或改建的道路胡同之中)，用于拦蓄道路径流，防止道路冲刷与沟头前进，同时可供牲畜饮水和洗涤之用。

(1)一般涝池。涝池多为土质，深1.0~1.5 m，形状依地形而异，圆形直径一般10~15 m；方形、矩形边长各10~30 m，四周边坡一般1:1。

(2)大型涝池。大型涝池深2~3 m，圆形直径20~30 m，方形、矩形边长一般30~50 m，特大型的可达70~100 m。土质的周边坡比1:1，料石(或砖、混凝土板)衬砌的周边坡比1:0.3。涝池位置不在路旁的需修引水渠，将道路径流引入池中。为防止过量洪水入池，在池的进水口前应设置退水设施。

5.2.1.5.3 蓄引工程

1)滚水坝

滚水坝的库容(V)由水利水文计算确定。根据当地的地形、地质与筑坝条件，可以采用一座坝蓄存，也可多坝(坝系)蓄存，其规模等级是一座坝蓄水数百至数千立方米，少数也有上万立方米的，其坝高一般都不超过15 m。

(1)死库容和死水位的确定。死库容可按经验公式计算：

$$V_{死} = \frac{FS_0(1 - N_s)n}{\gamma_s} \tag{5-48}$$

式中 $V_{死}$——使用年限内泥沙淤积体积，即死库容，m^3；

F——滚水坝控制汇水面积，km^2；

S_0——年侵蚀模数，$t/(km^2 \cdot a)$；

N_s——排沙比，一般不超过0.3，库容越小，流域面积越大，取值越大；

N——滚水坝使用年限，可考虑10年；

γ_s——泥沙干容重，在1.2~1.4 t/m^3，一般取1.33 t/m^3。

计算出死库容后,即可根据测绘的库容—水位曲线求得相应的死水位 $H_{死}$(假设坝底高程为0,此值即为坝前设计淤积高度)。

(2)正常库容和正常年设计水位的确定。滚水坝的库容 V 即为滚水坝的可用水量(相当于水库的兴利库容)。根据 $V_{死}+V=$ 正常库容 $V_{设}$ 值,即可在库容—水位曲线上确定出正常年设计蓄水位。

(3)防洪库容和设计洪水位的确定,按以下步骤计算。

设计洪峰流量,采用流量平衡法计算:

$$Q_m = 0.278KIF \tag{5-49}$$

式中 K——径流系数;

Q_m——洪峰流量,m^3/s;

I——设计频率时,1 h 降雨强度,mm/h;

F——滚水坝控制汇水面积,km^2。

设计滚水坝泄水量:

$$Q_{泄} = Mbh^{3/2} \tag{5-50}$$

式中 $Q_{泄}$——滚水坝泄水量,m^3/s;

M——流量系数,一般取 1.42~1.62;

b——滚水坝溢流坝段长度,m;

h——滚水坝溢流坝顶以上过水深,m。

根据 $Q_m = Q_{泄}$ 的原理,通过计算,即可求得 b 和 h。

防洪库容:

$$V_{防} = h\Omega \tag{5-51}$$

式中 $V_{防}$—— 防洪库容,m^3;

h——防洪水位与汛限水位之差,m,一般情况为滚水坝溢流坝段宣泄全部洪水时,堰顶以上水深,当滚水坝设有底孔或冲沙闸等参与泄洪的设施时,应通过调节计算确定防洪水位;

Ω——汛限水位至防洪水位间的平均水面面积,m^2。

设计洪水位:

$$H_{洪} = H_{汛限} + h \tag{5-52}$$

滚水坝总库容:

$$V_{总} = V_{死} + V + V_{防} \tag{5-53}$$

(4)滚水坝坝高。按下式计算确定:

$$H = H_{洪} + \Delta h$$

式中 Δh——滚水坝安全超高,一般取 $\Delta h = 0.5$ m。

2)小型塘坝设计

(1)建于山腰、山麓地带的山塘,洪水总量按下式计算:

$$W = 1\,000KRF_1 \tag{5-54}$$

式中 W——洪水总量,m^3;

K——径流系数;

R——设计频率下的暴雨量,mm;

F_1——汇流面积,km^2。

(2)建于山冲中间的山塘,洪水总量按下式计算:

$$W = W_0 + 1\,000KRF_2 + 10[(h_0 + R) - h]F_3 \tag{5-55}$$

式中 W_0——上游山塘泄流量,m^3;

H——稻田最大许可蓄水深度,mm;

h_0——暴雨前稻田存水深度,mm;

F_2——设计山塘与上游山塘之间扣去稻田面积后的汇流面积,hm^2;

F_3——汇水区稻田的面积,hm^2;

其他符号含义同前。

3)山塘蓄水容积计算

山塘蓄水容积 V 可按下式计算:

$$V = V_0 + V_1 + V_2 \tag{5-56}$$

式中 V_0——死库容(垫底库容);

V_1——兴利库容;

V_2——滞洪库容。

4)坝体断面、山塘溢洪道和泄水洞(塘坊)设计

可参照滚水坝设计和其他坝工设计规范。

5.2.1.5.4 引洪漫地

1)引洪流量计算

$$Q = \frac{10^4 Fd}{3\,600kt} = 2.78\frac{Fd}{kt} \tag{5-57}$$

式中 Q——引洪流量,m^3/s;

F——洪漫区面积,hm^2;

d——漫灌深度,m;

t——漫灌历时,h;

k——渠系水有效利用系数,干渠一般取0.5~0.7,支渠取0.6~0.8。

应注意以上公式中,如果洪漫区面积大,需几次才能全漫一遍的,渠道设计引洪流量相应减小,一般可按一次洪水可淤漫的最大面积作公式中洪漫区面积。

2)引洪渠首建筑物设计

(1)拦河滚水坝。拦河滚水坝一般高4~5 m,少数高8~10 m,坝体需作稳定分析和应力分析,其具体设计方法参考滚水坝设计。

(2)导洪堤。导洪堤与河岸成20°左右的夹角,长10~20 m(从渠首向上游河道延伸到接近主流),高1~2 m,顶宽1~2 m,内外坡比1:1。

(3)引洪闸。引洪闸的尺寸,根据引洪水位、流量和引洪干渠断面确定孔口尺寸;引洪闸底应高出河床0.5 m以上,以防止推移质进入洪漫区。

3)引洪渠系设计

a. 渠道比降

对高含沙水流,引洪渠长度一般不超过1 000 m,比降0.5%~1.0%,有条件的应进行试验确定。渠道的比降必须与渠道断面设计紧密配合,达到不冲不淤。

b. 引洪渠道断面设计

引洪渠一般采用梯形断面：

$$A = (b + mh)h \tag{5-58}$$

式中 A——渠道断面面积，m^2；

b——渠道底宽，m；

h——渠道水深，m；

m——渠道边坡系数。

考虑不冲不淤流速，渠道断面按下式计算：

$$A = \frac{Q}{v}, \quad v = C\sqrt{Ri} \tag{5-59}$$

式中 A——渠道断面面积，m^2；

Q——引洪流量，m^3/s；

V——引洪流速，m/s；

i——渠道比降；

R——水力半径，m；

C——谢才系数，$C = \frac{1}{n}R^{1/6}$，n 为渠道糙率，一般土渠取 0.025 ~ 0.03。

为了保证行水安全，渠道堤顶应高出渠水位 0.3 ~ 0.4 m。

4）田间工程设计

a. 地块布设

一般呈长方形布置，长边沿等高线，短边垂直于等高线。其短边(B)及长边(L)分别按下式计算：

$$B = \frac{h_2 - h_1}{i}, \quad L = \frac{10\,000A}{B} \tag{5-60}$$

式中 h_1——地块上游边计划漫淤深度，m；

h_2——地块下游边计划漫淤深度，m；

i——地面比降；

A——田块面积，hm^2。

b. 地块大小

地块过大，高差大，洪水落淤不匀，费水费时；地块过小，地埂过密，工程量大，同时应考虑引洪量与机耕要求。一般河滩、涧地 4 ~ 10 hm^2，黄土丘陵区 0.76 ~ 2.67 hm^2。

c. 地块围埂（堰）

地块围埂用来拦蓄洪水，漫淤耕地。一般埂高 1.0 ~ 1.5 m，顶宽 0.3 ~ 0.5 m；边坡 1∶0.5；较大的围埂高可达 2.0 m；顶宽 1.5 m，边坡 1∶1。

5）进出水口

进出水口应根据漫淤洪水的进水量与退水量计算，两高差大于 0.2 m，应设简易消能设施。

6）引洪漫淤技术设计

a. 洪水选择、漫淤时间和厚度

(1)洪水选择。根据流域土质内洪水挟沙成分,选择每次洪水是否引淤。含沙量高,漫淤效果好。

(2)漫淤时间。对于不种植作物的河滩或沟滩,仅根据洪水情况确定漫淤时间;若有种植的作物,则要考虑不同作物生长季节、高度等,以不影响作物生长为原则。

(3)漫淤厚度。决定于土地利用、土质、作物生长等条件。漫淤盐碱地、沙地及河滩等非耕地可以厚些,以 0.3 ~ 1.0 m 为宜;漫淤农田其厚度则应以不影响作物生长为宜。

b. 漫淤定额

漫淤定额可按下式计算:

$$M = \frac{d\gamma}{c} \times 10^7 \tag{5-61}$$

式中 M——漫淤定额,m^3/hm^2;

d——计划漫淤层厚度,m;

γ——漫淤层干容重,t/m^3;

c——洪水含沙量,kg/m^3。

一般情况下,$\gamma = 1.25\ t/m^3$ 左右,每次每公顷漫灌水量 1 500 ~ 2 250 m^3。

5.2.1.6 拦砂坝工程设计

5.2.1.6.1 拦砂坝的分类及作用

1)拦砂坝概念

拦砂坝是以拦蓄山洪泥石流沟道中固体物质为主要目的的拦挡建筑物,多建在主沟或较大的支沟内,坝高一般大于 5 m,拦砂量在 1 万 ~ 100 万 m^3,甚至更大。

2)拦砂坝的作用

主要作用是拦蓄泥沙(包括块石),调节沟道内水沙,以免除对下游的危害,便于下游河道的整治;提高坝址的侵蚀基准,减缓坝上游淤积段河床比降,加宽河床,减小水流流速,从而减小水流侵蚀能力;稳定沟岸崩塌及滑坡,减小泥石流的冲刷及冲击力,防止溯源侵蚀,抑制泥石流发育规模。

3)拦砂坝的分类(坝型)

(1)拦砂坝按结构分为重力坝、拱坝、格栅坝、钢索坝。

(2)拦砂坝按建材分为砌石坝、混合坝和铅丝石笼坝。

5.2.1.6.2 拦砂坝稳定与应力计算

根据初步拟定的断面尺寸,进行作用力计算,然后进行稳定计算和应力计算,以保证坝体在外力作用下不至于遭到破坏。

1)作用力计算

(1)坝体自重:按实际断面计算。

$$G = A\gamma_d b \tag{5-62}$$

式中 G——坝体自重,t;

A——坝体横断面面积,m^2;

γ_d——坝体容重,t/m^2;

b——单位宽度,m。

(2)淤积物重量。作用在坝体上游面上的淤积物重量等于淤积体积乘以淤积物容重。

(3)水压力:按下式计算:

$$P = 0.5\gamma h^2 b \tag{5-63}$$

式中 P——静水压力,t;

γ——水的容重,t/m^3;

h——坝前水深,m。

(4)泥沙压力:按下式计算:

$$P_{泥} = 0.5\gamma_c H^2 \tan^2(45 - \varphi/2) b \tag{5-64}$$

式中 $P_{泥}$——坝前泥沙压力,t;

γ_c——泥沙浮容重,t/m^3;

φ——泥沙内摩擦角(°);

H——坝前淤积物深度,m。

作用在下游的泥沙压力为被动土压力,按下式计算:

$$E = 0.5\gamma_c H_1^2 \tan^2(45 + 0.5\varphi) b \tag{5-65}$$

式中 E——被动土压力,t;

H_1——坝基础深度,m。

(5)坝基扬压力:拦砂坝多为实体坝,坝下无排水,下游边缘渗透压力为0,上游边缘的渗透压力为:

$$W_{\varphi} = 0.5\gamma H B a_1 b \tag{5-66}$$

式中 W_{φ}——渗透压力,t;

B——坝底宽度,m;

γ——水的容重,t/m^3;

H——坝高,m;

a_1——基础接触面积系数,取 $a_1 = 1$。

(6)泥石流冲击力,按下式计算:

$$P_{冲} = K\rho v_c^2 \sin\alpha \tag{5-67}$$

式中 $P_{冲}$——泥石流冲击力;

K——泥石流动压力系数,决定于龙头特性,一般取1.3;

v_c——泥石流流速,m/s;

α——泥石流流向与坝轴线的交角(°);

ρ——与泥石流容重关系密切的惯性系数,$\rho = \gamma_c / g$,γ_c 为泥石流容重,t/m^3,g 为重力加速度,m/s^3。

2)坝体抗滑稳定计算

坝体抗滑稳定按下式计算:

$$K_s = f\frac{N}{P} \tag{5-68}$$

式中 K_s——抗滑稳定安全系数,要求 $K_s = 1.0 \sim 1.05$;

N——坝体垂直力的总和,向下为正,向上为负;

P——坝体水平作用力的总和,向下游为正,向上游为负;

f——坝体与基础的摩擦系数。

3）坝基应力计算

浆砌石拦砂坝不容许坝体上游面出现拉应力，坝基应力计算公式为：

上游面应力
$$\sigma_{上} = \frac{N}{b}\left(1 - \frac{6e}{b}\right) > 0 \tag{5-69}$$

下游面应力
$$\sigma_{下} = \frac{N}{b}\left(1 + \frac{6e}{b}\right) \leqslant [\sigma] \tag{5-70}$$

式中 $\sigma_{上}$——上游面坝基应力，当 $\sigma_{上} > 0$，不产生拉应力，kg/cm^3；

$\sigma_{上}$——下游面坝基应力，应不超过岩石的允许压应力[σ]；

b——坝底宽，m；

e——合力作用点至坝底中心点的距离，m，$e = M/N$，当 $e \leqslant b/6$ 时，坝体不会产生拉应力；

M——所有作用在坝上的各力对坝底中心的力矩的代数和，顺时针为正，逆时针为负。

5.2.1.6.3 坝下消能和冲刷深度计算

1）坝下消能

（1）子坝（副坝）消能。适用于大、中、小型山洪或泥石流荒溪。它是在主坝的下游设置一座子坝，形成消力池，以消耗过坝山洪或泥石流的能量。子坝的坝顶应高出原沟床0.5～1.0 m，以保证子坝回淤线高于主坝基础顶面。子坝与主坝间的距离可取2～3倍主坝坝高。

（2）护坦消能。适用于小型沟道，多用浆砌石砌筑，长度为2～3倍主坝坝高，厚度按经验公式估算：

$$b = \sigma\sqrt{q\sqrt{z}} \tag{5-71}$$

式中 b——护坦厚度，m；

q——单宽流量，$m^3/(s \cdot m)$；

z——上、下游水位差，m；

σ——经验系数，取0.175～0.2。

2）坝下冲刷深度估算

坝下冲刷坑深度按下式计算：

$$T = 3.9q^{0.5}\left(\frac{z}{d_m}\right)^{0.25} - h_t \tag{5-72}$$

式中 T——从坝下原沟床面起算的最大冲刷深度，m；

q——单宽流量，$m^3/(s \cdot m)$；

d_m——坝下沟床的标准粒径，mm，一般可用泥石流固体物质的 d_{30} 代替，以重量计，有90%的颗粒粒径比 d_{90} 小；

h_t——坝下沟床水深，m。

5.2.2 案例分析

【案例1】 拟将坡耕地改为梯田，现状坡耕地坡度为15°，根据农机耕作的要求，田面宽度不应小于5 m。调查当地现存水平梯田，其田坎外侧坡度选定为75°，选定田坎高度 H = 1.5 m。

(1)梯田田面宽度为________ m。

A. 17.54　　B. 5.19　　C. 3.46　　D. 10.45

(2)梯田每亩土方量为________ m^3/亩。

A. 1 875　　B. 150　　C. 125　　D. 1 001

(3)每亩梯田需功量为________ $m^3 \cdot m$。

A. 6 487.2　　B. 648.7　　C. 43.23　　D. 432.8

答案:(1)B　(2)C　(3)D

考点:梯田工程设计。

解:(1)计算田面宽度:

$$B = B_m - b = H(\cot a - \cot b)$$
$$= 1.5 \times (\cot 15° - \cot 75°) = 5.19(\text{m})$$

计算的田面宽度大于5.0 m,满足机耕要求。

(2)计算每亩土方量

$$V = 83.3 \times H$$
$$= 83.3 \times 1.5 = 125(\text{m}^3/\text{亩})$$

(3)计算每亩需功量

$$W = 55.6 \times BH$$
$$= 55.6 \times 5.19 \times 1.5 = 432.8(\text{m}^3 \cdot \text{m})$$

【案例2】 梯田设计时,根据地形坡度、土层厚度、埂坎高度等已知条件,计算田面净宽、梯田挖方断面面积、每亩的土方量、每公顷的土方移运量等指标。

(1)修一梯田时,已知田面净宽为25 m,埂坎高度为3 m,当挖填方相等时,梯田挖方的断面面积为________ m^2。

A. 1.17　　B. 3.13　　C. 5.64　　D. 9.38

(2)修梯田时,已知田面净宽为15 m,埂坎高度为2 m,则每亩的土方量为________ m^3。

A. 1 332.8　　B. 1 333.4　　C. 132.4　　D. 166.6

(3)原地面坡度为10°,修成梯田后埂坎坡度为85°,埂坎高度为3 m,则田面净宽________ m。

A. 5.58　　B. 16.75　　C. 11.17　　D. 8.38

(4)已知田面净宽为60 m,埂坎高度为3 m,则每公顷的土方移运量为________ $m^3 \cdot m/hm^2$。

A. 149 994　　B. 1 799 928　　C. 2 499　　D. 49 998

答案:(1)D　(2)D　(3)B　(4)A

考点:梯田工程设计。

解:(1)梯田挖方的断面面积为9.38 m^2。

计算过程:

$$V = \frac{1}{2}\left(\frac{B}{2} \times \frac{H}{2} \times L\right) = \frac{1}{8}BHL$$
$$= \frac{1}{8} \times 25 \times 3 \times 1$$

$$= 9.38(m^2)$$

(2)每亩的土方量为166.6 m^3。

计算过程：

$$V = \frac{1}{8}H \times 666.7 = 83.3H$$
$$= 83.3 \times 2$$
$$= 166.6(m^3/亩)$$

(3)田面净宽为16.75 m。

计算过程：

$$B = B_m - b$$
$$= H(\cot\theta - \cot\alpha)$$
$$= 3 \times (\cot 10° - \cot 85°)$$
$$= 16.75(m)$$

(4)每公顷的土方移运量为149 994 $m^3 \cdot m/hm^2$。

计算过程：

$$W = \frac{1}{12}BH \times 10^4$$
$$= 833.3 \times 60 \times 3$$
$$= 149\,994\ (m^3 \cdot m/hm^2)$$

【案例3】 某一土石山区小流域拟进行坡改梯工程，现状坡耕地坡度约17°，坡地土层厚度1.3 m，初步拟定修平后挖方处后缘保留的土层厚度为0.5 m，石坎梯田石坎外坡坡度一般为75°，田埂高0.35 m。

(1)该石坎梯田的田面宽度为________m。

A. 2.62　　B. 5.23　　C. 4.89　　D. 11.78

(2) 该石坎梯田的田坎高度________m。

A. 1.48　　B. 1.74　　C. 2.96　　D. 3.48

(3)该石坎梯田的埂坎高度________m。

A. 1.39　　B. 1.74　　C. 2.09　　D. 2.35

答案：(1)B　(2)B　(3)C

考点：石坎梯田设计。

解：(1)石坎梯田田面宽度按下式计算：

$$B = 2 \times (T - h) \times \cot\theta$$
$$= 2 \times (1.3 - 0.5) \times \cot 17°$$
$$= 5.23(m)$$

(2)田坎高度按下式计算：

$$H = B/(\cot\theta - \cot\alpha)$$
$$= 5.23/(\cot 17° - \cot 15°)$$
$$= 1.74(m)$$

(3)埂坎高度按下式计算：

埂坎高 = 田坎高度 + 田埂高 = 1.74 + 0.35 = 2.09(m)

【案例 4】 某一土质沟道内拟修建谷坊，沟道中下游及坡麓地带为黄土，土层深厚，有成片旱柳林，上游基岩出露，两侧为红黏土。经查勘，沟底比降为 10%，拟建谷坊高度为 3.5 m，谷坊淤满后的比降为 1.5%。较合理的谷坊布设间距为________。

A. 8 m　　B. 28 m　　C. 41 m　　D. 60 m

答案：C

考点：谷坊布置时，谷坊间距的确定。

解：下一座谷坊与上一座谷坊之间的水平距离按下式计算：

$$L = \frac{H}{i - i'} = 3.5 \times \frac{1}{10\% - 1.5\%} = 41.18\ (\text{m})$$

式中 L——谷坊间距，m；

H——谷坊底到溢水口底的高度，3.5 m；

i——原沟床比降(10%)；

i'——谷坊淤满后的比降(1.5%)。

即下一座谷坊与上一座谷坊之间的水平距离理论上应为 41.18 m。根据地形情况，下中游按 40～45 m 布设土谷坊或植物谷坊(土柳谷坊)，上游布设石谷坊。

【案例 5】 某拦砂坝坝高 5 m，基础埋深 2 m，初步拟定上游坡 1∶0.8，下游坡 1∶0.6，坝顶宽 2 m(见图 5-3)。采用浆砌石砌筑，砌体容重 2.2 t/m^3，坝体与基础之间的摩擦系数 f = 0.5，泥石流容重和坝前淤积物的容重均为 2.3 t/m^3，淤积物内摩擦角 $\Psi = 21°$，宣泄设计流量时坝顶泥深 3 m，不考虑地震影响。(库满后泄流不考虑泥石流的冲击力，a_1 为基础接触面积系数，可取 $a_1 = 1$)

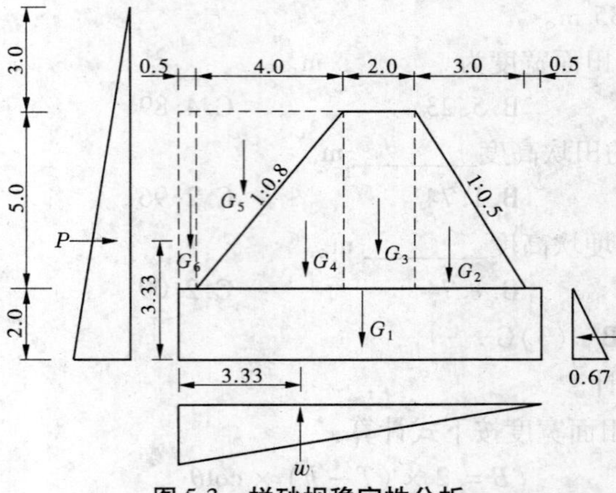

图 5-3　拦砂坝稳定性分析

(1) 坝基土压力________。

A. 9.7 t　　B. 16.5 t　　C. 35.0 t　　D. 54.1 t

(2) 坝的抗滑稳定系数________。

A. 0.92　　B. 1.05　　C. 1.1　　D. 1.5

答案：(1) A　(2) C

考点：拦砂坝稳定性分析计算。

解:以单位坝体进行计算;即取 $b=1$ m。

(1)重量计算

自重:

$G_1=10\times2\times2.2=44(t)(\downarrow)$

$G_2=0.5\times3\times5\times2.2=16.5(t)(\downarrow)$

$G_3=2\times5\times2.2=22(t)(\downarrow)$

$G_4=0.5\times4\times5\times2.2=22(t)(\downarrow)$

淤积物重:

$G_5=0.5\times4\times5\times2.3=23(t)(\downarrow)$

$G_6=0.5\times5\times2.3=5.75(t)(\downarrow)$

(2)泥沙压力

$P_{泥}=0.5\times2.3\times10^2\times\tan^2(45°-10.5°)=54.05(t)(\rightarrow)$

(3)坝基土压力

$E=1/2\times2.3\times2^2\times\tan^2(45°+10.5°)=9.7(t)(\leftarrow)$

(4)坝基渗透压力

$W_\varphi=1/2\times1\times(2+5)\times10\times1=35(t)(\uparrow)$

(5)抗滑稳定计算

$K=0.5\times(44+16.5+22+22+23+5.75-35)/(54.05-9.7)=1.1$

$K=1.1>1.05$,能满足抗滑稳定要求。

【案例6】 某小流域沟口拟布设拦砂坝,通过计算得知过坝单宽流量为 $1.2\ m^3/(s\cdot m)$。已知:拦砂坝上下游水位差为 8 m,坝下沟床水深 0.35 m,经验系数取 0.19,坝下沟床的标准粒径为 30 mm。

(1)从坝下原沟床面起算的最大冲刷深度为________。

A. 0.70 m　　B. 1.97 m　　C. 2.72 m　　D. 3.47 m

(2)若采取护坦防冲,拦砂坝下游护坦厚度________。

A. 0.25 m　　B. 0.28 m　　C. 0.32 m　　D. 0.35 m

答案:(1)C　(2)D

考点:拦砂坝坝下最大冲刷深度及下游护坦厚度计算。

解:(1)坝下冲刷坑深度按下式计算:

$$T=3.9q^{0.5}\left(\frac{z}{d_m}\right)^{0.25}-h_t$$

$$=3.9\times1.2^{0.5}\times\left(\frac{8}{30}\right)^{0.25}-0.35$$

$$=2.72(m)$$

(2)护坦厚度按经验公式估算:

$$b=\sigma\sqrt{q\sqrt{z}}$$

$$=0.19\times\sqrt{1.2\sqrt{8}}$$

$$=0.35(m)$$

经计算，从坝下原沟床面起算的最大冲刷深度2.72 m，若采取护坦防冲，拦砂坝下游护坦厚度0.35 m。

5.3 复习题

1)单项选择题

(1)坡面水系工程的作用之一是分流、拦截坡面径流，防止坡面________，保护治理成果。

A. 水土流失　　B. 土壤退化　　C. 土壤侵蚀　　D. 崩坍

(2)当坡面土层较薄、坡度太陡，在年降水量较少的地区，可以先修________，经逐年向下方翻土耕作，减缓田面坡度。

A. 水平梯田　　B. 坡式梯田　　C. 土坎梯田　　D. 植物篱

(3)梯田防御暴雨标准一般采用10年一遇3～6 h最大降雨，在干旱、半干旱或其他少雨地区，可采用________年一遇3～6 h最大降雨。

A. 15　　B. 20　　C. 25　　D. 50

(4)水平梯田单位面积梯田长度为L，田坎高度为H，田面净宽为B，则单位面积梯田土方量为________。

A. $\frac{1}{2}BHL$　　B. $\frac{1}{6}BHL$　　C. $\frac{1}{8}BHL$　　D. $\frac{1}{12}BHL$

(5)修梯田时，已知田面净宽为20 m，埂坎高度为2.5 m，当挖填方相等时，梯田挖方的断面面积是________。

A. 6.25 m^2　　B. 12.5 m^2　　C. 25 m^2　　D. 4.17 m^2

(6)修梯田时，已知田面净宽为35 m，埂坎高度为2 m，则每公顷的土方量是________m^3。

A. 5 000　　B. 2 500　　C. 250　　D. 166.7

(7)原地面坡度为15°，修成梯田后，埂坎坡度为80°，埂坎高度为3.5 m，则可计算出田面净宽是________。

A. 6.25 m　　B. 4.17 m　　C. 24.9 m　　D. 12.45 m

(8)修梯田时，已知田面净宽为50 m，埂坎高度为3.5 m，则每公顷的土方运移量是________$m^3 \cdot m$。

A. 145 833　　B. 9 722　　C. 218 749　　D. 14 583.3

(9)原地面坡度为15°，修成梯田后，埂坎坡度为75°，埂坎高度为3 m，则埂坎占地是________。

A. 0.6 m　　B. 0.8 m　　C. 1 m　　D. 1.1 m

(10)原地面坡度为18°，修成梯田后，埂坎坡度为75°，埂坎高度为3.5 m，则田面斜宽是________。

A. 10 m　　B. 9.8 m　　C. 11.3 m　　D. 10.8 m

(11)原地面坡度为15°，修成梯田后，埂坎坡度为70°，初步拟定田面净宽15 m，则埂坎高度约为________。

A. 5.5 m　　B. 4 m　　C. 4.5 m　　D. 5 m

(12)某土石山区坡耕地土层厚度 $T=1.5$ m,原坡面坡度为20°,保留耕作土层厚度0.6 m,设计成石坎水平梯田,则梯田的田面宽度为________。

A. 8 m　　B. 10 m　　C. 15 m　　D. 5 m

(13)某土石山区坡耕地土层厚度 $T=1.5$ m,原坡面坡度为15°,田坎坡度为80°,保留耕作土层厚度0.6 m,拟定田面宽度为5 m,则田坎高度为________。

A. 2 m　　B. 1.4 m　　C. 1.8 m　　D. 2.5 m

(14)原地面坡度为15°,修成梯田后,埂坎坡度为75°,埂坎高度为1.5 m,则每亩土方量是________。

A. 125 m^3　　B. 650 m^3　　C. 62.4 m^3　　D. 187.5 m^3

(15)修梯田时,已知田面净宽为15 m,埂坎高度为2 m,则每亩土方量为________。

A. 125 m^3　　B. 1 668 m^3　　C. 166.6 m^3　　D. 60 m^3

(16)在水土保持工程初步设计中,水平梯田应该在________以下的坡地上,选择土质较好、离村较近、交通比较方便、有利于机械化和水利化的地方修筑。

A. 45°　　B. 35°　　C. 25°或当地禁垦坡度　　D. 15°

(17)陡坡区梯田规划中,田块布设需顺山坡地形,大弯就势,小弯取直,田块长度尽可能在________ m,以便于耕作。

A. 50 ~ 100　　B. 100 ~ 200　　C. 100 ~ 150　　D. 150 ~ 200

(18)梯田规划中,陡坡区________以上与缓坡区5°以下,各有不同要求,要因地制宜区别对待。

A. 5°　　B. 10°　　C. 15°　　D. 25°

(19)石坎梯田的石坎外坡坡度一般为________,内坡一般接近垂直,顶宽0.4 ~ 0.5 m。

A. 1∶0.7　　B. 1∶0.65　　C. 1∶0.8　　D. 1∶0.75

(20)梯田修平后,应在挖方部位多施有机肥,同时深耕________ cm左右,促进生土熟化。

A. 30　　B. 35　　C. 40　　D. 50

(21)隔坡梯田的断面设计,主要任务是确定________。

A. 田面宽　　B. 田坎高

C. 坡面与水平部分的宽度及比例　　D. 田面坡度

(22)在我国南方多雨地区,梯田内侧应有________。其具体尺寸根据各地降雨、土质、地表径流情况而定。

A. 截流沟　　B. 排水沟　　C. 蓄水坑　　D. 沉沙池

(23)梯田修平田面要求:田边1 m左右,保留________左右反坡,地中原有浅沟部位,填方应比水平面高出10 cm,以备填土最深部位沉陷后田面仍保持水平。

A. 10°　　B. 15°　　C. 20°　　D. 25°

(24)修筑梯田采取的保留表土的方法中,表土逐台下移法适用于坡度较陡,田面较窄(10 m以下)的梯田;________适用于田面宽10 ~ 15 m的情况。

A. 表土逐台上移法　　B. 表土逐行置换法

C. 蛇脱皮法　　D. 表土中间堆置法

(25)建设淤地坝时应合理确定坝系工程的修建顺序，汇水面积小于1 km^2 的支沟，宜采取________。

A. 先上后下，先上游主沟和支沟建设淤地坝，后中下游主沟建设骨干坝和支沟淤地坝

B. 从上游向中下游依次建坝，也可在中下游同时建中型淤地坝，待淤平逐步向上游推进

C. 先下后上，先在沟口建坝，依次向上游推进

D. 先考虑建设控制性的、安全可靠的骨干工程

(26)沟道内拟建淤地坝，其多年平均输沙量为3.39万 m^3/a，设计淤积年限为10年，多年平均侵蚀模数为1.47 $t/(km^2 \cdot a)$，坝控的流域面积为3 km^2，淤积泥沙干容重为1.3 t/m^3，则可计算出拦泥库容为________。

A. 33.9万 m^3　　B. 44.1万 m^3　　C. 67.8万 m^3　　D. 78万 m^3

(27)拟定用混凝土修建卧管，糙率为0.015，卧管纵坡为1:2，为满足下游灌溉要求，初步计算出卧管所需要的放水流量为0.3 m^3/s，按设计流量比正常运用时加大20%计算，假定水力半径为0.067 m，则可计算出卧管的过水断面面积为________。

A. 0.039 m^2　　B. 0.003 2 m^2　　C. 0.046 m^2　　D. 0.005 2 m^2

(28)某淤地坝采用竖井作为防水建筑物，正常蓄水位与竖井底部高程的差值为12 m，放水流量为0.1 m^3/s，竖井底部所设的消力井的最小容积为________。

A. 1.2 m^3　　B. 11.76 m^3　　C. 1.18 m^3　　D. 1.48 m^3

(29)某骨干淤地坝工程拟采用矩形宽顶堰溢洪道，溢洪道设计流量为12.5 m^3/s，相应的溢流堰前水深为1.85 m，行近流速为1.6 m/s，流量系数为1.48，则溢流堰宽度为________。

A. 3 m　　B. 3.36 m　　C. 2.8 m　　D. 4.44 m

(30)某骨干淤地坝拟采用陡坡式溢洪道，根据地形拟采用纵坡为1:3的陡坡，其落差为7.62 m，则相应的陡坡段斜长为________。

A. 30 m　　B. 24 m　　C. 23 m　　D. 32 m

(31)某骨干淤地坝拟采用陡坡式溢洪道，溢洪道设计流量为12.5 m^3/s，陡坡段宽度取与溢流堰宽度同宽为3.4 m，流量系数取1.1，则相应的陡坡段的临界水深为________。

A. 1.23 m　　B. 1.11 m　　C. 1.25 m　　D. 1.15 m

(32)某骨干淤地坝拟采用陡坡式溢洪道，陡坡段采用矩形断面形式，相应的陡坡段的临界水深为1.249 m，陡坡段的宽度为3 m，糙率为0.025，则临界底坡为________。

A. 0.017　　B. 0.03　　C. 0.022　　D. 0.013

(33)某骨干淤地坝拟采用陡坡式溢洪道，溢洪道的泄洪流量为14.5 m^3/s，陡坡段的宽度为3.1 m，计算得到陡坡降落曲线为23 m，陡坡末端正常水深为0.4 m，陡坡段的斜长为24 m，则陡坡末端的流速为________。

A. 11.7 m/s　　B. 18.0 m/s　　C. 11.2 m/s　　D. 12.2 m/s

(34)某骨干淤地坝拟采用陡坡式溢洪道，陡坡起始断面水深为1.3 m，陡坡段末端流速为20 m/s，陡坡末端正常水深为0.4 m，安全超高采用0.7 m，则陡坡始端的侧墙高为________；陡坡末端的侧墙高为1.18 m。

A. 1.18 m　　B. 2 m　　C. 1.1 m　　D. 2.1 m

(35)淤地坝一般根据库容、坝高、淤地面积、控制流域面积等因素分级，当按四因素确定等级不同时，应按________确定等级。

A. 最低　　B. 最高　　C. 库容　　D. 坝高

(36)坝系是指以________为单元，合理布设骨干坝和中小型淤地坝等沟道工程而形成的沟道工程防治体系。

A. 县　　B. 支毛沟　　C. 小流域　　D. 支流

(37)对库容________的淤地坝，应执行《水土保持综合治理技术规范》(GB/T 16453.3—2008)。

A. 大于 50 万 m^3　　B. 小于 50 万 m^3

C. 大于 100 万 m^3　　D. 小于 100 万 m^3

(38)中型淤地坝的设计淤积年限为________年。

A. 5　　B. 5 ~ 10　　C. 10 ~ 20　　D. 20

(39)骨干坝的土坝如采用碾压方式施工，坝体干密度一般不应小于________ t/m^3。

A. 1.35　　B. 1.45　　C. 1.55　　D. 1.65

(40)骨干坝工程的规模，大多数库容为________ m^3。

A. 30 万 ~ 50 万　　B. 50 万 ~ 100 万

C. 100 万 ~ 300 万　　D. 300 万 ~ 500 万

(41)骨干坝的放水涵洞，沿洞长每 10 ~ 15 m 应砌筑一道________，以防止沿洞壁集中渗流。

A. 截水墙　　B. 截水槽　　C. 截水环　　D. 伸缩缝

(42)大(Ⅱ)型淤地坝的设计洪水重现期为 30 ~ 50 年，校核洪水重现期为________年。

A. 30 ~ 50　　B. 50 ~ 100　　C. 100 ~ 300　　D. 300 ~ 500

(43)跨汛期施工的淤地坝和骨干坝，汛前坝高应达到________。

A. 拦泥坝高　　B. 沉陷坝高　　C. 度汛坝高　　D. 安全超高

(44)淤地坝控制流域面积为 4 km^2，用推理公式法推求小流域设计洪峰流量时，设计频率的净雨深为 60.5 mm，流域汇流历时为 3.5 h，则设计频率的洪峰流量为________。

A. 69 m^3/s　　B. 38.4 m^3/s　　C. 19.2 m^3/s　　D. 34.5 m^3/s

(45)用推理公式法推求小流域设计洪水总量，流域控制面积为 5 km^2，设计暴雨量为 150.8 mm，径流系数为 0.6，则相应的设计频率的洪水总量为________。

A. 90.5 万 m^3　　B. 754 万 m^3　　C. 452 万 m^3　　D. 45.2 万 m^3

(46)某小流域的洪水总量为 80.4 万 m^3，洪峰流量为 32.4 m^3/s，则洪水总历时为________。

A. 6.9 h　　B. 1.9 h　　C. 13.8 h　　D. 3.8 h

(47)某小流域的洪水总量为 68.6 万 m^3，洪峰流量为 28.9 m^3/s，涨水历时系数为 0.3，则涨水历时为________。

A. 6.9 h　　B. 9.2 h　　C. 3.5 h　　D. 4.6 h

(48)采用输沙模数图查算法求悬移质输沙量，分区面积为 11.2 km^2，分区输沙模数为 16.2 $t/(km^2 \cdot a)$，则多年平均悬移质输沙量为________。

A. 108.8 t/a　　B. 199.5 t/a　　C. 145.1 t/a　　D. 181.4 t/a

(49)小流域推移质输沙量采用坝库淤积调查法时,已成坝库多年平均淤积量为170.4 t/a,多年平均库坝排沙量为81.3 t/a,多年平均悬移质输沙量为211.4 t/a,则多年平均推移质输沙量为________。

A. 41 t/a　　B. 89.1 t/a　　C. 145.1 t/a　　D. 130.1 t/a

(50)小流域推移质输沙量采用比例系数法计算时,当多年平均悬移质输沙量为180 t/a,则多年平均推移质输沙量的大致范围是________。

A. 9 ~54 t/a　　B. 9 ~36 t/a　　C. 18 ~90 t/a　　D. 18 ~72 t/a

(51)________是确定土坝设计剖面和评价坝体安全的主要依据。

A. 坝体渗流计算　　B. 坝体设计

C. 土坝稳定分析　　D. 淤地坝的配套加固设计

(52)淤地坝放水建筑物采用卧管,卧管设计放水流量为0.27 m^3/s,设计卧管台高0.4 m,第一孔水头为0.4 m,第二孔水头为0.8 m,第三孔水头为1.2 m,则放水孔径为________。

A. 0.23 m　　B. 0.32 m　　C. 0.34 m　　D. 0.22 m

(53)淤地坝放水建筑物采用竖井形式,竖井设计放水流量为0.45 m^3/s,流量系数取0.65,第一孔孔口中心至水面的深度为0.5 m,第二孔孔口中心至水面的深度为1.0 m,则孔口面积应为________。

A. 0.046 m^2　　B. 0.11 m^2　　C. 0.07 m^2　　D. 0.09 m^2

(54)某骨干淤地坝设计放水流量为0.4 m^3/s,放水设备采用浆砌石方形卧管,其纵坡为1:3,管上每隔0.4 m(垂直距离)设一个圆形放水孔口,放水时每次开启两个放水孔口,试确定放水孔直径________。

A. 0.35 m　　B. 0.46 m　　C. 0.38 m　　D. 0.32 m

(55)当卧管底宽为0.45 m、比降为1:2.5、正常水深为0.15 m时,糙率为0.025,明渠均匀流公式计算放水流量为________。

A. 0.38 m^3/s　　B. 0.45 m^3/s　　C. 0.30 m^3/s　　D. 0.42 m^3/s

(56)卧管断面尺寸确定时,考虑到由于水位变化导致流态变化,设计流量比正常运用时加大20% ~30%,称之为卧管的加大流量,为满足放水要求,计算所得放水流量 Q 与卧管加大流量 $Q_{加}$ 之间的关系为________。

A. $Q < Q_{加}$　　B. $Q > Q_{加}$　　C. $Q = Q_{加}$　　D. $Q \leq Q_{加}$

(57)某淤地坝,初步拟定淤积年限为10年,年均来沙量为5万t,年均排沙量为6 600 t,泥沙的干密度为1.3 t/m^3,则可初步计算出淤地坝的拦泥库容为________。

A. 435 384 m^3　　B. 333 846 m^3　　C. 384 615 m^3　　D. 564 200 m^3

(58)北方某地区修建一蓄水池,其进水口为浆砌石矩形断面,口宽0.5 m,水深为0.4 m,流量系数取0.35,则其过水能力为________。

A. 0.196 m^3/s　　B. 0.219 m^3/s　　C. 0.31 m^3/s　　D. 0.26 m^3/s

(59)某地设计频率10 min最大降雨强度为50 mm,相应时段土壤入渗强度为30 mm,坡面汇水面积为0.15 hm^2,拟设计梯形排水沟,则其设计洪峰流量为________。

A. 3 m^3/s　　B. 0.75 m^3/s　　C. 1.25 m^3/s　　D. 0.5 m^3/s

(60)设计一梯形断面排水沟,底宽为0.4 m,水深为0.5 m,比降为0.003,边坡系数为1.5,糙率为0.025,则最大设计流量为________。

A. 0.575 m^3/s　　B. 0.51 m^3/s　　C. 0.64 m^3/s　　D. 0.5 m^3/s

(61)一排水沟的底宽为0.5 m,水深为0.4 m,边坡系数为1.5,最大设计流量为0.6 m^3/s,则排水沟中的流速为________。

A. 1.36 m/s　　B. 1.04 m/s　　C. 0.89 m/s　　D. 0.5 m/s

(62)采用输沙模数图查算法求悬移质输沙量的公式为:$W_s = \sum M_{si} F_i$,式中 W_s 为多年平均输沙量;M_{si} 为________;F_i 为分区面积。

A. 分区输沙模数　　B. 分区径流模数

C. 最大年输沙模数　　D. 最小年输沙模数

(63)骨干坝单坝控制流域面积一般为________ km^2。

A. 5~10　　B. 10~20　　C. 3~5　　D. 5~15

(64)骨干坝坝体如采用水坠法施工,坝顶最小宽度规范要求为:坝高在________ m 以上时为5 m,以下时为4 m。

A. 10　　B. 20　　C. 30　　D. 50

(65)骨干坝的控制流域面积可以实测,也可以在________地形图上量算。

A. 1∶10 000　　B. 1∶100 000　　C. 1∶500 000　　D. 1∶1 000 000

(66)骨干坝的土坝如采用碾压方式施工,坝体干密度一般不应小于________ t/m^3。

A. 1.35　　B. 1.4　　C. 1.55　　D. 1.6

(67)反滤体一般由粗砂、砾石、块石三层组成。每层材料的颗粒粒径,应不超过邻层较小颗粒的4~6倍,最小一层的粒径不小于________ mm。

A. 0.01　　B. 0.1　　C. 0.5　　D. 1.0

(68)反滤体的高度由坝体浸润线决定,其顶部应高出浸润线的逸出点,并高于下游水位________ m。

A. 0.1~0.2　　B. 0.2~0.5　　C. 0.5~1.0　　D. 1.0~2.0

(69)骨干坝的导流建筑物度汛洪水的重现期应为________一遇。

A. 5年　　B. 10年　　C. 15年　　D. 20年

(70)碾压土坝,如采用机械履带碾压,其铺土厚度应为________。

A. 10~15 cm　　B. 15~20 cm　　C. 20~25 cm　　D. 25~30 cm

(71)为了保证骨干坝涵洞内形成稳定的明流状态,水面以上应有一定的净空,对城门洞形式的涵洞,其洞内水深应小于涵洞净高的________。

A. 55%　　B. 65%　　C. 75%　　D. 85%

(72)考虑到检查与维修的方便,骨干坝的放水涵洞,断面高度不得小于1.2 m,宽度不得小于________ m。

A. 0.7　　B. 0.8　　C. 0.9　　D. 1.0

(73)淤地坝的坝高一般应在5 m以上,库容应在________以上,淤地面积应在0.2 hm^2 以上。

A. 1万 m^3　　B. 2万 m^3　　C. 3万 m^3　　D. 4万 m^3

(74)一般的炮眼爆破,其最小的安全距离为________。

A. 100 m　　B. 200 m　　C. 300 m　　D. 400 m

(75)在容易发生盐渍化和渍害的地区,应当采取措施,________地下水的水位。

A. 控制和降低　　B. 控制和提高　　C. 控制　　D. 提高

(76)一般土石方工程,不应在________以下施工,如低于此温度需要施工,应采取防寒措施。

A. −1 ℃　　B. 0 ℃　　C. 1 ℃　　D. 4 ℃

(77)沟头防护、塘库(涝池)、坡面排水系统、崩岗治理工程按________进行设计。

A. 标准图　　B. 典型图　　C. 单项工程　　D. 单位工程

(78)沟头防护工程的防御暴雨标准是________年一遇 3 ~6 h 最大暴雨。

A. 5　　B. 10　　C. 15　　D. 20

(79)沟头防护工程的主要任务是________坡面暴雨径流由沟头进入沟道,从而控制沟头前进。

A. 制止　　B. 控制　　C. 制止或控制　　D. 允许

(80)采用蓄水型沟头防护工程时,沟头以上集水面积为 4 hm^2,10 年一遇 6 h 最大降雨为 30.5 mm,径流系数为 0.36,则沟头以上来水量为________。

A. 12.2 m^3　　B. 122 m^3　　C. 43.9 m^3　　D. 439.2 m^3

(81)采用蓄水型沟头防护工程,埂内蓄水深度为 0.6 m,回水长度为 8 m,围埂长度设为 100 m,则围埂需水量为________。

A. 480 m^3　　B. 240 m^3　　C. 120 m^3　　D. 360 m^3

(82)由于沟头冲刷,拟在沟头修建一围埂,已知围埂长度为 15 m,埂内蓄水深度为 60 cm,沟头地面比降为 7%,则围埂需水量为________。

A. 48.4 m^3　　B. 64.3 m^3　　C. 38.6 m^3　　D. 77.1 m^3

(83)某一沟道内拟修建土谷坊,沟道地带为黏土,经查勘,沟底比降为 8%,拟建谷坊高度为 3 m,谷坊淤满后的比降为 1%,则谷坊布设的间距为________。

A. 42.9 m　　B. 37.5 m　　C. 33.3 m　　D. 30 m

(84)某土石山区拟设计截水沟,一次暴雨径流模数为 38 m^3/hm^2,年土壤侵蚀模数为 30 m^3/hm^2。截水沟的集水面积为 0.3 hm^2,截水沟长 100 m。则该截水沟的容量应为________。

A. 25.2 m^3　　B. 38.4 m^3　　C. 20.4 m^3　　D. 43.2 m^3

(85)某土石山区拟设计截水沟,一次暴雨径流模数为 40 m^3/hm^2,年土壤侵蚀模数为 30 m^3/hm^2。截水沟的集水面积为 0.3 hm^2,截水沟长 100 m。则该截水沟断面面积应为________。

A. 0.23 m^2　　B. 0.39 m^2　　C. 0.45 m^2　　D. 0.21 m^2

(86)某地设计频率 10 min 最大降雨量 40 mm,相应时段土壤入渗量 25 mm,坡面汇水面积 1.8 hm^2。设计一浆砌石梯形排水沟,则相应的最大设计径流量为________。

A. 0.5 m^3/s　　B. 2.7 m^3/s　　C. 1.95 m^3/s　　D. 0.45 m^3/s

(87)排水沟初步设计时底宽 $b=0.5$ m,水深 $h=0.4$ m,比降 0.003,边坡系数 $m=1.5$,糙率 0.025,则排水沟的过水流量为________。

A. 0.36 m^3/s　　B. 0.3 m^3/s　　C. 0.4 m^3/s　　D. 0.45 m^3/s

(88)某小流域拟建一蓄水池，设计频率暴雨径流量为 12 m^3，设计清淤年累计泥沙淤积量为 18 m^3，则蓄水池的容量为________。

A. 18 m^3　　B. 30 m^3　　C. 12 m^3　　D. 6 m^3

(89)某蓄水池与排水沟相连，排水沟的设计排水量为 10 m^3，相应的设计淤积量为 30 m^3，则蓄水池的容量为________。

A. 40 m^3　　B. 20 m^3　　C. 30 m^3　　D. 10 m^3

(90)某蓄水池进水口采用浆砌石矩形断面，口宽 0.3 m，水深 0.4 m，流量系数为 0.35，则过水能力为________。

A. 0.16 m^3/s　　B. 0.19 m^3/s　　C. 0.12 m^3/s　　D. 0.10 m^3/s

(91)某地拟建一滚水坝，已知滚水坝控制面积为 3 km^2。年侵蚀模数 500 $t/(km^2 \cdot a)$，泥沙容重为 1.32 t/m^3。，坝库使用年限为 10 年。假定排沙比 0.1，确定该坝库的死库容为________。

A. 11 539 m^3　　B. 10 385 m^3　　C. 15 000 m^3　　D. 1 500 m^3

(92)某滚水坝的控制汇水面积为 10 km^2，设计频率 1 h 降雨量为 30 mm，径流系数为 0.3，流量系数采用 1.55，滚水坝溢流坝顶以上过水深为 4 m，则滚水坝溢流坝段长度为________。

A. 5 m　　B. 4 m　　C. 3 m　　D. 2 m

(93)某小流域拟建山塘，经计算初步确定死库容为 1.5 万 m^3，兴利库容为 2.5 万 m^3，滞洪库容为 1 万 m^3，则山塘蓄水容积为________。

A. 5 万 m^3　　B. 4 万 m^3　　C. 3.5 万 m^3　　D. 2.5 万 m^3

(94)某地拟进行引洪淤漫，淤漫层干密度 1.25 t/m^3，洪水含沙量 300 kg/m^3，计划淤漫层厚度为 6.0 cm，则淤漫定额确定为________。

A. 1 800 m^3/hm^2　　B. 6 250 m^3/hm^2　　C. 2 250 m^3/hm^2　　D. 2 500 m^3/hm^2

(95)某地拟进行引洪淤漫，淤漫定额确定为 2 500 m^3/hm^2，淤漫层干容重 1.25 t/m^3，洪水含沙量 350 kg/m^3，则计划淤漫层厚度为________。

A. 5 cm　　B. 4 cm　　C. 7 cm　　D. 9 cm

(96)某拦砂坝，泥石流容重为 2.2 t/m^3，淤积物内摩擦角为 21°，坝前泥沙高度为 10 m，则单位坝体坝前泥沙压力为________。

A. 24.7 t　　B. 23.3 t　　C. 21.8 t　　D. 51.7 t

(97)某拦砂坝，据野外调查，泥石流容重为 2.2 t/m^3，泥石流的动压力系数取为 3.5，泥石流的流向与坝轴直角相交，泥石流的龙头高度为 1.4 m，流速为 6 m/s，则泥石流的冲击力为________。

A. 4.7 t/m^2　　B. 28.3 t/m^2　　C. 39.6 t/m^2　　D. 46.8 t/m^2

(98)某拦砂坝，坝基础深度为 2 m，坝前淤积物容重为 2.2 t/m^3，淤积物内摩擦角为 21°，则作用在下游坝基上的泥沙压力为________。

A. 9.3 t　　B. 6.4 t　　C. 3 t　　D. 4.7 t

(99)某拦砂坝，基础埋深 2 m，坝体高 5 m，坝体底宽 10 m，基础接触面积系数取 1，坝体为实体坝，又无排水条件，下游边缘的渗透压力为 0，则上游边缘单位宽度的坝体渗透压力为________。

A. 25 t　　B. 35 t　　C. 10 t　　D. 20 t

(100)某拦砂坝,坝体自重和坝前淤积物重和为102 t,坝前泥沙压力为42 t,坝基土压力为6 t,坝基渗透压力为20 t,坝体与基础之间的摩擦系数为0.5,考虑这几个力同时作用时为最不利情况,则坝体抗滑稳定安全系数为________。

A. 1.27　　B. 1.14　　C. 0.87　　D. 1.15

(101)拦砂坝坝下消能常见的消能措施子坝消能适用于大中小型的山洪或泥石流荒溪,________适用于小型沟道。

A. 挑流消能　　B. 面流消能　　C. 护坦消能　　D. 副坝消能

(102)拦砂坝采用护坦消能时,单宽流量为1.5 $m^3/(s \cdot m)$,上下游水位差为15 m,经验系数取0.18,护坦厚度按经验公式估算为________。

A. 0.56 m　　B. 0.70 m　　C. 0.43 m　　D. 0.85 m

(103)拦砂坝过坝单宽流量为1 $m^3/(s \cdot m)$,上下游水位差为10 m,坝下沟床的标准粒径为30 mm,坝下沟床水深为1 m,从坝下原沟床面起算的最大冲刷深度为________。

A. 2.25 m　　B. 2.96 m　　C. 1.25 m　　D. 1.96 m

(104)某地块拟采取引洪漫地工程,该地块面积为4.5 hm^2,漫灌深度定为0.6 m,漫灌历时为4 h,渠系有效利用系数为0.6,则所需的引洪流量为________。

A. 1.13 m^3/s　　B. 1.88 m^3/s　　C. 3.13 m^3/s　　D. 5.21 m^3/s

(105)水窖的位置选择,一般应布设在村旁、路旁,有足够________的地方。

A. 地下水　　B. 地表径流　　C. 降水　　D. 水浇地

(106)井式水窖单窖容量为30~50 m^3,窑式水窖单窖容量为________ m^3。

A. 30~50　　B. 50~100　　C. 100~200　　D. 200~500

(107)谷坊工程的防御暴雨标准为________年一遇3~6 h最大暴雨;根据各地降雨情况,分别采用当地最易产生严重水土流失的短历时、高强度暴雨。

A. 5~10　　B. 10~20　　C. 20~30　　D. 20

(108)对于能迅速淤满的土谷坊,其迎水坡比可________。

A. 等于背水坡比　　B. 大于背水坡比

C. 小于背水坡比　　D. 远小于背水坡比

(109)截水沟设计的防御暴雨标准是________最大暴雨。

A. 5年一遇3~6 h　　B. 10年一遇3~6 h

C. 10年一遇24 h　　D. 20年一遇24 h

(110)在南方地区,为防治坡面水土流失而修建的________设施,统称为坡面沟渠工程。

A. 截水　　B. 排水　　C. 蓄水　　D. 截排水

(111)以拦蓄地表径流为主而修建的,蓄水量在________的蓄水工程,称为蓄水池。

A. 30~50 m^3　　B. 50~1 000 m^3　　C. 1 000~5 000 m^3　　D. 5 000m^3以上

(112)蓄水池容积的确定要根据来水量和需水量平衡计算,以________为主。

A. 径流量　　B. 来水量　　C. 需水量　　D. 产水量

(113)坡面水系工程适用于________侵蚀区的坡面水土流失治理。

A. 水力　　B. 风力　　C. 冻融　　D. 重力

(114)在降雨量较多、强度比较大的地区,在兴建坡面水土保持工程时,必须十分重视________工程,这是巩固坡面治理工程的关键。

A. 坡面截水　　B. 坡面排水　　C. 坡面水系　　D. 坡面蓄水

(115)拦砂坝的基础处理,对穿过坝体的断层、破碎带,可采取开挖后填充________的办法处理。

A. 块石　　B. 黏壤土　　C. 黄泥土　　D. 混凝土

(116)在沟道中堆置弃土、弃石、弃渣、尾矿的,应修建________。

A. 拦砂坝　　B. 拦渣坝　　C. 拦渣墙　　D. 拦沙堤

(117)修建水坠坝,如不采用特殊排水方法,其筑坝土料的崩解速度应为________。

A. <10 min　　B. >10 min　　C. >15 min　　D. <15 min

(118)修建水坠坝时,如果不采用特殊的排水方法,其适宜筑坝土料的黏粒含量应当为________。

A. 1% ~3%　　B. 3% ~20%　　C. 20% ~30%　　D. 30% ~50%

(119)水坠坝的边埂宽度与坝高和土质有关,坝越高边埂越宽,土壤的含黏量越大,边埂________。

A. 越窄　　B. 越宽　　C. 越高　　D. 含黏量与边埂宽度无关

(120)水坠坝施工中,冲填泥浆的起始含水量应按________控制,相应干密度不得低于1.5 t/m^3。

A. 20% ~30%　　B. 30% ~40%　　C. 40% ~45%　　D. 45% ~55%

(121)崩岗是________地区沟壑发展的一种特殊形式。

A. 风化花岗岩　　B. 第四纪红土　　C. 黄土高原　　D. 东北

(122)崩岗治理措施的质量测定,以________为单元,对照其规划图与完成措施验收图,现场检查其总体布局是否符合规划要求。

A. 小流域　　B. 第一个崩岗　　C. 乡镇　　D. 行政村

(123)崩岗治理设计,截水沟按________年一遇 24 h 暴雨设计。

A. 30　　B. 20　　C. 10　　D. 5

(124)崩岗治理的拦沙坝一般按 10 年一遇 24 h 暴雨设计,如崩口外附近有重要建筑物或经济设施,则按________年一遇 24 h 暴雨设计。

A. 30　　B. 20　　C. 10　　D. 5

(125)崩口顶部外沿________左右布设截水沟,防止坡面径流进入崩口。

A. 2 m　　B. 5 m　　C. 10 m　　D. 15 m

(126)崩岗区下游临近出口处,布设________,拦蓄多处崩岗下泄的洪水和泥沙。

A. 土谷坊　　B. 石谷坊　　C. 淤地坝　　D. 拦砂坝

(127)泥石流发生的频率比暴雨发生的频率________。

A. 高　　B. 低　　C. 不一致　　D. 大

2)多项选择题

(1)梯田根据断面形式不同分为________。

A. 水平梯田　　B. 土坎梯田　　C. 坡式梯田　　D. 隔坡梯田

(2)梯田根据地面坡度不同分为________。

A. 陡坡区梯田　　B. 土坎梯田　　C. 缓坡区梯田　　D. 旱作梯田

(3)梯田规划应选择________的地方。

A. 土质较好、距村较近　　B. 坡度相对较缓

C. 避风向阳　　D. 邻近水源

(4)田坎利用时要根据________,分别选择经济价值高、对田面作物生长影响小的树种、草种,发展田坎经济。

A. 田面宽度　　B. 田坎坡度　　C. 田坎宽度　　D. 田坎高度

(5)确定隔坡梯田斜坡宽度的主要依据是根据________,确定斜坡部分在 10 年一遇暴雨中,每平方米产生的径流和泥沙量。

A. 地面坡度　　B. 土质、植被

C. 当地径流含沙量　　D. 当地降雨情况

(6)土坎梯田施工时,其保留表土的方法有________。

A. 逐台下移法　　B. 逐行置换法　　C. 蛇脱皮法　　D. 中间堆置法

(7)坡式梯田沟埂采用________形式,以利于通过逐年加高土埂,使田面坡度不断减缓,最终变成水平梯田。

A. 埂在下　　B. 埂在上　　C. 沟在下　　D. 沟在上

(8)土坎梯田施工的工序包括________。

A. 定线、清基　　B. 筑埂　　C. 保留表土　　D. 整平田面

(9)石坎梯田坎后填膛与修平田面时,要求堆放材料的顺序是________。然后填土进行田面平整。

A. 表土还原　　B. 从下向上

C. 逐层升高　　D. 先堆大块、后堆小块

(10)坝系工程应根据________等因素,结合坝系运用方式和当地经济发展需要,合理确定骨干坝和淤地坝等沟道工程的数量。

A. 沟壑密度　　B. 侵蚀模数　　C. 洪水　　D. 地形、地质

(11)骨干坝的土坝下游坡必须设置________。

A. 护坡　　B. 纵横排水沟　　C. 观测设施　　D. 马道

(12)陡坡式溢洪道可分为________三部分。

A. 进口段　　B. 陡坡段　　C. 出口段　　D. 消力池

(13)一般小流域缺乏水文实测资料,骨干坝的设计洪峰流量可按________进行计算。

A. 数理统计法　　B. 推理公式法

C. 调查洪水法　　D. 经验公式法

(14)淤地坝和骨干坝的放水设施一般采用________。

A. 卧管　　B. 放水塔　　C. 竖井　　D. 启闭机

(15)淤地坝的泄水建筑物绝大多数采用卧管形式,主要优点是________。

A. 结构简单、施工方便

B. 不会因为淤积面的增高而影响泄水孔的运用

C. 便于管理

D. 泄水量大

(16)淤地坝和骨干坝的设计坝高由________三部分组成。

A. 拦泥坝高　B. 滞洪坝高　C. 安全超高　D. 风浪超高

(17)淤地坝和骨干坝建设中,常说的“三大件”是指________三项建筑物。

A. 坝体　B. 溢洪道　C. 排水体　D. 放水工程

(18)淤地坝常说的“二大件”是指________二项建筑物。

A. 坝体　B. 溢洪道　C. 排水体　D. 放水工程

(19)骨干坝坝址选择的要求包括________。

A. 坝轴线短,库容大

B. 坝址附近有利于布设泄洪和放水建筑物的地形与地质条件

C. 库区淹浸损失小,对村镇、工矿的安全影响小

D. 坝址应避开较大弯道、跌水、泉眼、断层、滑坡体、洞穴等,坝肩不应有冲沟

(20)淤地坝或骨干坝设计中必须绘制________曲线。

A. 降雨等值线图　B. 输沙模数图

C. 坝高库容曲线图　D. 坝高淤地面积图

(21)骨干坝的水位—库容曲线绘制方法有________。

A. 等高线法　B. 方格网法　C. 纵横断面法　D. 数理统计法

(22) 常用的坝体排水形式有________。

A. 棱体排水　B. 贴坡排水　C. 褥垫排水　D. 直立式排水

(23)土坝的渗流计算一般采用水力学方法,通过渗流计算可以得到________。

A. 近似确定浸润线的位置　B. 稳定安全系数

C. 渗流流量　D. 平均流速和坡降

(24)土坝的稳定分析是________的主要依据。

A. 确定坝体设计剖面　B. 确定坝体构造

C. 确定浸润线　D. 评价坝体安全

(25)淤地坝工程淤积库容的输沙量应当包括________。

A. 悬移质　B. 推移质　C. 细颗粒泥沙　D. 粗颗粒泥沙

(26)集水面积的计算可采用________。

A. 经验公式法　B. 梯形计算法　C. 方格法　D. 称量法

(27)选择土坝的筑坝方式时,如________,应优先选用水坠坝,否则,宜选用碾压式土坝。

A. 土料丰富　B. 运输方便　C. 土质适宜　D. 水源有保证

(28)骨干坝是为提高沟道坝系的抗洪能力,减少水毁灾害,而在支毛沟中兴建的控制性缓洪淤地工程,其作用主要是________。

A. 保护下游小多成群的淤地坝,减轻下游危害

B. 拦泥淤地,发展生产

C. 蓄水利用,发展农田灌溉

D. 增强坡面治理效果

(29)沟头防护工程适用于________等地区。

A. 高塬沟壑区　B. 丘陵沟壑区　C. 漫岗区　D. 土石山区

(30)沟头防护工程分为________型式。

A. 蓄水型　　B. 排水型　　C. 井式　　D. 筒式

(31)蓄水型沟头防护工程有________等型式。

A. 围埂式　　B. 围埂与植物措施结合式

C. 围埂蓄水池式　　D. 蓄水池式

(32)排水型沟头防护工程有________型式。

A. 跌水式　　B. 筒式　　C. 井式　　D. 悬臂式

(33)跌水式沟头防护建筑物由________等组成。

A. 进水口　　B. 陡坡　　C. 消力池　　D. 出口海漫

(34)排水型沟头防护工程中,悬臂式沟头防护建筑物由引水渠、________、支架等组成。

A. 进水口　　B. 挑流槽　　C. 出口海漫　　D. 消能设施

(35)谷坊的作用有________等。

A. 抬高沟床,制止沟底下切

B. 稳定沟坡,制止沟岸扩张

C. 拦泥淤地

D. 利用沟中的水土资源,发展农、林(果)牧业和小型水利

(36)土谷坊的施工顺序为________。

A. 定线、清基　　B. 挖结合槽　　C. 填土夯实　　D. 开溢水口

(37)为了防治泥石流,提高谷坊坚固性,可修建________。

A. 土谷坊　　B. 石谷坊

C. 钢筋混凝土谷坊　　D. 混凝土谷坊

(38)谷坊选址时考虑的影响因素有________等。

A. 库容大,工程量小　　B. 沟底和岸坡地形、地质(土质)状况良好

C. 取用建筑材料方便　　D. 谷坊淤积年限

(39)水土保持工程措施按修建目的及其应用条件分为________。

A. 山坡防护工程　　B. 沟道治理工程

C. 山洪和泥石流排导工程　　D. 小型蓄水用水工程

(40)带状整地工程,适用于地形完整、土层较厚的坡面,穴状整地工程,主要适用于________的坡面。

A. 坡度陡　　B. 地形破碎　　C. 土层较薄　　D. 土层较厚

(41)沟壑治理包括________等。

A. 沟头防护　　B. 谷坊　　C. 淤地坝　　D. 崩岗治理

(42)坡面小型蓄排工程布设应考虑________。

A. 坡面小型蓄排工程与沟道坝系工程统一规划,同时施工

B. 坡面小型蓄排工程与梯田、保水保土耕作措施统一规划,同步施工

C. 坡面小型蓄排工程与造林育林、种草育草统一规划,同时施工

D. 坡面小型蓄排工程还应充分考虑蓄水利用

(43)坡面水系工程的主要功能和作用是________。

A. 分流、拦截坡面径流，防止坡面水土流失

B. 排除多余径流

C. 拦蓄坡面来水用于灌溉和人畜饮水

D. 防止泥沙下泄，保障农田安全

(44)北方干旱、半干旱地区修筑的涝池主要用于________。

A. 解决灌溉用水　　B. 拦蓄道路径流

C. 供牲畜饮水及村民洗涤用水　　D. 防止沟头前进

(45)水窖是干旱、半干旱地区普遍采用的水土保持蓄水工程，按照其形状可分为________两类。

A. 井式　　B. 筒式　　C. 窖式　　D. 卧管式

(46)井式水窖的窖体由________三部分组成。

A. 窖口　　B. 窖筒　　C. 旱窖　　D. 水窖

(47)小型蓄水工程中窖式水窖由取水口、沉沙池和________三部分组成。

A. 拦污栅　　B. 护坦　　C. 出水管　　D. 进水管

(48)修建水窖必须做好窖体的防渗处理，水窖的防渗措施主要有________。

A. 胶泥捶壁防渗　　B. 水泥抹面防渗

C. 砌石勾缝防渗　　D. 混凝土防渗或钢筋混凝土防渗

(49)灌溉用蓄水池的配套设施有________和取水设施。

A. 引水渠　　B. 排水沟　　C. 沉沙池　　D. 进水口

(50)坡面治理的小型蓄排工程有________。

A. 蓄水池　　B. 截水沟　　C. 排水沟　　D. 沉沙池

(51)滚水坝总库容包括以下几部分，分别为________。

A. 防洪库容　　B. 死库容　　C. 兴利库容　　D. 校核库容

(52)引洪漫地工程可分为________三部分。

A. 渠道工程　　B. 闸坝工程　　C. 渠系工程　　D. 田间工程

(53)引洪漫地的洪水根据来源不同可分为________等。

A. 坡面洪水　　B. 道路洪水　　C. 沟道洪水　　D. 河流洪水

(54)引洪漫地工程的引洪方式有________等几种。

A. 山开渠引洪　　B. 侧坡开渠引洪

C. 顶渠建坝引洪　　D. 逐坝引洪

(55)引洪漫地根据洪漫区不同地形和引洪斗渠与地块间不同的相对位置，分别采取________漫灌方式。

A. 串联式　　B. 并联式　　C. 混合式　　D. 分离式

(56)引洪渠系由________组成。

A. 干渠　　B. 支渠　　C. 斗渠　　D. 排洪渠

(57)对风化花岗岩山坡坡面的天然水路网，应及时修建________等各类小型蓄排工程，预防崩岗的发生。

A. 截水沟　　B. 水平沟　　C. 排水沟　　D. 蓄水池

(58)崩口治理的主要措施有________。

A. 截水沟　　B. 小台阶　　C. 土谷坊、拦沙坝　　D. 淤地坝

(59)对可能产生崩岗的风化花岗岩等荒坡,预防的具体措施包括________。

A. 保护植被　　B. 恢复植被

C. 拦蓄地表径流　　D. 分散地表径流

(60)当崩岗的拦砂坝同时承担防洪与灌溉任务,而下游又有重要建筑物或其他经济设施时,则该坝应由________等“三大件”组成,并按小型水库的要求进行设计。

A. 坝体　　B. 溢洪道　　C. 泄水洞　　D. 排水管

(61)拦砂坝是以拦蓄山洪泥石流沟道中固体物质为主要目的的拦挡建筑物,按结构分类,除重力坝外和拱坝外,还有________等几类。

A. 切口坝　　B. 错体坝　　C. 钢索坝　　D. 格栅坝

(62)拦砂坝按建筑材料分为________等几类。

A. 砌石坝　　B. 混合坝　　C. 铅丝石笼坝　　D. 钢索坝

(63)水坠坝按坝体断面结构和冲填方式等可分为均质坝和非均质坝,非均质坝坝体由泥浆分选冲填而成,冲填土料的颗粒在水的冲力和自重作用下,由粗到细逐步沉积,形成________等区。

A. 坝体　　B. 中心防渗区　　C. 坝壳区　　D. 过渡区

参考答案

1)单项选择题

(1)A	(2)B	(3)B	(4)C	(5)A	(6)B	(7)D	(8)A
(9)B	(10)C	(11)C	(12)D	(13)B	(14)A	(15)C	(16)A
(17)B	(18)C	(19)D	(20)A	(21)C	(22)B	(23)A	(24)D
(25)C	(26)A	(27)C	(28)D	(29)A	(30)B	(31)D	(32)D
(33)A	(34)B	(35)B	(36)C	(37)B	(38)B	(39)C	(40)C
(41)C	(42)B	(43)C	(44)C	(45)D	(46)C	(47)A	(48)D
(49)B	(50)A	(51)C	(52)D	(53)A	(54)A	(55)A	(56)B
(57)B	(58)A	(59)D	(60)B	(61)A	(62)A	(63)C	(64)C
(65)A	(66)C	(67)B	(68)C	(69)B	(70)C	(71)C	(72)B
(73)A	(74)B	(75)A	(76)B	(77)C	(78)B	(79)C	(80)D
(81)B	(82)C	(83)A	(84)B	(85)B	(86)D	(87)A	(88)B
(89)A	(90)C	(91)B	(92)D	(93)A	(94)D	(95)C	(96)D
(97)C	(98)A	(99)B	(100)B	(101)C	(102)C	(103)D	(104)C
(105)B	(106)C	(107)B	(108)A	(109)C	(110)D	(111)B	(112)C
(113)A	(114)C	(115)D	(116)B	(117)A	(118)B	(119)B	(120)C
(121)A	(122)B	(123)D	(124)B	(125)B	(126)D	(127)C	

2)多项选择题

(1)ACD	(2)AC	(3)ABD	(4)ABD	(5)ABD	(6)ABD
(7)BC	(8)ABCD	(9)BD	(10)ABCD	(11)AB	(12)ABC
(13)BCD	(14)AC	(15)ABC	(16)ABC	(17)ABD	(18)AD
(19)ABCD	(20)CD	(21)AC	(22)ABC	(23)ACD	(24)AD

(25)AB (26)ABCD (27)ACD (28)ABC (29)ABCD (30)AB
(31)ABC (32)AD (33)ABCD (34)BD (35)ABD (36)ABCD
(37)CD (38)ABC (39)ABCD (40)BC (41)ABCD (42)BCD
(43)ABCD (44)BCD (45)AC (46)BCD (47)BCD (48)ABCD
(49)ABCD (50)ABCD (51)ABC (52)ACD (53)ABCD (54)ABCD
(55)ABC (56)ABC (57)ACD (58)ABC (59)ABCD (60)ABC
(61)ABCD (62)ABC (63)BCD

第6章　水土保持生态建设工程林草及耕作措施设计

6.1　考试大纲

了解水土保持耕作措施的分类、应用条件和技术要求。

了解水土保持生态工程的林种构成。

掌握不同水土流失类型区立地类型划分与树草种选择。

熟练掌握树(草)种组成、造林密度确定。

熟练掌握造林种草整地工程设计与计算。

掌握林草种植方法和苗木种子用量计算。

掌握水土保持林总体设计及配置的原则和要求。

了解封禁治理原则、应用条件、设计。

了解水土保持林草的抚育管理。

了解林草措施的施工组织设计。

6.2　复习指导

6.2.1　复习要点

6.2.1.1　水土保持耕作措施设计

水土保持耕作措施亦称水土保持农业技术措施或农艺措施，是在耕地上通过耕作技术保持水土的一项重要措施，农业耕作栽培学上也称为保水保土耕作法，其广泛适用于我国水蚀地区、水蚀风蚀交错区及风蚀区。

6.2.1.1.1　水土保持耕作措施分类

水土保持耕作措施主要有三类：改变微地形的耕作措施、增加地面覆盖的耕作措施、改良土壤的耕作措施。其目的是增加土壤入渗、保蓄水分、提高土壤抗蚀力，减轻土壤侵蚀，提高作物产量。

1）改变微地形的耕作措施

改变微地形的耕作措施主要有等高耕作、沟垄种植、垄作区田、坑田种植、休闲地水平犁沟、蓄水聚肥改土耕作法（抗旱丰产沟）、半旱式耕作、防沙产业技术等。它是通过耕作改变坡耕地的微地形，增加地面粗糙度，强化降水就地入渗，拦蓄、消减或制止冲刷土体的耕作措施。

2）增加地面覆盖的耕作措施

增加地面覆盖的耕作措施主要有草田轮作、间作、套种、带状（等高）种植、合理密植、休闲地种绿肥、残茬覆盖、秸秆覆盖、覆膜种植、砂田、少耕免耕等，它是通过增加地面植被覆盖改善和增强地面抗蚀性能，控制水蚀、风蚀的一种水土保持措施。

3)改良土壤的耕作措施

改良土壤的耕作措施主要有深耕、松土、增施有机肥、留茬播种等，它是通过增施有机肥、深耕改土、培肥地力等改变土壤物理化学性质的措施，增加土壤入渗和提高土壤抗蚀力，以减轻土壤冲刷的水土保持措施。

6.2.1.1.2　耕作措施的应用条件和技术要求

从耕作技术、种植技术、复合技术三方面归纳其应用条件和技术要求。

1)保护型耕作法

以改变小地形、强化降水就地入渗，拦蓄、消减径流冲刷动能为基本原理的耕作法，主要包括等高耕作、水平沟、垄作区田、格网式耕作等。

2)保护型种植法

农作物（含耕地上人工种植的牧草）实际上是一种人工覆被物，与自然植被一样具有防止水土流失的作用。保护型种植法是通过调整作物结构、增加作物覆盖地面空间和延长覆盖时间的水土保持种植法。例如间作套种、草粮带状间作等，以增加地面覆盖和地膜覆盖为主的保护型种植法与等高耕作的水土保持耕作法相结合，可充分发挥制止或削弱水力和风力对地面的侵蚀作用。

3)复式水土保持耕作法

复式水土保持耕作法是前两类保护型耕作法和保护型种植法的组合及发展。

6.2.1.2　水土保持生态工程林草措施设计

6.2.1.2.1　水土保持生态工程林种构成

《中华人民共和国森林法》将森林分为以下五类，分别为防护林、用材林、经济林、薪炭林、特种用途林。

防护林——以防护为主要目的的森林、林木和灌木丛，包括水源涵养林，水土保持林，防风固沙林，农田、牧场防护林，护岸林，护路林；

用材林——以生产木材为主要目的的森林和林木，包括以生产竹材为主要目的的竹林；

经济林——以生产果品，食用油料、饮料、调料，工业原料和药材等为主要目的的林木；

薪炭林——以生产燃料为主要目的的林木；

特种用途林——以国防、环境保护、科学实验等为主要目的的森林和林木，包括国防林、实验林、母树林、环境保护林、风景林，名胜古迹和革命纪念地的林木，自然保护区的森林。

6.2.1.2.2　不同水土/9 流失类型区立地类型划分与树草种选择

1)立地类型划分

立地类型划分是指把具有相近或相同生产力的立地划为一类，不同的则划为另一类；按立地类型选用树种草种，设计造林和草措施。

立地类型划分一般采用主导因子法，即在复杂的立地因子中，分析确定起决定性作用的因子——主导因子。根据主导因子分级组合来划分立地类型，一般均可满足树种草种选择和制定造林种草技术措施的需要。常用的方法有按主导环境因子的分级组合分类、生活因子分级组合和用立地指数来代替立地类型。对于林草植被稀少的水土流失地区多采用主导环境因子分级组合分类，后两者适用于有林区、草原区和草地。

2)树草种选择

树种选择的原则有四个:第一是定向的原则;第二是适地适树的原则;第三是稳定性的原则;第四是可行性原则。

在树种选择上不同的林草生态工程(或林种)对树种的要求不同,从适应性强、生长迅速、根系发达、树冠浓密四方面加以考虑。

草种选择与树种选择相似,必须根据种草地的生境条件,主要是气候条件和土壤条件,选择适宜的草种,同时应做到生态与经济兼顾,要求选择草种时做到能发芽,生长、发育正常,且经济合理。草种选择也要注意其定向目标,培育牧草应选用较好的立地,培育水土保持草地时可选用较差的立地。乔灌草结合时,应选择耐阴的草种。

6.2.1.2.3　树(草)种组成、造林密度确定

1)树(草)种组成

树种组成是指构成森林的树种成分及其所占的比例。通常把由一种树种组成的林分叫做纯林,把由两种或两种以上树种组成的林分称为混交林。树种在混交林中所占比例的大小为混交比例。

混交类型是将主要树种、伴生树种和灌木树种人为搭配而成的不同组合,通常把混交类型划分为主要树种与主要树种混交,主要树种与伴生树种混交,主要树种与灌木树种混交及主要树种、伴生树种与灌木的混交。

混交方法是指参加混交的各树种在造林地上的排列形式。常用的混交方法有星状混交、株间混交、行间混交、带状混交、块状混交、不规则混交和植生组混交。

牧草或水土保持种草一般采用禾本科与豆科牧草混播,也有采用单一禾本科或豆科混种的。草坪草则可采用禾本科草混播;也可用同一种不同品种混播(习惯上称为混合)。人工草地和草坪多采用混播方式,如:牧草混播组合、草坪草混播组合。

林草复合——在林下种草形成林草结合的一种林草生态工程。分成乔木林与草复合、灌木林与草复合、乔灌草复合三大类型(见图6-1)。

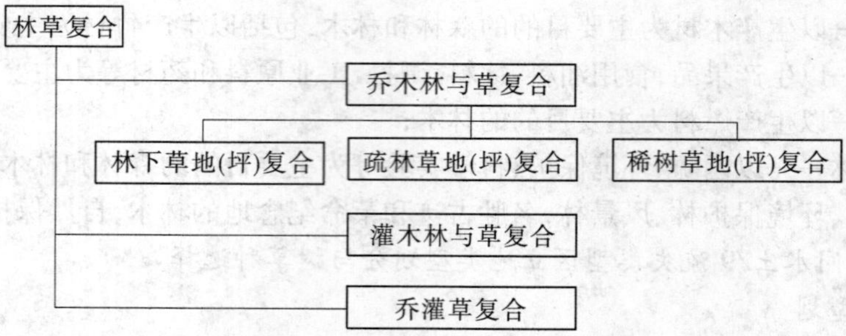

图6-1　林草复合类型

2)造林密度

造林密度也叫初植密度,是指单位面积造林地上栽植点或播种穴的数量(株或穴/hm^2)。林木在不同生长发育时期都有相应的密度,如幼龄密度、成林密度等。林分在某一时段达到某一密度后发生自然稀疏,这一密度为林分的最大密度或饱和密度。抚育间伐中

保留株数占最大密度株数的百分数为经营密度。林分生长量达到最大时的密度即适宜的经营密度。在水土保持林草工程设计中所说的密度一般是指造林密度。

造林密度是根据选定树种，在一定培育目标、一定的立地条件和栽培条件下测算确定的。常用的测算方法有四种（见图6-2），内容如下：

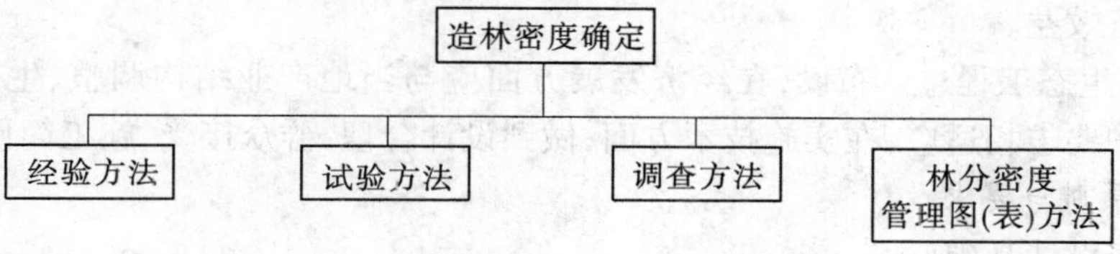

图6-2　造林密度常用测算方法

(1)经验方法。指根据过去不同密度的林分，在满足其经营目的方面所取得的成效，来分析判断其合理性及需要调整的方向和范围，从而确定在新的条件下应采用的初始密度和经营密度。

(2)试验方法。指通过不同密度的造林试验结果来确定合适的造林密度及经营密度。

(3)调查方法。指对现有的森林处于不同密度状况下的林分生长指标进行调查，然后采用统计分析的方法，得出类似于密度试验林可提供的密度效应规律和有关参数。

(4)林分密度管理图(表)方法。指对于某些主要造林树种(如落叶松、杉木及油松等)，已进行了大量的密度规律的研究，并在制定了各种地区性的密度管理图(表)的基础上，通过查图表来确定造林密度。

3) 造林方法

造林方法分播种和植苗两大类，内容见图6-3。

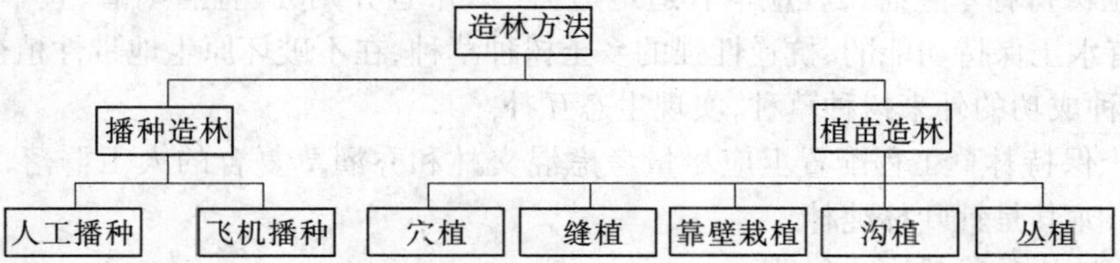

图6-3　造林方法

其中：人工播种又分撒播、穴播和条播、块播三种方法。

6.2.1.2.4　水土保持林总体设计及配置的原则和要求

1) 总体设计原则与要求

水土保持林草生态工程应根据水土流失地区的地形地貌、气候、土壤、植被等条件及水土流失特点和土地利用现状进行总体设计，主要遵循以下原则与要求：

(1)服从于水土保持总体规划与设计的原则。

(2)因地制宜，因害设防，植物措施与工程措施相结合的原则。

(3)生态效益优先，兼顾经济效益、社会效益的原则。

水土保持林草生态工程总体设计应达到以下要求：

(1)应拟定水土流失治理度、林草覆盖率等防治指标,在技术、经济可行的前提下,达到国家水土流失防治指标的要求。

(2)在平面上应做到网、带、片、块相结合,林、牧、农、水相结合,在空间上应做到乔、灌、草相结合,植物工程与水利工程相结合,力求各类生态工程以较小的占地面积达到最大的生态效益与经济效益。

(3)林草生态工程总体布设,在经济发展方面应与当地产业结构调整、生产发展方向、生态环境保护要求相适应,在实施技术方面,做到设计合理,群众接受,施工简便易行。

2)配置原则与要求

a. 配置与设计基础

在一个流域或区域范围内,水土保持林草生态工程体系配置及设计的基础是各工程在流域内的水平配置和立体配置。通过各种工程的水平配置与立体配置使林农、林牧、林草、林药得到有机结合,使之形成林中有农、林中有牧、植物共生、生态位重叠、生物学稳定、多功能、多效益的人工森林生态系统、草地生态系统、复合生态系统,以充分发挥土、水、肥、光、热等资源的生产潜力,不断提高和改善土地生产力,以求达到最高的生态效益和经济效益,从而达到持续、稳定、高效的水土保持生态环境建设目标。

b. 配置原则与要求

(1)水土保持林草生态工程有时也配置经济林和果园,主要目的是保持水土,防治侵蚀,改善生态环境,同时也能一定程度增加农民经济收入。

(2)水土保持林草生态工程原则上应配置在荒地上(是指除耕地、林地、草地和村庄、道路、水域以外,一切可以利用而尚未利用的土地),包括荒山、荒坡、荒沟、荒滩、河岸以及村旁、路旁、宅旁、渠旁等地,同时应考虑在退耕地、轮歇地、残次林、疏林、退化天然草坡和草场、河岸、堤岸、坝坡等地上配置。

(3)水土保持林草生态工程应本着适地适树(草),宜乔则乔、宜灌则灌、宜草则草的原则,选择具有水土保持功能的、抗逆性强的乡土树种草种,在不破坏原生地带性植被的同时,适当选用引种成功的外来树种草种,实现生态互补。

(4)水土保持林草工程配置上应尽量考虑混交林和乔灌草复合的人工群落,不应大面积营造纯林,尤其是针叶林纯林。

6.2.1.2.5 造林种草整地工程设计

1)造林整地

a. 造林整地方式与方法

造林整地方式可分为全面整地和局部整地。全面整地是翻垦造林的整地方法,主要应用于草原、草地、盐碱地及无风蚀危险的固定沙地。局部整地有带状整地和块状整地方法。

造林整地的方法:山地的带状整地带一般沿等高线走向,平原地区一般为南北走向,其山地断面形式有水平阶、水平沟、反坡梯田、撩壕及山边沟等,平原断面形式有带状、高垄等。块状整地的断面形式一般有穴状、块状、鱼鳞坑及高台等。

利用地面径流进行集水整地介绍:

(1)集水整地。集水整地系统由微集水区系统组成,是根据地形条件,以林木为对象,在造林地上形成的由集水区(径流的集水面)与栽植区(渗蓄径流的植树穴)组成的完整的集水、蓄水和水分利用系统。

采用下式来计算总的集水系统的面积，即集水区面积与栽培区面积的总和：

$$MC = RA \times \frac{WR - DR}{DR \times k \times EFF}$$

式中 MC——集水区面积与栽培区面积的总和，m^2；

RA——林木根系所分布的面积，一般按照林冠冠幅大小计算，m^2；

WR——林木生长的年总水分需求量，mm；

DR——设计年降雨量，mm；

k——年平均降雨径流系数；

EFF——水分利用系数，一般为0.5～0.75。

(2)不同整地断面形式蓄水量。

若设计暴雨量为P(mm)，径流系数为k，则坡长L(m)单位宽度坡面径流的总容积V_0(m^3)为：

$$V_0 = 0.001PkL$$

不同整地断面形式的设计蓄水容积$V \geqslant V_0$时坡面才安全。常用的几种整地方法的计算如下。

反坡梯田：种植的田面向内倒倾斜成坡度较大的反坡，以造成一定的蓄水容积，见图6-4。当植树区的宽度(反坡梯田水平宽度)确定后，若挖方与填方相等，则单位长度梯田的最大有效蓄水容积V为：

$$V = \frac{B^2 \tan\beta}{2}\left(1 + \frac{\tan\beta}{\tan\varphi}\right)$$

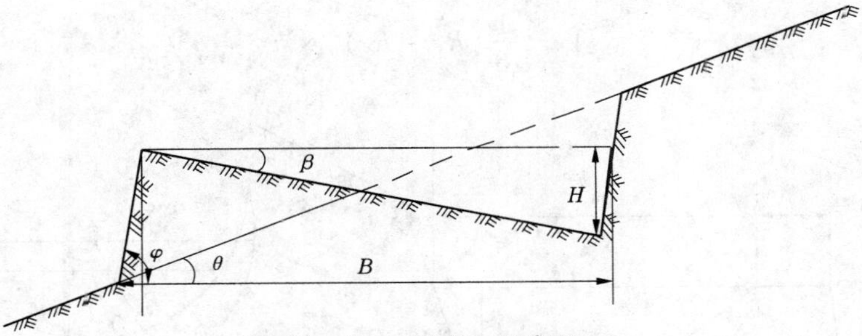

图6-4 反坡梯田示意图

式中 V——单位长度梯田的有效容积，m^3/m；

B——梯田田面的水平宽度，m；

β——梯田的反坡角(°)；

φ——梯田的外坡角(°)。

则梯田的反坡角β为：

$$\beta = \arctan\left[\frac{\tan\varphi}{2}\left(\sqrt{1 + \frac{8V}{B^2 \tan\varphi}} - 1\right)\right]$$

水平沟：断面如图6-5所示，沟顶宽为B(m)，沟底宽为d(m)，外埂顶宽为e(m)，则实际栽植区占的水平宽度为$B+e$，外侧坡度φ一般取45°左右，内侧斜坡φ_1一般取35°左右，

里内侧斜坡 φ_2 一般取 70°左右，当自然坡度为 θ(°)时，则单宽有效容积 V(m³)为：

$$\left.\begin{aligned} V &= \frac{U(h + \frac{d}{2})^2 - d^2}{2U} \\ U &= \frac{1}{\tan\varphi_1} + \frac{1}{\tan\varphi_2} \end{aligned}\right\}$$

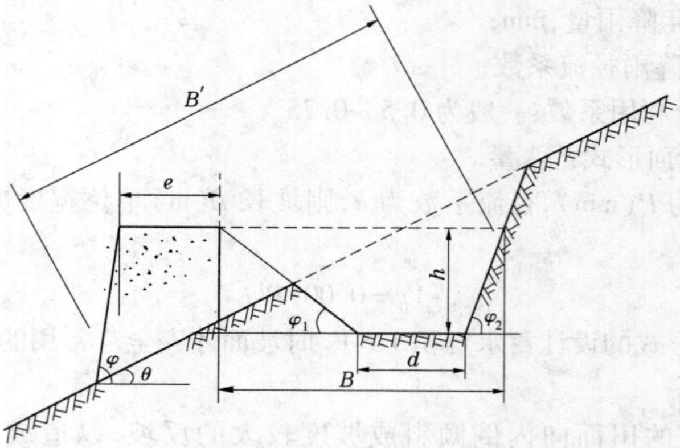

图 6-5　水平沟整地示意图

鱼鳞坑：形状似半月形坑穴，坑面一般取水平状，坑的两角设有引水沟，外侧坡度 φ 较大，底面半径一般取 0.5～1.0 m，埂顶宽 e 一般取 0.2～0.25 m(见图 6-6)。设顶面半径为 R_2(m)，底面半径为 R_1(m)，h(m)为坑深，φ_2 为内侧坡度(°)，在自然坡度为 θ(°)时，单个有效容积 V(m³)为：

$$V = \frac{1}{6}(R_1 + R_2)^2 \times h$$

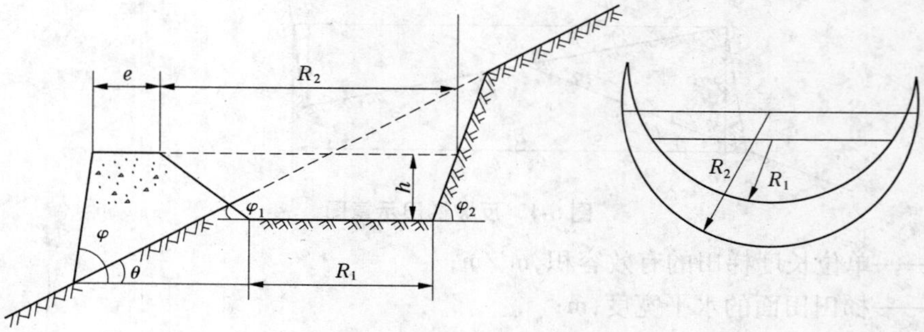

图 6-6　鱼鳞坑设计图

b. 整地技术规格

整地技术规格主要包括断面形式、深度、宽度、长度、间距及蓄水容积。

c. 整地时间

提前整地(预整地)即整地时间比造林季节提早 1～2 个季节。

一般在风蚀比较严重的风沙地、草原、退耕地上，整地与造林同时进行。

2)种草整地

(1)牧草种植整地。农田、退耕地上种植牧草整地与农业耕作基本相同,但在山区、丘陵区的荒草地上种草,常因不具备耕作条件,采取与造林相同的整地方法,在田面或穴面上翻耕播种。种植牧草整地,土壤耕作措施分为基本耕作和辅助耕作。

(2)草坪建植整地。草坪建植整地即坪床准备或整理,是草坪建植的基础。建坪前应对欲建植草坪的场地进行必要的调查和测量,制订可行的方案,尽量避免和纠正诸如底地处理、机械施工引起的土壤压实等问题。

6.2.1.2.6 封育治理

封育治理是以封禁为基本手段,封禁、抚育与管理结合促进森林和草地成长的林草培育措施。主要包括在有水土流失的荒坡与残林、疏林地采取封山育林措施;在草场退化导致水土流失的天然草地采取封坡育草措施。其目的是恢复林草植被、防治水土流失、提高林草效益。

1)封山育林及其技术措施

封山育林的技术措施包括封禁、培育两个方面。所谓封禁,就是建立封禁制度,分别采用全封、半封和轮封,为林木的生长繁殖创造休养生息条件;所谓培育,就是利用林草自然繁殖能力或经人工辅助(补种、补植、抚育、修枝、间伐)促进封育效果,提高林分质量。

2)封坡(山)育草及技术措施

封坡(山)育草包括对植被稀疏的草坡(山)定期进行轮流封禁,依靠其自身繁殖能力,并进行适当人工补植或补种,发展形成草场;对天然草场,以地形为界,划定季节牧场和放牧区,按照一定的次序,轮封轮牧,合理利用和改良天然草场。

6.2.1.2.7 水土保持林草抚育与管理

水土保持林草抚育与管理主要包括幼林抚育、成林管理及草地或草坪管理。

(1)幼林抚育:幼林抚育是造林后至郁闭前一阶段的时间里所进行的各种措施,包括幼林地管理、幼林林木抚育、林下植被管理、幼林保护和造林检查验收等。

(2)成林管理:成林管理是对人工林组成和密度及其林木个体生长发育进行的管理与控制。主要措施有:人工修枝、抚育间伐、采伐更新及低价值人工林改造。

6.2.1.2.8 林草工程的施工组织设计

林草工程施工组织设计包括施工条件、工程施工(组织形式、施工工序及时间)、施工质量要求、施工进度安排。

(1)施工条件。包括施工交通条件、水电及种子苗木来源等。

(2)工程施工。

施工组织形式包括项目划分、地块多少、面积大小,确定施工队伍或劳动力数量、组织方式、施工安排等。

种草的施工工序为条状整地保墒、种籽处理、选择播期、播种、镇压等。种草的后期管理工序有松土、除杂草、补种、整地工程维修及管护等。

封育治理的施工工序为划定并界标封育区、管护、补植及防疾虫害等。

(3)施工进度安排。根据施工总工期、总工程量、施工工序和时间安排施工总进度。

6.2.2 案例分析

【案例1】 在北方某地营造杨树林,造林密度确定为2 000株/hm^2,分别采用长方形

(要求株距不得小于 1.5 m)、正方形、正三角形、双行一带(带间距 3 m)种植点的配置形式时,行(株)距分别为________。

A. 3.3 m;2.2 m;2.4 m;3.7 m　　B. 3.3 m;2.4 m;3.7 m;2.2 m;

C. 3.3 m;2.2 m;3.7 m; 2.4 m　　D. 2.2 m;2.4 m;3.7 m;3.3 m;

答案:A

考点:林草种植点的配置及造林密度。

解:种植点采用长方形配置形式时行距为:

$$b = A/(Na) = 10\,000 \div (2\,000 \times 1.5) = 3.3(\text{m})$$

种植点采用正方形配置形式时株距为:

$$a = (A/N)^{1/2} = (10\,000 \div 2\,000)^{1/2} = 2.2(\text{m})$$

种植点采用正三角形配置形式时株距为:

$$a = (1.155A/N)^{1/2} = (1.155 \times 10\,000 \div 2\,000)^{1/2} = 2.4(\text{m})$$

种植点采用双行一带配置形式时行距为:

$$b = 2A/(Na) - d = 2 \times 10\,000 \div (2\,000 \times 1.5) - 3 = 3.7(\text{m})$$

【案例 2】 某地区造林中拟采用水土保持径流调控技术,当地林木生长的年总水分需求量为 550 mm,设计年降雨量为 380 mm,壮龄期树木冠幅为 10 m^2,设计年平均径流系数为 0.4,水分的利用系数为 0.6,则总的集水系统的面积为________ m^2,造林密度为________株/hm^2。

A. 8.64;186　　B. 18.64;537　　C. 1.86;5 370　　D. 8.64;537

答案:B

考点:造林整地及造林密度。

解:集水系统的面积为:

$$MC = RA \times (WR - DR) \div (DR \times k \times EFF)$$
$$= 10 \times (550 - 380) \div (380 \times 0.4 \times 0.6) = 18.64(\text{m}^2)$$

造林密度为:

$$N = A/MC = 10\,000 \div 18.64 = 537(\text{株}/\text{hm}^2)$$

【案例 3】 某地造林时,拟采用反坡梯田、水平沟和鱼鳞坑等三种方法进行整地,为防止坡面径流冲刷,需对整地工程的安全性进行校核。若该地区设计暴雨量为 160 mm,地表径流系数为 0.5,设计坡面集水长度为 6 m。

(1)若采用反坡梯田整地,降雨期间的降雨量与土壤入渗量相等,田面宽 2 m,外坡角 65°,完全拦蓄坡面径流需要的反坡角为________。

A. 12.3°　　B. 24.5°　　C. 6.1°　　D. 45.3°

(2)若采用水平沟整地,土壤入渗速率等于降水速率,设计水平沟内侧斜坡 35°,里内侧斜坡 70°,沟底宽 0.5 m,沟净深 1 m,则单宽有效容积为________。

A. 1.42　　B. 0.71　　C. 1.40　　D. 2.84

(3)若采用鱼鳞坑整地方式,埂的顶半径设计为 1.5 m,底半径设计为 1.2 m,拦蓄坡面径流所需要的深度为________。

A. 0.4　　B. 2.5　　C. 1.07　　D. 0.94

答案:(1)A　(2)B　(3)A

考点:造林整地设计计算。

解:坡面单宽径流量为:

$$V_0 = 0.001PkL = 0.001\times160\times0.5\times6 = 0.48(\mathrm{m}^3)$$

(1)采用反坡梯田整地,完全拦蓄坡面径流需要的反坡角为:

$$\beta = \arctan\{\tan\varphi/2[(1+8V/(B^2\tan\varphi))^{1/2}-1]\}$$

$$= \arctan\{\tan65°\div2\times[(1+8\times0.48\div(2^2\times\tan65°))^{1/2}-1]\} = 12.3°$$

(2)采用水平沟整地,则单宽有效容积为:

$$U = 1/\tan\varphi_1 + 1/\tan\varphi_2 = 1\div\tan35° + 1\div\tan70° = 1.79$$

$$V = [U(h+d/2)^2 - d^2]/2U$$

$$= [1.79\times(1+0.5\div2)^2 - 0.5^2]\div(2\times1.79) = 0.71(\mathrm{m}^3)$$

(3)采用鱼鳞坑整地,拦蓄坡面径流所需要的深度为:

$$h = 6V_0/(R_1+R_2)^2 = 6\times0.48\div(1.5+1.2)^2 = 0.4(\mathrm{m})$$

6.3 复习题

6.3.1 水土保持耕作措施设计

1)单项选择题

(1)禁止开垦的陡坡地的具体范围由当地县级人民政府划定并________。

A. 通告　B. 公告　C. 通知　D. 进行通告

(2)对________以下未修梯田的坡耕地,采用保土耕作法进行治理。

A. 15°　B. 25°　C. 5°　D. 10°

(3)增加地面被覆的保水保土耕作法,主要有________。

A. 草田轮作、合理密植

B. 间作、套种、种植草本植物

C. 草田轮作、间作、套种、带状间作、合理密植、休闲地上种绿肥

D. 沟垄种植、休闲地水平犁沟

(4)保水保土耕作可以分为三类,下列选项中________不属于这三类措施。

A. 改变微地形　B. 增加地面覆盖

C. 改良土壤　D. 消减径流冲刷动能

(5)下列选项中________不是保水保土耕作的主要目的。

A. 拦蓄地表径流　B. 增加土壤入渗,提高土壤抗蚀能力

C. 减轻土壤侵蚀　D. 提高作物产量

(6)下列选项中________不是以改变微地形为目的的保水保土耕作措施。

A. 深耕、松土　B. 沟垄种植

C. 抗旱丰产沟　D. 休闲地水平犁沟

(7)下列选项中________不是以增加地面覆盖为目的保水保土耕作措施。

A. 间作套种　B. 沟垄种植　C. 休闲地种绿肥　D. 草田轮作

(8)下列选项中________不是以提高土壤抗蚀性能为目的的保水保土耕作措施。

A. 深耕、松土　　B. 留茬播种　　C. 休闲地种绿肥　　D. 增施有机肥

(9)在有风蚀的缓坡区，改顺坡耕作为横坡耕作时，应使耕作方向与主方向________。

A. 相交或呈 45°　　B. 平行或呈 30°　　C. 相交或呈 30°　　D. 平行或呈 45°

(10)草田轮作适用于________的农区或半农牧区。特别是对原来有轮歇、撂荒习惯的地区，应采用草田轮作，代替轮歇撂荒，以保持水土，改良土壤。

A. 地少人多　　B. 地多人少

C. 燃料、饲料充裕的地区　　D. 半湿润、半干旱地区

(11)我国北方干旱少雨地区，耕作方向要求沿等高线，以有利于保水保土。我国南方多雨且土质黏重地区耕作方向应与等高线呈________的比降，以适应排水，并防止冲刷。

A. 1% ~2%　　B. 2% ~5%　　C. 5% ~10%　　D. 10% ~20%

(12)采取草田轮作时，根据不同条件分别采用不同的草田轮作方式，其中短期轮作主要适用于________，长期轮作适用于半农半牧区。

A. 半农半牧区　　B. 牧区　　C. 农区　　D. 草原区

(13)间作这种保水保土耕作方式是两种不同作物同时播种种植，________这种保水保土耕作方式两种不同作物先后种植在同一地块上。

A. 草田轮作　　B. 复种　　C. 间作　　D. 套种

(14)对荒山、荒沟、荒丘和荒滩水土流失的治理实行承包的，应当按照________的原则，签订水土保持承包治理合同。

A. 政府进行合理补贴　　B. 个人独自承担费用

C. 谁承包治理谁受益　　D. 谁受益谁承包治理

2) 多项选择题

(1)坡耕地的治理措施，主要包括________等方法。

A. 修建梯田　　B. 保土耕作

C. 修建小型蓄水工程　　D. 25°以上陡坡耕地退耕种植林草

(2)保水保土耕作措施主要有四类，包括________。

A. 改良土壤的耕作措施

B. 改变微地形的保水保土耕作

C. 增加地面覆盖的耕作措施

D. 深耕改土的耕作措施

(3)以改变小地形、强化降水就地入渗拦蓄、消减径流冲刷动能为基本原理的保护型耕作法，主要包括________。

A. 等高耕作　　B. 水平沟　　C. 垄作区田　　D. 格网式耕作

(4)通过调整作物结构、增加作物覆盖地面空间和延长覆盖时间的保护型种植法，主要包括________。

A. 少耕、免耕和覆盖　　B. 格网式耕作

C. 间作套种　　D. 等高带状间作和轮作

(5)将原有顺坡沟垄改为横坡沟垄的工序有________。

A. 耕翻　　B. 纵坡耕作　　C. 横坡耕作　　D. 修筑横坡垄沟

(6)________要求两种或两种以上不同作物同时或先后种植在同一地块内，增加粮食

产量,减轻水土流失。

A. 间作　　B. 草田轮作　　C. 套种　　D. 合理密植

参考答案

1)单项选择题

(1)B　(2)B　(3)C　(4)D　(5)A　(6)A　(7)B　(8)C

(9)A　(10)B　(11)A　(12)C　(13)D　(14)C

2)多项选择题

(1)ACD　(2)ABC　(3)ABCD　(4)ACD　(5)ACD　(6)ABC

6.3.2 水土保持生态工程林草措施设计

1)单项选择题

(1)生态系统是在一定的时间和空间内,________和环境之间由于不断进行物质和能量流动而形成的统一有机体。

A. 植物群落　　B. 生物群落　　C. 动物群落　　D. 自然群落

(2)人工造林对各类荒坡地的治理,其林木的混交方式有________。

A. 株间混交、行间混交

B. 等距离混交、带状混交

C. 株间混交、行间混交、带状混交、块状混交

D. 不同树种的块状混交

(3)在地形比较完整、土层较厚的荒坡地,进行人工造林时,采取________整地工程。

A. 带状　　B. 穴状　　C. 丰产沟　　D. 鱼鳞坑

(4)在地形破碎、土层较薄的荒坡地,进行人工造林时,采取________整地工程。

A. 带状　　B. 穴状　　C. 丰产沟　　D. 水平阶

(5)一般在风蚀比较严重的风沙地、草原、退耕地上,整地与造林________。

A. 隔一个雨季　　B. 相差一个季节　　C. 同时进行　　D. 在冬季进行

(6)片状造林的株行距,根据树种和立地条件确定,植株一般都呈________排列。

A. 四方形　　B. 平行四边形　　C. 品字形　　D. 正方形

(7)经济林与果园一般每公顷________株。

A. 500 ~ 1 000　　B. 1 000 ~ 2 000　　C. 2 000 ~ 3 000　　D. 3 000 ~ 5 000

(8)水土保持用材林一般每公顷________株。

A. 500 ~ 1 000　　B. 1 000 ~ 2 000　　C. 2 000 ~ 3 000　　D. 3 000 ~ 5 000

(9)饲料林和薪炭林一般每公顷________丛。

A. 1 000 ~ 5 000　　B. 5 000 ~ 10 000　　C. 10 000 ~ 20 000　　D. 20 000 ~ 50 000

(10)乔木纯林,主要适应于________。

A. 立地条件较好的地方　　B. 立地条件较差的地方

C. 生态环境恶劣的地方　　D. 风沙危害严重的地方

(11)年均降水量 400 mm 以上地区及灌溉造林,成活率在________,达到造林合格标准。

A. 70%　　B. 70% ~ 80%　　C. 80% 以上　　D. 85% 以上

(12)插、压条造林,要选择________年生新条、壮条。

A. 1　　B. 2　　C. 3　　D. 4

(13)干旱、半干旱地区的阔叶乔木苗可________造林,以保证成活。

A. 截杆　　B. 捆绑　　C. 埋土　　D. 假植

(14)插条造林,要露出地面 3 ~4 cm,留有________个芽眼。

A. 1 ~2　　B. 2 ~4　　C. 3 ~5　　D. 4 ~6

(15)封禁治理面积是指通过封禁,林草植被得到恢复,郁闭度达________以上,林间有70%以上的地被物,确有保水保土作用的面积。

A. 0.6　　B. 0.7　　C. 0.8　　D. 1.0

(16)农田防护林网,低洼地区可以________。

A. 林随路走　　B. 林随水走　　C. 林随田走　　D. 林随山走

(17)农田防护林网,林带的间距应按乔木主要树种壮龄时期平均高度的________倍计算。

A. 5 ~10　　B. 10 ~15　　C. 15 ~20　　D. 20 ~25

(18)农田防护林网的林带具有改变气流结构和________的作用。

A. 降低风速　　B. 降温作用　　C. 降低空气湿度　　D. 改变风速

(19)沿海岸线防风林带,固沙林带一般宽度 10 ~20 m,最大可达________m。

A. 10 ~15　　B. 20 ~50　　C. 50 ~100　　D. 100 ~200

(20)沿海岸防风林带,依沙滩分布的宽度,在近海前沿第一道主干防风林带之后,每隔________m 再设第二、三道林带。

A. 20 ~50　　B. 50 ~100　　C. 100 ~200　　D. 100 ~300

(21)东南沿海岸滩,夏季地温高,应采用________客土方法种树。

A. 高温　　B. 低温　　C. 中低温　　D. 中温

2)多项选择题

(1)生态系统按环境划分,可分为________。

A. 森林生态系统　　B. 草原生态系统

C. 陆生生态系统　　D. 水生生态系统

(2)陆生生态系统一般分为________等。

A. 森林生态系统　　B. 草原生态系统

C. 荒漠生态系统　　D. 冻原生态系统

(3)生态系统按生物在生态系统中的位置划分为________。

A. 植物生态系统　　B. 动物生态系统

C. 荒漠生态系统　　D. 人类生态系统

(4)根据《中华人民共和国森林法》,一级林种划分为________等类型。

A. 防护林　　B. 用材林　　C. 经济林　　D. 薪炭林、特种用途林

(5)生态工程是应用生态学、经济学理论和系统论的方法,以生态环境保护与社会经济协同发展为目的,对人工生态系统、人类社会生态系统和资源进行________的综合工艺技术体系或综合工艺过程。

A. 保护　　B. 改造　　C. 治理　　D. 调控、建设

(6)水土保持生态工程建设的具体内容包括________等。

A. 人工造林种草　　　　　　　　B. 基本农田建设

C. 修建小型蓄水保土工程　　　　D. 封山育林等生态修复工程

(7)水土保持林草生态工程体系是指按照总体布局,人工配置________等生态工程,与原有的天然林草等及水土保持工程措施有机结合,在空间配置上错落有序,生态效益与经济效益相互补充、相得益彰,从整体上形成一个因害设防、因地制宜的综合体,以期达到自然、社会与经济共赢的目的。

A. 水土保持林　　　　　　　　B. 水源涵养林

C. 草地与牧场防护林　　　　　D. 农田防护林

(8)造林(草)地的立地因子是多样而复杂的,概括起来包括________等三大类。

A. 物理环境因子　　B. 气候因子　　C. 植被因子　　D. 人为活动医子

(9)立地条件中的各种环境因子叫做立地因子,其中物理环境因子包括以下因素________。

A. 气候因子　　B. 地形因子　　C. 土壤因子　　D. 水文因子

(10)立地质量评价的方法很多,归纳起来有三类:________。

A. 通过植被的调查和研究来评价

B. 通过调查和研究环境因子来评价

C. 月数量分析的方法评价

D. 林木蓄积量调查方法评价

(11)根据主导因子分级组合来划分立地类型,常用的方法有________。

A. 按主导因子确定方法划分立地类型

B. 按主导环境因子分级组合分类划分立地类型

C. 按生活因子的分级组合分类划分立地类型

D. 用产地指数来代替立地类型

(12)树种在整个生命过程中,在形态和生长发育上所表现出的特点和需要的综合,称为树种生物学特性,下列哪些属于树种生物学特性:________。

A. 树木的外形　　B. 寿命的长短　　C. 生长快慢　　D. 繁殖方式

(13)树种的生态学特性是指树种同外界环境条件相互作用中所表现出的不同要求和适应能力,包括________等。

A. 耐阴性　　B. 抗寒性　　C. 抗风性　　D. 耐盐性

(14)乔木树体高大,依其高度分为________等。

A. 伟乔木(>30 m)　　　　　　B. 大乔木(21 ~30 m)

C. 中乔木(11 ~20 m)　　　　　D. 小乔木(6 ~10 m)

(15)下列哪些树种为阳性树种:________。

A. 云杉　　B. 落叶松　　C. 油松　　D. 侧柏

(16)下列哪些树种为喜温树种:________。

A. 刺槐　　B. 山杨　　C. 落叶松　　D. 油松

(17)下列哪些树种为旱生树种:________。

A. 侧柏　　B. 山杏　　C. 山杨　　D. 梭梭

(18)下列哪些树种为耐盐碱树种：________。

A. 紫穗槐　　B. 枸杞　　C. 胡杨　　D. 柽柳

(19)适地适树的途径有________。

A. 选地适树　　B. 选树适地　　C. 改地适树　　D. 改树适地

(20)改地适树，就是通过________等管理措施改变造林地的生长环境，使之适合于原来不适应的树种生长。

A. 整地　　B. 施肥　　C. 灌溉　　D. 树种混交

(21)改树适地，就是在地和树某些方面不太适合的情况下，通过________等手段改变树种的某些特性使之能够相适应。

A. 选种　　B. 排灌洗盐　　C. 引种驯化　　D. 育种

(22)确定造林密度的方法主要有________。

A. 经验方法

B. 试验方法

C. 调查方法

D. 林分密度管理图(表)方法、按人工林生长发育状况推算法

(23)对于防护林来说，通过配置能使林木更好地发挥其防护效能，种植点的配置方式一般分为________两大类。

A. 长方形配置　　B. 三角形配置　　C. 行列状配置　　D. 群状配置

(24)造林整地方式可分为________两大类。

A. 全面整地　　B. 局部整地　　C. 带状整地　　D. 块状整地

(25)山地的带状整地带一般沿等高线走向，平原地区一般为南北走向，其山地断面形式有________。

A. 水平阶　　B. 水平沟　　C. 反坡梯田　　D. 撩壕、山边沟

(26)块状整地的断面形式一般有________。

A. 穴状　　B. 块状　　C. 鱼鳞坑　　D. 高台

(27)集水整地系统由微集水区系统组成，是根据地形条件，以林木为对象在造林地上形成由集水区与栽植区组成的完整的集水、蓄水和水分利用系统。集水区面积的大小主要由________等因素来确定，其目标是使所产生的径流量能弥补土壤水分的短缺量。

A. 植树区面积　　B. 降雨量与降雨性质

C. 地表产流率　　D. 植树区水分消耗需求

(28)整地的技术规格主要包括________。

A. 断面形式　　B. 深度　　C. 宽度和长度　　D. 间距、蓄水容积

(29)采取人工造林对各类荒坡的治理，其目的是________。

A. 改变生态环境

B. 减轻或制止水土流失

C. 解决“三料”不足

D. 发展以林果为主的主导产品，增加经济收入

(30)为充分利用田坎，根据所选树种、草种的植物生理特性，经过试验研究，确定在田坎上种植的方式以及经营管理要求，力争田坎上植物________。

A. 密植　　B. 优质　　C. 早熟　　D. 高产

(31)水土保持造林根据不同用途布设树种有________。

A. 水保型经济林(含果园)　　B. 水保型薪炭林

C. 水保型饲料林　　D. 水保型用材林

(32)水土保持薪炭林,选择________的树种。

A. 萌芽萌蘖力强　　B. 耐平茬　　C. 生长迅速　　D. 火力旺

(33)水土保持春季造林,一般应在苗木萌动前________造林,雨季造林应尽量在雨季开始后的________造林,冬季造林应在________抓紧造林。

A. 7~10 天　　B. 10~13 天

C. 前半期　　D. 树木停止生长后和土地封冻前

(34)水土保持植苗造林的施工工序为________等。

A. 整地　　B. 选苗　　C. 栽植　　D. 浇水、回填土

(35)水土保持造林的主要方法有________。

A. 直播造林　　B. 植苗造林　　C. 分殖造林　　D. 飞播造林

(36)下列哪些是南方(亚热带)水土保持林主要树种:________。

A. 华山松　　B. 侧柏　　C. 国槐　　D. 桉树

(37)水土保持造林树种选择的原则为________。

A. 耐旱、耐瘠薄、耐寒、耐酷暑、抗风、抗冲刷、速生

B. 根系发达,能固结土壤,根蘖性强,落叶量多

C. 能充当"三料"(饲料、肥料、燃料)

D. 适种的木本粮食、油料树和经济果树

(38)水土保持经济林果树种选择的原则为________。

A. 选择适合当地自然条件栽培的品种

B. 选择名、优、特、新品种

C. 要选择适销对路、市场畅销的品种

D. 早、中、晚熟品种搭配,错开成熟期

(39)水土保持育苗的主要方法有________。

A. 插条育苗　　B. 播种育苗　　C. 飞播育苗　　D. 丛状育苗

(40)水土保持造林苗木栽植方法有________。

A. 穴植　　B. 缝植　　C. 靠壁栽植　　D. 沟植、丛植

(41)水土保持造林分殖栽植方法有________。

A. 插条栽植　　B. 埋条栽植　　C. 分根栽植　　D. 分墩栽植

(42)插(压)条造林包括________等栽植法。

A. 插条　　B. 压条　　C. 高秆　　D. 卧秆

(43)在荒坡地采取人工造林,其混交林类型包括________。

A. 针、阔叶树种混交　　B. 乔木、灌木树种混交

C. 深根与浅根树种混交　　D. 阴性与阳性树种混交

(44)造林混交方法有________。

A. 株间混交　　B. 行间混交　　C. 带状混交　　D. 块状混交

(45)灌木纯林,主要适应于________的地方。

A. 干旱、半干旱地区　　B. 水土流失严重

C. 水土流失轻微　　D. 立地条件较差

(46)幼林地管理主要是为了保蓄增加土壤水分的措施,促进苗木的生根成活,包括________。

A. 松土除草　　B. 中耕

C. 灌溉　　D. 施肥、幼林地林农间作

(47)幼树林木抚育是指幼林时期对苗木、幼树个体及其营养器官进行调节和抑制的措施,包括________。

A. 间苗　　B. 平茬　　C. 修枝　　D. 接干

(48)造林后到幼林郁闭前要严格封禁,做好________等工作。

A. 防火　　B. 防病虫、鸟兽害　　C. 抗旱防冻　　D. 防止人畜破坏

(49)"三北"防护林体系中"三北"是指________。

A. 东北　　B. 华北　　C. 西北　　D. 长城以北

(50)以农为主的农林间作,适宜于________的农耕地。

A. 土壤肥沃　　B. 地下水位 2 ~ 3 m

C. 风蚀强烈区　　D. 风沙危害较轻

(51)种籽采用药液浸种,主要是防"三害","三害"指________。

A. 鸟　　B. 鼠　　C. 兔　　D. 虫

(52)以下草、灌品种适应沙区栽植的包括________。

A. 沙蒿　　B. 沙柳　　C. 沙打旺　　D. 沙棘

(53)水土保持草种的基本条件是________。

A. 抗逆性强　　B. 保土性好　　C. 生长迅速　　D. 经济价值高

(54)下列草种中,耐碱性强的草种有________。

A. 沙打旺　　B. 紫花苜蓿　　C. 披碱草　　D. 草木樨

(55)采用人工种草对各类荒地的治理,要求获得的效益包括________。

A. 减轻或制止水土流失,改善生态环境

B. 解决农村饲料、肥料、燃料缺乏问题,促进畜牧业和种植业发展

C. 提供农村工副业原料,促进商品发展,增加农民经济收入

D. 清除荒坡地石砾,改良土壤,提高生产效率

(56)水土保持种草直播的主要方式分为________。

A. 条播　　B. 穴播　　C. 育苗移栽　　D. 撒播、飞播

(57)人工种草播种深度的确定应遵循的原则有________。

A. 大粒种籽要深些,小粒种籽可浅些

B. 禾木科草类种籽要深些,豆科草类种籽可浅些

C. 土壤墒情差的要深些,墒情好的可浅些

D. 土质沙性大的可深些,土质黏重的可浅些

(58)水土保持种草种籽处理包括________。

A. 春化　　B. 硬化　　C. 软化　　D. 拌和肥料

(59)造林的后期管理工序主要有________等。

A. 抚育　　B. 浇水　　C. 补植　　D. 工程维修、管护

(60)人工种草防治水土流失的重点位置包括________等。

A. 陡坡退耕地,撂荒、轮荒地　　B. 过度放牧引起草场退化的牧地

C. 沟头、沟边、沟坡　　D. 资源开发、基本建设工地的弃土斜坡

(61)水土保持优良草种种质测定,要求________。

A. 籽粒饱满、种子含水率不超过14%　　B. 种子纯度在90%以上

C. 种子发芽率在85%以上　　D. 种子利用率在90%以上

(62)牧草播种量是由________决定的。

A. 种子价格　　B. 种籽大小(千粒重)

C. 种子发芽率　　D. 单位面积上拥有的额定苗数

(63)天然草场改良的主要措施有________。

A. 对5°左右的大面积缓坡天然草场,撒播优质牧草种籽,更新草种

B. 有条件的可引水灌溉,促进生长

C. 对15°以上陡坡,沿等高线分成条带,带宽10 m左右,耙松地面撒播更新草种

D. 陡坡草场更新,每隔2~3条带,增设一条灌木饲料带

(64)水土保持封坡育草的封育区划分为________。

A. 封育割草区　　B. 轮封轮放区　　C. 天然草场区　　D. 人工种草区

(65)选作封坡育草地的条件包括________。

A. 过度放牧导致草场退化,载畜量下降

B. 水土流失和风蚀严重

C. 地面有草类残留根茬与种籽

D. 当地的水热条件能满足自然恢复草类的生长

(66)封山育林的封禁方式有________。

A. 全封　　B. 半封　　C. 天然草场封禁　　D. 轮封轮牧

(67)水土保持封山育林的抚育管理,结合封禁,在残林、疏林中进行________等,促进林木生长,加快植被恢复。

A. 育苗补植　　B. 平茬复壮　　C. 修枝疏伐　　D. 择优选育

(68)选择封山育林的条件包括________。

A. 地面有残林、疏林或遭到自然灾害、人为破坏的林地和采伐迹地

B. 水土保持生态项目建设区

C. 当地的水热条件能满足自然恢复植被的需要

D. 在人多地少,人均耕地较少的地区

(69)根据国家和地方政府的有关法规规定,制定护林护草的乡规民约,主要内容包括________等。

A. 封禁制度　　B. 开放条件(轮封轮牧)

C. 护林护草人员责任制　　D. 村民的责权利、奖惩办法

(70)根据农田防护林外部形态和内部特征,或透光孔隙的大小和分布以及防风特性,林带结构划分为________等类型。

A. 疏透结构　　B. 紧密结构　　C. 通风结构　　D. 层次结构

参考答案

1）单项选择题

(1)C　(2)C　(3)A　(4)B　(5)C　(6)C　(7)B　(8)C
(9)C　(10)A　(11)D　(12)A　(13)A　(14)A　(15)B　(16)B
(17)C　(18)A　(19)D　(20)D　(21)B

2）多项选择题

(1)CD　(2)ABCD　(3)ABD　(4)ABCD　(5)ABCD　(6)ABCD
(7)ABCD　(8)ACD　(9)ABCD　(10)ABC　(11)BCD　(12)ABCD
(13)ABCD　(14)ABCD　(15)BCD　(16)AD　(17)ABD　(18)ABCD
(19)ABCD　(20)ABCD　(21)ACD　(22)ABCD　(23)CD　(24)AB
(25)ABCD　(26)ABCD　(27)ABCD　(28)ABCD　(29)ABCD　(30)CD
(31)ABCD　(32)ABD　(33)A C D　(34)ABCD　(35)ABCD　(36)ABCD
(37)ABCD　(38)ABCD　(39)AB　(40)ABCD　(41)ABCD　(42)ABCD
(43)ABCD　(44)ABCD　(45)ABD　(46)ABCD　(47)ABCD　(48)ABCD
(49)ABC　(50)ABD　(51)BCD　(52)ABCD　(53)ABCD　(54)ACD
(55)ABC　(56)ABCD　(57)ABCD　(58)AC　(59)ABCD　(60)ABCD
(61)ABCD　(62)BCD　(63)ABCD　(64)AB　(65)ABCD　(66)ABD
(67)ABCD　(68)AC　(69)ABCD　(70)ABC

第7章　风沙治理工程设计

7.1　考试大纲

掌握风沙治理措施的分类及体系。

掌握沙障设计。

了解固沙林草措施的应用条件及设计要求。

了解防风林带的结构设计。

7.2　复习指导

7.2.1　复习要点

7.2.1.1　风沙治理措施的分类及体系

7.2.1.1.1　风沙治理措施的分类

(1)生物措施:造林措施、种草措施。

(2)工程措施:机械沙障、化学固沙、风力治沙、水力治沙。

(3)耕作措施:深松改垄、作物间混套种、地面覆盖措施、农林间作(以农为主的农林间作、农林并重的农林间作)。

7.2.1.1.2　风沙治理措施体系

1)干旱区绿洲防护体系

干旱区绿洲防护林体系由三部分组成:封育灌草固沙沉沙带、防风阻沙带、绿洲内部农田林网。

(1)封育灌草固沙沉沙带。该部分为绿洲最外防线,它接壤沙漠戈壁,地表疏松,处于风蚀、风积都很严重的生态脆弱带。为制止就地起沙和拦截外来流沙,需建立宽阔的抗风蚀、耐干旱的灌草带。

(2)防风阻沙带。它是第二道防线,位于灌草带和农田之间。其作用是继续削弱越过灌草带的风速,沉降风沙流中剩余沙粒,进一步减轻风沙危害。此带因条件不同差异很大,勿强求统一模式。

(3)绿洲内部农田林网。它是干旱绿洲的第三道防线,位于绿洲内部,在绿洲内部建成纵横交错的防护林网格。其目的是改善绿洲近地层小气候条件,有利于作物生长发育,提高作物产量、质量和改善生态环境。

2)沙地农田防护林体系

沙地农田防护林除一般护田作用外,最重要的任务是控制土壤风蚀、保证地表不起沙。这主要取决于主林带间距即有效防护距离,该范围内大风时风速应减到起沙风速以下。因自然条件和经营条件不同,主带距大致为(15~20)H(H为成年树高)。

3)沙区牧场防护林

树种选择与农田林网一致,但应注意其饲用价值,东部以乔木为主,西部以灌木为主。主带距取决于风沙危害程度。不严重者可以25H为最大防护距离,严重者可为15H,病幼母畜放牧地可为10H。副带距一般400~800 m,割草地不设副带,灌木林主带距50 m左右。林带宽,主带10~20 m,副带7~10 m。

4)沙区铁路防护林

(1)草原沙区铁路防护体系。草原沙区,有植物生长条件,以植物固沙为主,机械固沙为辅。防护带宽度取决于风沙危害程度。防护重点在迎风面。一般以多带式组成防护体系。带宽在20 m左右,带距15 m左右。

(2)荒漠地区铁路防护林体系。

无灌溉条件:机械固沙措施。高立式多列式竹篱防止风沙危害。

有灌溉条件:灌溉植物防护带。带宽视沙害危害程度而定,重点保护迎风面,建多带式防护林。由危害严重、一般至轻微,迎风面可设3带到1带,背风面1带。带宽30~50 m,带距40~50 m。

7.2.1.2 沙障设计

7.2.1.2.1 沙障分类

1)根据沙障在地面分布形状划分

(1)带状沙障。沙障在地面呈带状分布,带的走向垂直于主风向。

(2)方格状(或网状)沙障。沙障在地面呈方格状(或网状)分布,主要用于风向不稳定,除主风向外,还有较强侧风向的地方。

2)根据沙障的不同材料划分

(1)柴草沙障。大部由柴草或作物秸秆做成,是铺设沙障的主要材料。

(2)黏土沙障。少数地方沙层较浅,或沙丘附近有碱滩地,用黏土压沙,堆成土埂,作为沙障。

(3)卵石或其他沙障。采用卵石或其他材料(如活性沙生植物枝茎)做成沙障。

3)根据铺设沙障的柴草与地面的角度划分

(1)平铺式沙障。将做沙障的柴草横卧平铺在地面,上压枝条、沙土或用小木桩固定。

(2)直立式沙障。将做沙障的柴草直立,一部分埋压沙中,一部分露出地面。根据柴草直立的高度,分高立式与低立式两类。

7.2.1.2.2 沙障的配置形式

沙障的一般配置形式有行列式、格状式、人字形、雁翅形、鱼刺形等。主要是行列式和格状式两种。

1)行列式配置

多用于单向起沙风为主的地区,在新月形沙丘迎风坡设置时,丘顶要留空一段,并先在沙丘上部按新月形划出一道设沙障的最上范围线,然后在迎风坡正面的中部,自最上设置范围线起,按所需间距向两翼划出设置沙障的线道,并使该沙障线微呈弧形。

2)格状式配置

在风向不稳定,除主风外尚有侧向风较强的沙区或地段采用。

7.2.1.2.3　沙障的设计

1）平铺式沙障的设计

平铺式沙障分为带状平铺式、全面平铺式。全面平铺式，适用于小而孤立的沙丘和受流沙埋压或威胁的道路两侧与农田、村镇四周。将覆盖物在沙丘上紧密平铺。

设计要点：带的走向垂直于主风方向。带宽 0.6～1.0 m，带间距 4～5 m。将覆盖材料平铺在沙丘上，厚 3～5 cm。覆盖材料有柴草、秸秆、枝条或黏土、卵石等。覆盖物为柴草和枝条时，上面需用枝条横压，用小木桩固定，或在草带中线上铺压湿沙，柴草的梢端要迎风向 。

2）直立式沙障的设计

a. 直立式沙障的分类

根据柴草直立的高度，分高立式与低立式两类，在设计施工上各有不同要求。高立式沙障，采用秆高质韧的柴草，长 0.7～1.3 m，露出地面 0.5～1.0 m，埋入地下 0.2～0.3 m，根部培沙高出地面 0.1 m。低立式沙障，采用较软的柴草，露出地面 0.2～0.3 m，埋入地下 0.15～0.20 m。

b. 直立式沙障的平面配置

在单向起沙为主地区与主风向垂直，呈带状布设。

在新月形沙丘上设置时，丘顶空出一段，在迎风坡自上而下设置多带弧形沙障（与新月形弧度相适应）。

c. 直立式沙障的间距

4°以下的干缓沙地，高立式沙障间距为沙障高度的 10～15 倍，低立式沙障间距为 2～4 m。

沙丘迎风坡面设置的沙障，间距要求，应使下一列沙障的顶端与上一列沙障的基部高出 5～8 cm。

在沙丘坡度较大的地方。沙障间距按式：

$$d = h\cot\theta \tag{7-1}$$

式中　d——沙障间距，m；

h——沙障高度，m；

θ——沙丘坡度（°）。

3）黏土沙障的设计

黏土沙障是低立式沙障的一种。一般布设在沙丘迎风面自下向上约 2/3 的位置。用黏碱土堆成土埂，高 0.20～0.25 m，埂底宽 0.6～0.8 m，埂顶呈弧形。土埂间距 2～4 m。

7.2.1.3　固沙林草措施的应用条件及设计要求

7.2.1.3.1　固沙造林措施

1）林带走向

（1）防风固沙基干林带，设在农田林网外围的沙丘前沿地带及流沙边缘与农田绿洲交界处，林带走向应垂直于沙丘流动方向。

（2）农田防护林网（包括护牧林网），主林带走向应垂直于主风方向，或呈不大于 30°～45°的偏角。副林带和主林带相垂直；如因地形地物限制，主、副林带可以有一定偏角。低洼地区可以“林随水走”；平坦地区可以“林随路走”；风蚀山丘地区，主林带可沿等高线布设，副林带可和上下坡的路边造林、河边、沟岸造林互相连接，形成林网。

(3)沿海岸线防风林带,应按沙滩沿海岸线的自然分布走向设置。

2)林带宽度

(1)防风固沙基干林带,可分别采用单带或双带式,在风沙危害严重地区可采用多带式,带宽一般为20~50 m。

(2)农田防护林网,主带宽8~12 m,副带宽4~6 m,地少人多地区,主带宽5~6 m,副带宽3~4 m。

(3)沿海岸线防风林带,根据海风强劲程度和海滩情况,一般宽10~20 m,最大可达100~200 m。

3)林带间距

(1)防风固沙基干林带,可采用单带、双带或多带式,间距为50~100 m。

(2)农田防护林网,林带的间距应按乔木主要树种壮龄时期平均高度的15~20倍计算。主林带和副林带交叉处只在一侧留出20 m宽缺口,便于交通。

(3)沿海岸线防风林带,依沙滩分布的宽度,可设近海前沿一道主干防风林带,或者在第一道近海防风主干林带之后,每隔100~300 m,再设第二、三道防风林带。

7.2.1.3.2 固沙种草措施

1)固沙种草方式的选定

(1)在风蚀和流沙移动的地方,应种植防风固沙草带。

(2)在林带与沙障已基本控制风蚀和流沙移动的沙地上,应及时进行大面积成片人工种草,进一步改造并利用沙地。

(3)对地广人稀、固沙种草任务较大的地方,采用飞播种草。

2)防风固沙草带的设计

(1)草带走向与主害风向垂直。

(2)地面坡度6°~8°,草带宽6~8 m,间距30~40 m;地面坡度10°~20°,草带宽8~12 m,间距20~30 m。

7.2.1.4 防风林带的结构

防风固沙林带结构可分为紧密结构、疏透结构、通风结构三种类型。

(1)紧密结构:林带间距8~10倍树高,适用于风口造林和防风阻沙、固沙基干林带,以及公路、铁路干线两侧林带。

(2)疏透结构:林带间距10~15倍树高,适用于重度风蚀区农田防护林网、海岸防护林。

(3)通风结构:林带间距15~20倍树高,适用于中、轻度风蚀区农田防护林网和沿海岸线防风林带。

7.2.2 案例分析

【案例1】 下列选项中,不属于干旱区绿洲防护体系组成的是________。

A. 封育灌草固沙沉沙带　　B. 防风阻沙带

C. 绿洲内部农田林网　　D. 外围封沙育林育草带

答案:D

考点:风沙治理措施的分类。

解:干旱区绿洲防护林体系由三部分组成:封育灌草固沙沉沙带、防风阻沙带、绿洲内部农田林网。

【案例2】 某公路穿过戈壁荒漠,可能遭受多处风沙危害。线路穿过地区地形起伏变化较大,沙丘坡度差异较大,坡度一般在1°~12°,工程建设时拟采取高立式沙障防止风沙危害,设计沙障高度1.0 m。

(1)4°以下的沙丘沙障间距 ________ m。

A. 2~4　　B. 4~10　　C. 10~15　　D. 15~20

(2)4°以上的沙丘沙障间距________ m 。

A. 14.3~57.3　　B. 10.0~15.0　　C. 4.7~14.3　　D. 3.5~11.3

答案:(1)C　(2)C

考点:沙障设计。

解:

(1) 4°以下的沙丘沙障间距。

4°以下的沙丘干缓沙地,高立式沙障间距为沙障高度的10~15倍,低立式沙障间距为2~4 m。即高立式沙障间距为10~15 m。

(2) 4°以上的沙丘沙障间距。

4°以上的沙丘,沙障间距按下式计算:

$$d = h\cot\theta$$

式中　d——沙障间距,m;

h——沙障高度,m;

θ——沙丘坡度(°)。

将沙障高度 $h = 1.0$ m,$\theta = 4° \sim 12°$,代入上式,计算得沙障间距 $d = 4.7 \sim 14.3$ m。

7.3　复习题

1)单项选择题

(1)风沙治理措施可分为生物措施、工程措施和________。

A. 林草措施　　B. 临时措施　　C. 化学措施　　D. 耕作措施

(2)下列措施中不属于风沙治理措施分类中工程措施的是________。

A. 沥青乳胶固沙　　B. 柴草沙障　　C. 碎石铺盖　　D. 深松改垄

(3)下列措施中不属于风沙治理措施分类中耕作措施的是________。

A. 深松改垄　　B. 作物间混套种　　C. 农林间作　　D. 坡改梯田

(4)沙区林带或是沙区边缘农田防护林的林带结构通常采用________结构类型。

A. 通风结构、疏透结构　　B. 紧密结构、疏透结构

C. 紧密结构、通风结构　　D. 通风结构、密封结构

(5)流动沙丘丘间低地进行造林时,由于其立地条件较好,可采取________。

A. 封沙育草保护治理　　B. 营造大型防风固沙带

C. 直接造林固沙　　D. 辅以沙障后造林固沙

(6)干旱区绿洲防护林体系原则上由三部分组成，下列选项中________不属于干旱区绿洲防护林体系。

A. 防风阻沙带　　B. 封育灌草固沙沉沙带

C. 沙区农田和牧场防护带　　D. 绿洲内部农田林网

(7)干旱区绿洲防护体系的最外围防线是封育灌草固沙沉沙带，起到固沙防蚀、削弱风速的作用，要求其宽度至少不应小于________ m。

A. 50　　B. 100　　C. 200　　D. 300

(8)干旱区绿洲防护林体系原则上由三部分组成，下列选项中________是最外围的防线。

A. 防风阻沙带　　B. 封育灌草固沙沉沙带

C. 沙区农田和牧场防护带　　D. 绿洲内部农田林网

(9)干旱区绿洲防护林体系原则上由三部分组成，下列选项中________的作用是改善绿洲近地层小气候条件，提高作物产量和质量，改善生态环境。

A. 防风阻沙带　　B. 封育灌草固沙沉沙带

C. 沙区农田和牧场防护带　　D. 绿洲内部农田林网

(10)设置沙地农田和牧场防护林时，在进行草原造林时必须________。

A. 整地　　B. 灌溉　　C. 施肥　　D. 形成防护体系

(11)疏透型林带结构适用于重度风蚀区农田防护林网、海岸防护林；________林带结构适用于风口造林和防风阻沙、固沙基干林带，以及铁路、公路干线两侧林带。

A. 通风型　　B. 松散型　　C. 紧密型　　D. 密封型

(12)根据沙障的不同材料划分为柴草沙障、________和卵石或其他沙障。

A. 铅丝网沙障　　B. 黏土沙障　　C. 植物枝茎　　D. 格宾

(13)沙障的配置形式中，行列式配置多应用于________，格状式配置应用在除主风外侧风仍较强的地区。

A. 季风气候区　　B. 风向多变的地区

C. 单向起沙风为主的地区　　D. 风力较强的地区

(14)平铺式沙障带的走向垂直于主风向，带宽________ m，带间距 4 ~ 5 m。

A. 0.4 ~ 1.0　　B. 0.6 ~ 1.0　　C. 1.0 ~ 1.5　　D. 0.6 ~ 1.5

(15)带状平铺式沙障，带的走向________主风方向。

A. $>45°$　　B. 垂直　　C. 平行　　D. $<45°$

(16)一般情况下，________适用于小而孤立的沙丘和受流沙埋压或威胁的道路两侧与农田、村镇的四周。

A. 高立式沙障　　B. 低立式沙障　　C. 带状平铺式　　D 全面平铺式

(17)沙丘迎风坡面设置的沙障间距要求，应使下一列沙障的顶端与上一列沙障的基部高出________ cm。

A. 2 ~ 5　　B. 3 ~ 6　　C. 5 ~ 8　　D. 10 ~ 15

(18)某风沙区公路工程，建设时拟采取高立式沙障防止风沙危害，初步确定沙障高度 1.2 m，沙丘坡度 10° ~ 22°，该高立式沙障间距哪个不合理________。

A. 2.3 m　　B. 4.6 m　　C. 5.9 m　　D. 6.7 m

(19)黏土沙障是低立式沙障的一种,一般布设在沙丘迎风面自下而上________的位置。

A. 1/3　　B. 1/2　　C. 2/3　　D. 1/4

(20)化学固沙的作用是属于________。

A. 积沙型的　　B. 固沙型的　　C. 阻沙型的　　D. 防沙型的

(21)风力治沙的基本原理是________。

A. 降低风速,使风蚀危害减轻

B. 使风力加强,造成地表风蚀

C. 设置障碍物控制风沙流

D. 隔开气流与松散沙面沉积

(22)________应选择在植被盖度在40% ~60%的地段,植被盖度在40%以下或沙丘完全裸露的地段,应进行保护播种。

A. 开沟播种　　B. 带状整地　　C. 草地补播技术　　D. 穴状整地

2)多项选择题

(1)工程治沙措施包括________等。

A. 机械沙障固沙　　B. 化学固沙　　C. 风力治沙　　D. 水力治沙

(2)根据沙障在地面分布形状可划分为________。

A. 带状沙障　　B. 方格状(或网状)沙障

C. 双层(或复式)沙障　　D. 单层沙障

(3)根据铺设沙障的柴草与地面的角度不同,沙障分为________。

A. 直立式沙障　　B. 方格状(或网状)沙障

C. 双层(或复式)沙障　　D. 平铺式沙障

(4)根据沙障的不同材料,沙障可划分为________。

A. 活性沙生植物枝茎沙障　　B. 黏土沙障

C. 卵石沙障　　D. 柴草沙障

(5)沙障是用柴草、活性沙生植物的枝茎或其他材料平铺或直立于风蚀沙丘地面的屏障,其作用是________。

A. 削弱近地层风速　　B. 增加地面糙度

C. 减缓和制止沙丘流动　　D. 固定地面沙粒

(6)某风沙区输油管线工程,建设时拟采取高立式沙障防止风沙危害,初步确定沙障高度1.0 m,沙丘坡度8° ~29°,该高立式沙障间距哪个合理________。

A. 3.6 m　　B. 5.8 m　　C. 7.1 m　　D. 9.3 m

(7)防止风蚀的耕作措施包括________等。

A. 深松改垄　　B. 作物间混套种　　C. 水平沟整地　　D. 农林间作

(8)固沙林选择应________。

A. 不耐修剪　　B. 不怕沙埋

C. 耐旱性强的树种　　D. 乡土树种

(9)引水拉沙造地工程,包括引水渠、________。

A. 排水口　　B. 蓄水池　　C. 冲沙壕　　D. 围埂

(10)引水拉沙造地工程规划时,根据水源的________,确定引水拉沙造地的范围。

A. 位置　　B. 高程　　C. 沙区的地形　　D. 蓄水池容积

参考答案

1)单项选择题

(1)A　(2)D　(3)D　(4)A　(5)C　(6)C　(7)C　(8)B

(9)D　(10)A　(11)C　(12)B　(13)C　(14)B　(15)B　(16)D

(17)C　(18)A　(19)C　(20)B　(21)B　(22)C

2)多项选择题

(1)ABCD　(2)AB　(3)AD　(4)ABCD　(5)ABCD　(6)ABC

(7)ABD　(8)BCD　(9)ABCD　(10)ABC

第 8 章　开发建设项目水土保持工程设计

8.1　考试大纲

熟练掌握开发建设项目水土保持工程设计的基本内容及要求。

掌握拦渣工程类型、适应条件及稳定计算。

掌握斜坡防护工程类型、适应条件。

掌握土地整治工程的措施类型及设计要求。

了解护岸护滩工程的类型,掌握护岸护滩工程规划与布局原则。

了解拦洪坝、防洪堤的适应条件及设计要求。

掌握排洪、排水工程的适应条件及设计要求。

了解泥石流防护工程设计要求。

了解降水蓄渗工程类型、适应条件。

掌握雨水集蓄工程的设计要求。

了解临时防护工程的类型、适应条件。

掌握弃渣场、取土场、采石场等植被建设的设计。

掌握陡坡和裸岩绿化设计。

了解园林绿化的设计要求。

了解防风固沙工程的设计要求。

8.2　复习指导

8.2.1　复习要点

8.2.1.1　水土保持工程设计内容与要求

8.2.1.1.1　设计原则

1)基本原则

(1)谁造成水土流失,谁负责治理的原则。

(2)"三同时"原则(开发建设项目水土保持设施必须与主体工程同时设计、同时施工、同时投产使用)。

(3)预防优先的原则。

(4)生态效益优先原则。

(5)综合防治、突出重点的原则。

2)设计总则

(1)控制和减少对原地貌、地表植被和水系的扰动与损毁,采取措施尽量保护好原地表植被。

(2)在主体工程规划与总体布置上,应通过主体工程水土保持评价,提出减少占用水土资源、提高利用效率的意见,水土保持措施布局也应注重水土资源的合理利用。

(3)在扰动区域做好表土剥离、保存及回覆利用,风沙区施工过程中还应注重保护沙地表面结皮层,防止因施工扰动加剧风蚀和风沙危害。

(4)主体工程设计中的开挖、排弃、堆垫的场地,应布设拦挡、护坡、截排水以及其他整治措施。

(5)应提出弃土(石、渣)综合利用的意见或措施,不能利用的应集中堆放在专门的存放地,即弃土(石、渣)场,不得在江河、湖泊、建成水库及河道管理范围内布设弃土(石、渣)场。弃土(石、渣)场应采取拦挡措施,应遵循"先拦后弃"的原则,做好施工组织设计。

(6)通过主体工程分析评价,布设相应的临时防护措施,做好设计。

(7)施工迹地应采取土地整治和植被恢复等措施,恢复其利用功能。

3)不同类型建设项目的特殊规定

开发建设项目根据总体布局可分为线形和点形两种类型。线形开发建设项目是指布局跨度较大,呈线状分布的公路、铁路、管道、输电线路、渠道等建设项目;点形开发建设项目是指布局相对集中,呈点状分布的矿山、电厂、水利枢纽等建设项目。

8.2.1.1.2　主体工程水土保持分析评价

在工程项目建议书和可行性研究阶段,特别是可行性研究阶段,需对主体工程设计的总体规划与布置范围、标准等方面评价能否控制水土流失,是否满足水土保持要求;并对主体工程设计中不能满足水土保持要求的,要提出要求或在方案中进行补充设计。主体工程水土保持分析评价主要包括:主体工程选线(址)、建设方案及总体布局评价;弃渣场选址评价;土石料场选址评价;施工组织设计评价;综合分析工程建设可能产生的水土流失影响因素。

1)主体工程选线(址)、建设方案及总体布局分析与评价

(1)首先应对主体工程总体规划与布置的比选方案进行总体分析,分析其是否符合《开发建设项目水土保持技术规范》第3章的基本规定,特别是上述基本要求,分析其是否存在制约因素,若存在制约因素,应提出局部或全面的否决性意见。

(2)从主体工程的选线(址)、总体布置、施工方法与工艺、土石料场选址、弃土(石、渣)场选址、占地类型及面积等方面,用扰动面积、土石方量、损坏植被面积、水土流失量及危害、工程投资等指标作出水土资源占用评价、水土流失影响评价和景观评价,提出或认定推荐方案。

2)弃渣场比选分析与评价

从弃渣组成、弃渣量、渣场占地面积和类型、可能发生的水土流失及其危害等综合分析比选确定渣场布设选址。从水土保持角度分析其选址、占地面积、取弃容量及排放方式等的合理性,对不符合水土保持要求的,应商施工组织设计专业,提出新的弃土弃渣场布设方案。

3)土石料场比选分析与评价

土石料因涉及工程地质与岩土力学特性相关工程设计的要求,主要由地质专业分析确定,但水土保持专业应参与工程土石料场选址,在分析评价的基础上提出建议和意见。

4)主体工程施工组织设计分析与评价

(1)土石方平衡分析；

(2)从施工方法、工艺、进度及时序安排等方面分析是否存在有不利于水土保持的因素，提出施工组织设计的合理化建议；

(3)分析评价施工交通布置，对可能造成较大水土流失问题的，应提出修改意见；

(4)根据主体工程设计，分析地表径流流路变化可能产生的水土流失影响，并提出相应的意见和建议。

5)主体工程中具有水土保持功能的项目评价

对于主体工程中被界定为不属于水土保持工程，但又同时具有水土保持作用的项目，应分析其是否满足水土保持要求，不满足的应提出相应要求或意见，或在水土保持设计中加以补充。

6)综合分析结论、意见与建议

对主体工程方案比选的总体分析结论，提出对推荐方案的意见与建议。

8.2.1.1.3 水土流失防治责任范围及防治分区

1)水土流失防治责任范围

水土流失防治责任范围包括项目建设区和直接影响区。

a. 项目建设区

项目建设区包括工程的永久征地、临时占地及租赁土地等建设征占地面积。如建(构)筑物占地，施工临时生产、生活设施占地，施工道路(公路、便道等)占地，料场(土、石、砂砾、骨料等)占地，弃渣(土、石、灰等)场占地，对外交通、供水管线、通信、施工用电线路等线形工程占地；水库正常蓄水位淹没区、移民安置区等永久和临时占地面积，但移民工程在竣工验收移交地方后，不属于工程运行期的防治责任范围。改建、扩建工程项目与现有工程共用部分也应列入项目建设区。

b. 直接影响区

直接影响区包括规模较小的拆迁安置和道路等专项设施迁建区，排洪泄水区下游，开挖面下边坡，道路两侧，灰渣场下风向，塌陷区，水库周边影响区，地下开采对地面的影响区，工程引发滑坡、泥石流、崩塌的区域等。应依据区域地形地貌、自然条件和主体工程设计文件，经分析后确定，不应简单外延。

c. 水土流失防治责任范围界定方法

以主体工程设计文件(项目建议书、可行性研究报告、初步设计报告等，包括水库淹没、移民规划等)，特别是施工布置为依据，通过查阅设计资料，初步划定防治责任范围。进行外业调查并进一步抽查核实后最终确定。

2)水土流失防治分区

分区不宜太粗或太细，以满足水土保持典型设计为宜。对于一些小型工程采取全部设计，不做典型设计的，亦可不分区。水土流失防治分区规定：

(1)在确定防治责任范围的基础上应划分防治分区，并分区进行典型设计，计算工程量。

(2)应根据野外调查(勘测)结果，在确定的防治责任范围内，依据主体工程布局、施工扰动特点、建设时序、地貌特征、自然属性、水土流失影响等进行分区。

8.2.1.1.4　水土流失预测

施工准备期和建设期的预测应在不采取水土保持措施的情况下进行。

水土流失预测包括定量预测和定性预测。与主体工程水土保持分析评价相结合，对不同工程比选方案的水土保持影响再深入分析，定性和定量预测相互结合，对水土流失作出预测。

1）预测时段

开发建设项目可能产生的水土流失量应按施工准备期、施工期、自然恢复期三个时段进行预测。

2）预测单元划分

水土流失预测单元的划分应遵循地形地貌、扰动地表的物质组成相近，扰动方式相似，土地利用现状基本相同，降水或大风特征值（降雨量、强度与降雨的年内分配等）基本一致的原则。

3）预测内容

（1）扰动地表的面积、占压土地面积和林草植被损坏面积预测；

（2）弃土、弃石、弃渣量预测；

（3）损坏水土保持设施数量的预测；

（4）新增水土流失量预测。

4）预测方法

a. 原地貌水土流失预测

各区的水土流失背景值，可根据当地实测或当地科研试验资料分析确定，也可根据不同分区的土地利用类型、土壤、植被、坡度及坡长等调查与量测，采用土壤流失预报方程、地方经验方程估算。在缺乏资料的地区还可通过土壤侵蚀分类分级标准，结合专家判估等方法获得。

b. 扰动地貌水土流失预测

（1）采用类比法进行水土流失预测。

（2）采用当地科学试验研究成果并经鉴定认可的公式和方法。

（3）宜通过试验、观测等方法进行水土流失预测。

（4）位于大中城市及周边地区、南方石漠化地区和西北干旱地区的开发建设项目，以及有大量疏干水和排水的项目，还应进行水损失（或水资源流失、有效水资源的减少）的预测。

水损失的预测宜采用径流系数法，可按下式计算：

$$W_w = \sum_{i=1}^{n} [F_i H_i (a_i - a_{i0})]$$

式中　W_w——扰动地表水流失量，m^3；

F_i——第 i 个预测单元的面积，km^2；

H_i——项目区年降水量，mm；

a_i——预测单元扰动地表的径流系数；

a_{i0}——预测单元原状地表的径流系数。

（5）弃土弃渣的流失量预测不宜采用流弃比的方法预测。

（6）沟谷或沿河岸（滩）设置的弃渣场应在设计基础上进行相应预测。

（7）土壤流失量计算方法。

土壤流失量可按下式计算：

$$W = \sum_{i=1}^{n} \sum_{k=1}^{3} F_i M_{ik} T_{ik}$$

新增土壤流失量可按下式计算：

$$\Delta W = \sum_{i=1}^{n} \sum_{k=1}^{3} F_i \Delta M_{ik} T_{ik}$$

$$\Delta M_{ik} = \frac{(M_{ik} - M_{i0}) + |M_{ik} - M_{i0}|}{2}$$

式中 W——扰动地表土壤流失量,t;

ΔW——扰动地表新增土壤流失量,t;

i——预测单元($i=1,2,3,\cdots,n$);

k——预测时段,1、2、3 分别指施工准备期、施工期和自然恢复期;

F_i——第 i 个预测单元的面积,km^2;

M_{ik}——扰动后不同预测单元不同时段的土壤侵蚀模数,t/(km^2·a);

ΔM_{ik}——不同单元各时段新增土壤侵蚀模数,t/(km^2·a);

M_{i0}——扰动前不同预测单元土壤侵蚀模数,t/(km^2·a);

T_{ik}——预测时段(扰动时段),a。

注:当各区土壤侵蚀强度恢复到土壤侵蚀容许值及以下时,不再计算。

当弃土弃渣外表面积每年变化时应分年计算和预测。

(8)对项目可能造成的水土流失危害进行预测和分析。预测水土流失危害形式、程度及可能产生的后果。

(9)根据预测结果,分析并明确产生水土流失的重点区域(地段)和时段、水土流失防治和监测的重点区段与时段,并对防治措施布设提出指导性意见。

8.2.1.1.5 防治目标

基本目标是:项目建设区的原有水土流失得到基本治理;新增水土流失得到有效控制;生态得到最大限度的保护,环境得到明显改善;水土保持设施安全有效。

1)防治指标

(1)扰动土地整治率:项目建设区内扰动土地的整治面积占扰动土地总面积的百分比。

(2)水土流失总治理度:项目建设区内水土流失治理达标面积占水土流失总面积的百分比。

(3)土壤流失控制比:项目建设区内,容许土壤流失量与治理后的平均土壤流失强度之比。

(4)拦渣率:项目建设区内采取措施实际拦挡的弃土(石、渣)量与工程弃土(石、渣)总量的百分比。

(5)林草植被恢复率:项目建设区内,林草类植被面积占可恢复林草植被(在目前经济、技术条件下适宜于恢复林草植被)面积的百分比。

(6)林草覆盖率:林草类植被面积占项目建设区面积的百分比。

2)不同开发建设项目类型与时段划分

(1)建设类项目水土流失主要发生在建设期的项目,其时段标准划分为施工期、试运行期。

(2)建设生产类项目水土流失发生在建设期和生产运行期的项目,其时段标准划分为施工期、试运行期、生产运行期。生产运行期应为从投产使用开始至终止服务年,不同类型项目可根据生产运行期的长短再划分不同的时段,但标准不得降低。

3)防治标准等级与适用范围

(1)开发建设项目水土流失防治标准的等级应按项目所处水土流失防治区和区域水土保持生态功能重要性确定。

(2)按开发建设项目所处水土流失防治区确定水土流失防治标准执行等级时应符合下列规定:

①一级标准:依法划定的国家级水土流失重点预防保护区、重点监督区和重点治理区及省级重点预防保护区。

②二级标准:依法划定的省级水土流失重点治理区和重点监督区。

③三级标准:一级标准和二级标准未涉及的其他区域。

(3)按开发建设项目所处地理位置、水系、河道、水资源及水功能、防洪功能等确定水土流失防治标准执行等级时应符合下列规定:

①一级标准:开发建设项目生产建设活动对国家和省级人民政府依法确定的重要江河、湖泊的防洪河段、水源保护区、水库周边、生态功能保护区、景观保护区、经济开发区等直接产生重大水土流失影响,并经水土保持方案论证确认作为一级标准防治的区域。

②二级标准:开发建设项目生产建设活动对国家和省、地级人民政府依法确定的重要江河、湖泊的防洪河段、水源保护区、水库周边、生态功能保护区、景观保护区、经济开发区等直接产生较大水土流失影响,并经水土保持方案论证确认作为二级标准防治的区域。

③三级标准:一、二级标准未涉及的区域。

(4)当按第(2)条、第(3)条的规定确定防治标准执行等级出现交叉时,按下列规定执行:

①同一项目所处区域出现两个标准时,采用高一级标准。

②线形工程项目应根据第(2)条、第(3)条的规定分别采用不同的标准。

4)防治标准

(1)开发建设项目水土流失防治标准应分类、分级、分时段确定。其指标值必须达到表8-1和表8-2的规定。

表8-1 建设类项目水土流失防治标准

分类	一级标准		二级标准		三级标准	
	施工期	试运行期	施工期	试运行期	施工期	试运行期
1. 扰动土地整治率(%)	*	95	*	95	*	90
2. 水土流失总治理度(%)	*	95	*	85	*	80
3. 土壤流失控制比	0.7	0.8	0.5	0.7	0.4	0.4
4. 拦渣率(%)	95	95	90	95	85	90
5. 林草植被恢复率(%)	*	97	*	95	*	90
6. 林草覆盖率(%)	*	25	*	20	*	15

注:"*"表示指标值应根据批准的水土保持方案措施进度,通过动态监测获得,并作为竣工验收的依据之一。

表 8-2 建设生产类项目水土流失防治标准

分类	一级标准			二级标准			三级标准		
	施工期	试运行期	生产运行期	施工期	试运行期	生产运行期	施工期	试运行期	生产运行期
1.扰动土地整治率(%)	*	95	>95	*	95	>95	*	90	>90
2.水土流失总治理度(%)	*	90	>90	*	85	>85	*	80	>80
3.土壤流失控制比	0.7	0.8	0.7	0.5	0.7	0.5	0.4	0.5	0.4
4.拦渣率(%)	95	95	98	90	95	95	85	95	85
5.林草植被恢复率(%)	*	97	97	*	95	>95	*	90	>90
6.林草覆盖率(%)	*	25	>25	*	20	>20	*	15	>15

注:"*"表示指标值应根据批准的水土保持方案措施进度,通过动态监测获得,并作为竣工验收的依据之一。

(2)矿山企业和水工程在计算各项防治指标值时,其露天矿山的采坑面积、井工矿山的塌陷区面积、水工程的水域面积应属于防治责任面积,但不包括在总防治面积内。

(3)开发建设项目水土保护方案编制、施工阶段检查、竣工验收及生产运行管理等,应符合本标准规定的分类分级分时段防治指标的要求。在竣工验收时,除满足规定的验收指标外,各项水土保持设施质量必须达到国家有关质量技术标准的要求。

(4)表 8-1 和表 8-2 中水土流失总治理度(%)、林草植被恢复率(%)、林草覆盖率(%),应以多年平均年降水量 400 ~ 600 mm 的区域为基准,降水量不在此范围时可根据下列原则适当提高或降低表中指标值:

①降水量 300 mm 以下地区,可根据降水量与无灌溉条件及当地生产实践经验分析确定。

②降水量 300 ~ 400 mm 的地区,表中的绝对值可降低 3 ~ 5。

③降水量 600 ~ 800 mm 的地区,表中的绝对值宜提高 1 ~ 2。

④降水量 800 mm 以上地区,表中的绝对值宜提高 2 以上。

(5)表 8-1 和表 8-2 中土壤流失控制比应以现状土壤侵蚀强度属中度侵蚀为主的区域为基准,以其他侵蚀强度为主的区域,可根据下列原则适当提高或降低表中指标的绝对值:

①以轻度侵蚀为主的区域应大于或等于 1。

②以中度以上侵蚀为主的区域可降低 0.1 ~ 0.2,但最小不得低于 0.3。

③同一开发建设项目土壤流失控制比,可根据实际需要分区分级确定。

(6)表 8-1 和表 8-2 中山区、丘陵区线形工程,拦渣率值(%)可减少 5;在高山峡谷地形复杂的地段,表中的拦渣率值(%)可减少 10。

8.2.1.1.6 水土保持措施总体布局及措施设计

根据编制原则、水土流失防治分区,提出水土保持措施的总体布局,拟定各类防治措施。应根据建设项目区的地貌类型、建设时序、造成水土流失特点、项目主体工程布局、防治目标和防治分区,确定防治重点,提出水土保持分区防治措施体系及总体布局。

1)措施体系

水土流失防治措施体系包括水力侵蚀、风力侵蚀、重力侵蚀和泥石流四大防治体系,此外还有水蚀风蚀交错区的防治体系以及其他防治体系。

2）措施总体布局规定

（1）在分区布设防护措施时，应保证各防治分区的关联性、系统性和科学性。

（2）植物措施应在对立地条件的分析基础上，推荐多树种、多草种，供设计时进一步优化。

（3）防治水蚀、风蚀的植物措施应有针对性，水蚀风蚀复合区的措施应兼顾两种侵蚀类型的防治。

（4）应对所拟定的重要防护工程进行方案比选，提出推荐方案。

3）分区措施配置与设计

根据确定水土保持措施体系，落实各水土流失防治分区的水土保持措施，对拦渣工程、防洪排水工程、护坡工程、泥石流工程、土地整治工程、植被恢复与绿化工程、防风固沙工程及临时防护工程等措施做出典型设计。

4）工程量与施工组织设计

a. 工程量计算

（1）水土保持工程量计算一般分为两类，一是进行全面设计，工程量相对准确；二是采取典型设计推求工程量，精度相对差一些。前者适用于点式中小工程，后者适用于线形工程或大型点式工程。

（2）各类工程措施工程量计算应根据《水利水电工程设计工程量计算规定》（SL 328—2005）进行。植物措施根据典型设计推算工程量，植苗造林需推算种植面积和株数，播种造林、种草及植草皮以面积计量，防护林带可根据株数折合为绿化面积。

（3）水土保持工程量计算应根据《水利水电工程设计工程量计算规定》，按相应的阶段系数进行调整。

b. 施工组织设计

（1）水土保持工程的施工组织设计包括砂石料来源、苗木种子来源、水源、各类工程施工技术与质量要求、施工进度以及对主体施工组织设计的要求与建议等。

（2）进度安排要求。

遵循"三同时"制度；以水土保持分区进行措施布设；分期实施（应与主体工程协调一致），合理安排，确保工程按期完成。

先工程措施再植物措施，工程措施应安排在非主汛期，大的土方工程宜避开汛期。植物措施应以春季、秋季为主。施工建设中，应按"先拦后弃"的原则，先期安排水土保持措施的实施。

8.2.1.1.7　水土保持监测

1）水土保持监测时段

从施工准备期前开始，至设计水平年结束。建设生产类项目还应对运行期进行监测。

2）水土保持重点监测内容

（1）项目区水土保持生态环境变化监测。

（2）项目区水土流失动态监测。

（3）水土保持措施防治效果监测。

3）水土保持重点监测区域

开发建设项目水土流失的监测以水土流失严重区域为重点。

4）水土流失危害的监测

水土流失危害的监测可根据水土流失防治措施的薄弱环节以及生产生活集中区设置。施工过程中防治措施不能及时到位的施工区（段）应重点监测。

5）开发建设项目水土保持监测站点的布设

根据工程特点与扰动地表特征分别布设不同的监测点。

6）水土保持监测的方法

开发建设项目水土保持监测的方法为定位监测与实地调查、巡查监测相结合的方法，有条件的大型建设项目可同时采用遥感监测方法。具体监测方法如下：

(1) 小型工程宜采取调查监测或场地巡查的监测方法。

(2) 大中型工程应采取地面监测、调查监测和场地巡查监测相结合的方法。

(3) 规模大、影响范围广、有条件的特大型工程除地面监测、调查监测和场地巡查监测外，还可采用遥感监测的方法。

(4) 水土流失影响因子和水土流失量的监测应采用地面监测法。

(5) 扰动面积、弃渣量、地表植被和水土保持设施运行情况等项目的监测应采用调查法和实测法。

(6) 施工过程中时空变化多、定位监测困难的项目可采用场地巡查法监测。

8.2.1.1.8　投资概（估）算和效益分析

1）投资概（估）算

开发建设项目水土保持工程投资概（估）算按水利部水总〔2003〕67号文及行业有关规定编制。

2）效益分析

宜采用损益分析法，进行水土保持经济效益分析。

应分析采取治理措施后预期能达到的目标值及其防治效果。主要包括水土流失治理总面积、扰动土地整治面积、拦渣量、水土流失控制量、植被恢复面积、林草总面积以及对生态环境的影响。

8.2.1.1.9　方案实施保证措施

明确后续设计的责任和要求，招投标中水土保持工程设计和施工的要求，水土保持监理对水土保持工程施工质量控制的要求。提出水土保持监测进一步实施的保证措施，明确水土保持监督管理制度，以及竣工验收的内容。

8.2.1.1.10　结论与建议

主体工程水土保持总体评价的结论性及修正性意见。

提出对主体工程优化设计，特别是施工组织设计的水土保持建议；本阶段遗留问题，对下阶段设计的指导性意见或建议。

8.2.1.2　拦渣工程设计

8.2.1.2.1　拦渣工程的类型与作用

拦渣工程是为专门存放开发建设项目在基建施工和生产运行中产生的大量弃土、弃渣、尾矿（沙）和其他废弃固体物而修建的水土保持工程。主要包括拦渣坝、拦渣墙、拦渣堤、拦渣围堰及尾矿(沙)坝等。

(1)拦渣坝:在沟道中修建的拦蓄固体废弃物的建筑工程。

(2)拦渣墙:是为了防止固体废弃物堆积体发生滑塌、崩塌或冲蚀,或稳定人工开挖形成的高陡边坡,或避免滑坡体前缘再次滑坡而修建的水土保持工程。

(3)拦渣堤:是指修建于沟岸或河岸,用以拦挡建设项目基建与生产过程中排放的固体废弃物的建筑物。一般同时兼有拦渣与防洪两种功能,堤内拦渣、堤外防洪。

(4)拦渣围堰:是指修建于平地或河滩等较为平坦的地面上,用以排放建设项目基建与生产过程中排放的固体废弃物的一种封闭的拦挡建筑物。

(5)尾矿(沙)坝、贮灰坝、赤泥坝:为妥善存放和处理大量的尾矿(沙)、赤泥及灰渣而修建的拦挡建筑物。

8.2.1.2.2　拦渣工程设计要求

1)可行性研究阶段

(1)根据主体工程设计和调查核实确定弃渣量,初步明确弃渣任务与规模,初步拟定可行的弃渣方式和场所。

(2)进行必要的水文和地质查勘。

(3)对周边环境安全产生较大影响的特大型弃渣场,应进行专门调查与研究,水土保持设计应结合环境保护要求。

2)初步设计阶段

(1)进一步复核弃渣方案,确定拦渣工程规模、数量、位置、形式、结构、断面剖面尺寸及计算工程量。

(2)确定弃渣场的施工组织方案。

8.2.1.2.3　拦渣坝

1)拦渣坝布置及坝型选择

a. 拦渣坝布置

按成坝形式分为一次成坝与多次成坝。一次成坝,即一次达到设计坝高,适用于一次性弃渣。多次成坝,首建初级坝,分期加高,适用于生产性弃渣场。

若拦渣坝上游有较大洪水,弃渣分散在沟道内时,可建溢流拦渣坝,按溢流坝形式布置。若拦渣坝上游来洪量大,弃渣集中且为一次性弃渣,可按拦渣坝、放水建筑物(排水廊道)或溢洪道形式布置。

b. 坝型选择

拦渣坝按排洪形式可分为溢流坝和非溢流坝;按筑坝材料可分为土坝、土石混合坝和浆砌石坝等。土料来源丰富的地区,推荐土石坝,以降低工程造价。石料来源丰富,坝址具备条件的地区,可选择浆砌石坝。

2)拦渣坝设计

a. 拦渣库容和拦泥库容的确定

根据项目区的生产运行情况,确定每年的排渣量;根据每年的排渣量和拦渣坝的使用年限,确定其拦渣库容。

根据每年的来泥量和拦渣坝的使用年限,确定拦泥库容。

b. 滞洪库容设计

防洪标准:骨干工程防洪标准见表8-3的规定。

表8-3 水土保持治沟骨干工程的防洪标准

工程等级		五	四
总库容(万 m^3)		50~100	100~500
洪水重现期(a)	设计	20~30	30~50
	校核	200~300	300~500
设计淤积年限(a)		10~20	20~30

滞洪库容设计:参照淤地坝的相应设计来进行。

c. 总库容与坝顶高程的确定

拦渣坝总库容由拦渣库容、拦泥库容和滞洪库容三部分组成。坝顶高程为总库容在水位与库容曲线上对应的高程,加上安全超高之和。

坝高与超高关系见表8-4。

表8-4 坝高与超高关系

坝高(m)	<10	10~20	>20
超高(m)	0.5~1.0	1.0~1.5	1.5~2.0

若采用初级坝形式则坝高一般为8~10 m。

3)坝体设计

(1)断面尺寸。根据坝体形式与结构,可参照《碾压式土石坝设计规范》、《浆砌石坝设计规范》和《水土保持治沟骨干工程技术规范》初步拟定,最终通过坝体稳定计算确定。

(2)坝体稳定与应力计算。根据坝型,参照土石坝、浆砌石坝有关设计规范要求进行。

(3)结构设计与基础设计。一般坝高超过5 m,原则上需进行结构设计与基础设计。

4)放水建筑物设计

根据不同条件,可采取卧管式或竖井式放水工程。

5)溢洪道设计

根据不同条件,可采取陡坡式或明渠式溢洪道。

陡坡式溢洪道适用于坝高20 m以上、库容50万 m^3 以上的较大坝库。由进水段、陡坡段和消力池三部分组成。

明渠式溢洪道一般适用于坝高20 m以下、库容50万 m^3 以下的小型坝库。

8.2.1.2.4 拦渣墙

1)结构形式

拦渣墙的结构形式主要有重力式、半重力式、衡重式、悬臂式、扶臂式、空箱式和板桩式等,可根据不同土质、地基及使用条件选用。水土保持工程多采用重力式拦渣墙的结构形式。

2)断面设计

重力式拦渣墙高度一般不超过8 m,拦渣墙高度6 m左右可采用悬臂式,拦渣墙高度

6~10 m 一般采用扶壁式。重力式拦渣墙最小高度一般 3 m 左右,断面尺寸用试算法确定。

3)稳定性分析

重力拦渣墙必须对抗滑、抗倾覆和地基承载力进行稳定性分析,其安全系数可分别采用 1.3、1.5 和 1.2。设计中应结合拦渣墙形式、材料,参照有关设计规范选定。

8.2.1.2.5 拦渣堤

1)拦渣堤类型

根据拦渣堤修筑的位置不同,可分为沟岸、河岸拦渣堤两种类型。

(1)沟岸拦渣堤。弃土、弃石、弃渣等堆放于沟道岸边的,采用沟岸拦渣堤。

(2)河岸拦渣堤。弃土、弃石、弃渣等堆放于河滩及河岸的,采用河岸拦渣堤。

2)拦渣堤的设计

由于拦渣堤同时具有防洪和拦渣两种功能,其设计应同时满足二者的需求。

拦渣堤的防洪功能部分,其设计要求参照防洪堤的规定执行。

a. 拦渣堤高度的确定

拦渣堤应同时满足防洪和拦渣对堤顶高程的要求。防洪堤以设计洪水计算确定,按拦渣堤要求确定堤高的步骤如下:

(1)根据项目在基建施工或生产运行中的弃土、弃石、弃渣的具体情况,确定在规定时期内拦渣堤应承担的堆渣总量。

(2)由堆渣总量和堤防长度计算堆渣高程,再加上预留的覆土厚度,即为堤顶高程。

b. 堤顶

堤顶高程按设计洪水位、风浪爬高、安全超高确定;堤顶宽度根据防汛、管理、施工和结构等要求确定;堤顶路面结构根据防汛和管理要求确定,常用的结构形式有黏土、砂石、混凝土等。

c. 堤坡

(1)堤坡根据拦渣堤的等级、堤身结构、堤基、筑堤材料、堤高、护坡形式、施工方法及运用条件,经稳定分析后确定。

(2)土堤的戗台根据堤身结构、防渗、交通等需要设置,具体尺寸经稳定分析后确定。

(3)土堤背水坡及临水坡前有较高、较宽滩地或为不经常过水的季节性河流,应优先选用草皮护坡。

d. 防渗体

(1)防渗体的设置应使堤身的浸润线和背水堤坡的渗流出逸比降下降到允许范围以内,并满足结构与施工要求。

(2)防渗体可采用斜墙、心墙等;堤身其他防渗设施的必要性及形式,应根据渗流计算及技术经济比较,合理选定。

(3)土质防渗体的断面,一般自上而下逐渐加厚,其顶部最小水平宽度不小于 1 m,且高出设计水位 0.5 m 以上。

3)稳定性分析

拦渣堤的稳定性分析可参照拦渣墙来进行。

8.2.1.2.6 拦渣围堰

拦渣围堰的断面设计及稳定性分析,可参照拦渣墙来进行。不考虑围堰整体结构的影响，因此设计的断面尺寸和稳定性都是偏于安全的。

8.2.1.2.7　尾矿(沙)坝、贮灰坝

尾矿(沙)坝、贮灰坝一般由初期坝、堆积坝两部分组成。

初期坝是在排弃土(沙、渣)、贮灰之前，采用土石料修筑而成的。

堆积坝是当尾矿(沙)堆积到初期坝设计堆积高程时，必须加高加固坝体，以满足拦蓄尾矿(沙)的要求。一般采用尾矿(沙)或采场剥离废石修筑加高，若尾矿(沙)或废石不符合筑坝要求，可采用当地材料修筑加高。

8.2.1.3　斜坡防护工程设计

开发建设项目在基建过程中，开挖、回填、弃土(石、沙、渣)形成的坡面，应根据地形、地质、水文条件、施工方式等因素，采取挡墙、削坡开级、工程护坡、植物护坡、坡面固定、滑坡防治等边坡防护措施。

按照斜坡土质情况，通过稳定计算确定边坡的坡度值，并根据边坡的高度和坡度等不同条件，分别采取不同的护坡工程。主要有以下几种：

(1)对边坡高度大于4 m、坡度大于1∶1.5的，应采取削坡开级工程。

(2)对边坡小于1∶1.5的土质或沙质坡面，可采取植物护坡工程。

(3)对堆置物或山体不稳定处形成的高陡边坡，或坡脚遭受水流淘刷的，应采取工程护坡措施。

(4)对条件较复杂的不稳定边坡，应采取综合护坡工程。

(5)对滑坡地段应采取滑坡治理工程。

8.2.1.3.1　削坡开级

1)土质坡面的削坡开级

土质坡面的削坡开级主要有直线形、折线形、阶梯形、大平台形等4种形式。

(1)直线形。直线形削坡就是从上到下，整体削成同一坡度，削坡后比原坡度减缓，达到该类土质的稳定坡度。适用于高度小于20 m、结构紧密的均质土坡，或高度小于12 m的非均质土坡。对有松散夹层的土坡，其松散部分应采取加固措施。

(2)折线形。折线形削坡重点是削缓上部，削坡后保持上部较缓、下部较陡的折线形。适用于高12～20 m、结构比较松散的土坡，特别适用于上部结构较松散、下部结构较紧密的土坡。上下部的高度和坡比，根据土坡高度与土质情况具体分析确定，以削坡后能保证稳定安全为原则。

(3)阶梯形。阶梯形削坡就是对非稳定坡面进行开级，使之台坡相间以保证土坡稳定。它适用于高12 m以上、结构较松散，或高20 m以上、结构较紧密的均质土坡。每一阶小平台的宽度和两平台的高差，根据当地土质与暴雨径流情况具体研究确定。对于陡直坡面可先削坡后开级，开级后应保证土坡稳定。

(4)大平台形。大平台形是削坡开级的特殊形式，一般开在土坡中部，宽4 m以上。适用于高度大于30 m，或在8°以上高烈度地震区的土坡。平台具体位置与尺寸，需根据《地震区建筑技术规范》对土质边坡高度的限制分析确定，并对边坡进行稳定性验算。

2)石质坡面的削坡开级

适用于坡度陡直或坡型凹凸、荷载不平衡或存在软弱夹层的非稳定坡面。

3）坡脚防护

削坡后因土质疏松可能产生碎落或塌方的坡脚，应修筑挡土墙予以防护。

4）坡面防护

削坡开级后的坡面，应采取植物护坡措施。在阶梯形的小平台和大平台形的大平台中，宜种植乔木或果树，其余坡面可种植草类、灌木。

8.2.1.3.2 植物护坡

1）种草护坡

对坡比小于1∶1.5，土层较薄的沙质或土质坡面可采取种草护坡工程。

（1）种草护坡应先将坡面进行整治，并选用生长快的低矮匍匐型草种。

（2）种草护坡应根据不同的坡面情况采用不同的方法。一般土质坡面采用直接播种法；密实的土质边坡上，采取坑植法；在风沙坡地，应先设沙障，固定流沙，再播种草籽。

（3）种草后1～2年内，进行必要的封禁和抚育措施。

2）造林护坡

对坡度10°～20°，在南方坡面土层厚15 cm以上、北方坡面土层厚40 cm以上、立地条件较好的地方，采用造林护坡。

（1）造林护坡应采用深根性与浅根性相结合的乔灌木混交方式，同时选用适应当地条件、速生的乔木和灌木树种。

（2）在坡面的坡度、坡向和土质较复杂的地方，将造林护坡与种草护坡结合起来，实行乔、灌、草相结合的植物或藤本植物护坡。

（3）坡面采取植苗造林时，苗木宜带土栽植，并应适当密植。

8.2.1.3.3 工程护坡

1）砌石护坡

砌石护坡有干砌石和浆砌石两种形式，可根据不同需要分别采用。

a.干砌石护坡

坡面较缓（1∶2.5～1∶3.0）、受水流冲刷较轻的坡面，采用单层干砌块石护坡或双层干砌块石护坡。

b.浆砌石护坡

坡度在1∶1～1∶2，或坡面位于沟岸、河岸，下部可能遭受水流冲刷，且洪水冲击力强的防护地段，宜采用浆砌石护坡。

2）混凝土护坡

混凝土护坡是在边坡坡脚可能遭受强烈洪水冲刷的陡坡段，采取混凝土（或钢筋混凝土）护坡，必要时需加锚固定。

边坡介于1∶1.0～1∶0.5的、高度小于3 m的坡面，用一般混凝土砌块护坡；边坡陡于1∶0.5的，用钢筋混凝土护坡。

3）喷浆护坡

喷浆护坡是在基岩裂隙小、无大崩塌的坡段，采用喷浆机进行喷浆或喷混凝土护坡，以防止基岩风化剥落。

4）抛石护坡

当边坡坡脚位于河（沟）岸，暴雨条件下可能遭受洪水淘刷作用时，对枯水位以下部分采取抛石护坡。抛石护坡有散抛块石、石笼抛石和草袋抛石三种形式，根据具体情况选择采用。

5）综合护坡

a. 砌石草皮护坡

在坡度小于1∶1、高度小于4 m、坡面有涌水的坡段采用砌石草皮护坡。

砌石草皮护坡有两种形式，根据具体条件分别采用：坡面下部1/2～2/3采取浆砌石护坡，上部采取草皮护坡。

b. 格状框条护坡

在路旁或人口聚居地的土质或沙土质坡面采用格状框条护坡。

c. 挂网喷草护坡

挂网喷草护坡是指利用活性植物并结合土工合成材料等工程材料，在坡面构建一个具有自身生长能力的防护系统，通过植物的生长对边坡进行加固的一门新技术。

8.2.1.3.4 坡面固定

在有裂隙的、坚硬的岩质斜坡上，为了增大抗滑力或固定危岩，可用锚固法，所用材料为锚杆或预应力钢筋。

1）锚杆支护

在节理、裂隙、层理的岩石坡面，根据岩石破坏的可能形态（局部或整体性破坏），采用局部锚杆加固，或在整个横断面上系统锚固加固。

2）喷锚支护

对强度不高或完整性差的岩石坡面，当仅采用锚杆加固难以维持锚杆之间的围岩稳定时，常需采用锚杆与喷混凝土联合支护。

3）锚加筋（挂网）支护

对软弱、破碎岩层，如锚杆和喷混凝土所提供的支护反力不足时，还可加钢筋网，以提高喷层的整体性和强度并减少温度裂缝。

8.2.1.3.5 滑坡整治

根据不同情况可分别采取削坡反压、阻挡地面水和排除地下水、滑坡体上造林、抗滑桩、抗滑墙，以及几种办法相结合的措施。

1）削坡反压

适用于上陡下缓的移动式滑坡。将上部陡坡挖缓，削头取土，减轻上部荷载，将其反压在下部缓坡上，控制上部向下滑动。

2）阻挡地面水和排除地下水

适用于地面和地下水较易形成滑坡主导因素的情况。

3）滑坡体上造林

适用于滑坡体基本稳定，但由于人为挖损等原因仍有滑坡潜在危险的坡面。

4）抗滑桩

对建设施工区坡面两种岩层间有塑性滑动层，开挖后易引起上部剧烈滑动的，采取抗滑桩工程稳定坡面。

5）抗滑墙

抗滑墙是利用抗滑墙重力阻止滑体下滑的工程措施。

8.2.1.4 土地整治设计

8.2.1.4.1 设计原则和要求

开发建设项目水土保持工程中的土地整治是指对因生产、开发和建设损毁的土地,进行平整、改造、修复,使之达到可开发利用状态的水土保持措施。土地整治的重点是控制水土流失,充分利用土地资源,恢复和改善土地生产力。

土地整治工程包括三个方面:一是坑凹回填,一般应利用废弃土石回填整平,并覆土加以利用,也可根据实际情况直接改造利用;二是渣场改造,即在固体废弃物存放地终止使用以后,进行整治利用;三是整治后的土地根据其土地质量、生产功能和防护要求,确定利用方向,并改造使用。

1)设计原则

(1)整治土地与蓄水保土相结合。

(2)土地整治与生态环境改善、景观美化相结合。

(3)土地整治与防洪排水工程相结合。

(4)土地整治与水土污染防治相结合。

2)设计要求

a. 可行性研究阶段

(1)根据项目开发建设及水土保持要求,按照挖填平衡、合理存放及合理处置有毒物质的原则,合理布局拦渣及防洪排水工程,并进行多方案比较,确定土地整治工程的总体方案。

(2)比选确定存放弃土、弃石、弃渣、尾矿、尾沙等场地及其堆放方式、堆放量、堆放高度、稳定坡度和拦挡防护工程等方案。估测坑凹回填量、物质组成,比选确定平整、覆土的工艺和程序。估算土地整治的工程量。

(3)根据土地整治工艺,估计土地质量,根据生产功能、防护功能和景观美化功能,比选确定土地开发利用方案。

b. 初步设计阶段

(1)坑凹回填。回填面积与深度确定、回填物碾压容重的测定、回填碾压方式的确定、可能的沉陷及其危害预测与防治措施的确定;覆土厚度、覆土方量、覆土工艺的确定(尽可能与有毒物质处置措施结合起来);并对回填物和覆土的运输线路、必要道路和坑凹利用进行设计。

(2)渣场改造。渣场或排土场、排矸场、尾矿库、贮灰场等面积、高度、坡度及稳定性等的补充论证分析;排渣场整治工艺设计(若主体设计中已有此内容,应根据水土保持要求提出合理的修正意见和措施)、覆土工艺设计;与土地整治结合的弃渣有毒物质处置措施的确定。

8.2.1.4.2 坑凹回填

坑凹是在基建和生产过程中挖掘形成的,主要可分为两种情况:一是剥离坑凹,如取土场、取石场、取沙场、路基两侧取土基坑、小型浅层露天采场、大型深层露天采场等;二是塌陷凹地,如井巷开采产生塌陷地等。

1)剥离坑凹

剥离坑凹的土地整治主要是回填(填埋)、推平或垫高,以适应新的地形,形成新的合适坡度,并尽可能覆土。实施程序是回填—整平—覆土。

2）塌陷凹地

已形成的塌陷凹地，应根据其深度分别采取整治利用措施。塌陷深度小于1 m的，推土回填平整，然后作为农业用地；对塌陷深度1～3 m的，可采取挖深垫高的办法，挖深段可蓄水养鱼、种藕，垫高段进行农业利用。

坑凹回填成本较高，若有条件可改造为蓄水池、养鱼池，也可结合周围地形、景观综合规划进行人工景观设计，如大型坑凹可设计为人工湖。

8.2.1.4.3　渣场改造

渣场是指固体废弃物的存放场所，如排土场、矸石山、贮灰场、尾矿库的堆放场地。渣场改造包括整治和覆土两部分内容。

1）平地渣场改造

平地起堆的渣场，根据堆置高度、弃渣容重及弃渣沉降性能等综合分析其稳定性。一般高度低于3 m的，外围修筑拦渣围堰，并平整堆渣，然后覆土；高于3 m的，根据稳定性分析设计挡土墙，并作落堆处理，最好修筑为阶式水平梯田，并覆土。

2）坡地渣场改造

沿斜坡和沟岸倾倒形成的坡地渣场，应根据稳定情况，在坡脚部位修筑挡墙和护坡工程，坡顶修筑截水天沟，排泄上方来水。斜坡面根据坡度大小，选择水平梯田、窄条梯田、水平阶及水平沟等多种整治形式，并修建内部排水系统，然后覆土改造。

3）拦渣坝和尾矿（沙）库整治

拦渣坝内弃渣弃土终止使用后，应平整渣面，覆土改造利用。尾矿库和尾沙库多数含有有毒物质，除必要的防渗漏和排水净化等措施外，可根据情况深埋，然后覆土改造利用。

8.2.1.4.4　整治后的土地利用

整治后的土地应根据其地理区位条件、坡度、土地生产力及所在区域的人口、经济和社会状况等，进行土地适宜性评价，确定土地利用方向，并提出恢复土地生产力的措施。

1）土地适宜性评价

土地适宜性评价是确定土地利用方向的基础，同时起着规范土地整治和指导水土保持措施布局的作用。土地评价应遵循以下原则：综合分析原则，主导因子原则，土地质量与土地利用互动原则，尽可能恢复为耕地的原则，社会、生态和经济综合效益最佳原则。

评价的方法很多，有经验评价法、专家系统法和数学模型法等。

2）整治后的土地利用

整治后的土地，坡度在15°以下、基本稳定、土地质量好的可作为农业用地；坡度大于15°或土地质量差的可作为林牧业用地；经过专门处理的，也可根据具体需要进行其他利用，如作建筑用地、旅游景点或养鱼池塘等。

3）土地生产力恢复措施

整治后的土地往往缺乏表土或覆盖土贫瘠，生产力很低，故必须采取有效措施，恢复和提高土地生产力，通常的措施有以下几种：

（1）种植绿肥植物。

（2）对于覆盖风化物的土地，应采取加速风化的措施。对于贫瘠土地，通常经化学分析确定氮、磷、钾比例，加大施肥量，快速培肥。

（3）pH值过低或过高的土地，可施用化学物料如黑矾、石膏、石灰等加以改善。

8.2.1.5　**防洪排导工程设计**

开发建设项目在基建施工和生产运行中,由于损坏地面或未妥善处理弃土、弃石、弃渣,易遭受洪水危害的,都应布设防洪排导工程。根据洪水的不同来源和危害程度,分别采取不同的防洪排导工程,主要包括护岸护滩工程、拦洪坝、排洪排水工程、泥石流防治工程等。

8.2.1.5.1　*护岸护滩工程*

1)护岸护滩工程的类型

护岸护滩工程可分为坡式护岸、坝式护岸护滩和墙式护岸三种类型。对于坡式护岸,在枯水位以下采取坡脚防护工程,枯水位与洪水位之间采取护坡工程;坝式护岸护滩分为丁坝、顺坝两种形式;墙式护岸的临水面可采取直立式,背水面可采取直立式、斜坡式、折线式、卸荷台阶式及其他形式。具体采用何种类型,应根据河(沟)岸的地形、地质和水文条件选择采用。

2)护岸护滩工程的规划与布局原则

(1)在进行护岸工程设计之前,应对上下游沟道情况进行调查研究,分析在修建护岸工程之后,下游或对岸是否会发生新的冲刷,确保沟道安全。

(2)为防止水流冲毁基础,护岸工程应大致按地形设置,并力求不形成急剧的弯曲。此外,还应注意将护岸工程的上游及下游部分与基岩、护基工程和已有的护岸工程连接,以免在护岸工程的上下游发生冲刷。

(3)护岸工程的设计高度,一方面要保证山洪不致漫过护岸工程,另一方面应考虑护岸工程背后有无崩塌之可能。如有崩塌可能,则应预留出堆积崩塌沙石的余地,即使护岸工程离开崩塌处有一定的距离并有足够的高度,如不能满足高度的要求,可沿岸坡修建向上成斜坡的横墙,以防止背后侵蚀及坡面的崩塌。

(4)在弯道段凹岸水位较凸岸水位高,因此凹岸护岸工程的高度应更高一些,凹岸水位比凸岸水位高出的数值可近似地按下式计算:

$$\Delta H = v^2 B/(gR)$$

式中　ΔH——凹岸水位高于凸岸水位之数值,可作为超高计算;

v——水流流速,m/s;

B——沟道宽度,m;

R——弯道曲率半径,m;

g——重力加速度,$g = 9.8\ m/s^2$。

3)护岸工程设计

护岸工程设计包括抛石护脚、石笼护脚、柴枕护脚与柴排护脚及墙式护岸设计等。

4)丁坝和顺坝设计

丁坝是由坝头、坝身和坝根三部分组成的一种建筑物,其坝根与河岸相连,坝头伸向河槽,在平面上与河岸连接起来呈"丁"字形,坝头与坝根之间的主体部分为坝身,其特点是不与对岸连接。丁坝多设在沟道下游部分,必要时也可在上游设置。

顺坝坝身直接布置在整治线上,具有导引水流、调整河岸等作用。分为土顺坝和石顺坝两种形式。

8.2.1.5.2 拦洪坝

1)设计洪水计算

应依据《水利水电工程设计洪水计算规范》(SL 44—2006)进行分析计算;对于无资料地区的设计洪水,应依据《水利水电工程设计洪水计算规范》,各省、市(区)编制的《暴雨洪水图集》,以及各地编制的《水文手册》所提供的方法进行多种计算,通过分析论证选用合理的成果。

调洪演算。当拟建工程上游无设计标准较高的坝库时,采取单坝调洪演算;当拟建工程上游有设计标准较高的坝库时,采取双坝调洪演算。具体方法可按照《水利工程水利计算规范》(SL 104—1995)执行。

2)库容与坝高

拦洪坝库容与坝高,参照《水土保持治沟骨干工程暂行技术规范》(ST 289—2003)确定。

3)拦洪坝坝址和坝型的选择

a. 坝址的选择

坝址的选择以满足拦洪效益大、工程量小和工程安全的要求为原则,同时符合坝系规划的要求。

b. 坝型的选择

防洪坝的坝型主要根据山洪或泥石流的规模及当地的材料来决定。

c. 坝体设计

(1)土坝坝体设计参照《水土保持治沟骨干工程技术规范》(SL 289—2003)执行。浆砌石坝坝体设计参照拦沙坝及《浆砌石坝设计规范》(SL 25—2006)执行。

(2)应力计算与稳定性分析依照《碾压式土石坝设计规范》(SL 274—2001)有关要求及其附录提供的方法计算。

d. 放水建筑物

可根据情况设置或不设置放水建筑物。若设置放水建筑物清参照《水土保持治沟骨干工程技术规范》中有关放水工程设计规定执行。

e. 溢洪道设计

根据坝址岸坡的地形、地质条件,分别采用陡坡式溢洪道或明渠式溢洪道。

f. 基础处理

根据坝型、坝基的地质条件、筑坝施工方式等,采取相应的基础处理方法。主要参照《碾压式土石坝设计规范》。

8.2.1.5.3 排洪排水工程

1)排洪工程

a. 排洪渠

排洪渠按建筑材料分为土质排洪渠、衬砌排洪渠和三合土排洪渠三种类型。

(1)坡面洪峰流量确定。

①清水洪峰流量。可根据各地水文手册中有关参数按下式计算:

$$Q_B = 0.278kiF$$

式中 Q_B——最大清水流量,m^3/s;

k——径流系数；

i——平均 1 h 降雨强度，mm/h；

F——山坡集水面积，km^2。

②高含沙洪峰流量。

山洪容重为 1.1～1.5 t/m^3 的，流量采取下式计算：

$$Q_s = Q_B(1 + \gamma)$$

式中 Q_s——高含沙洪水洪峰流量，m^3/s；

Q_B——最大清水流量，m^3/s；

γ——修正系数。

(2)排洪渠设计的原则。

①排洪渠道渠线布置，应尽量利用天然沟渠，人工开挖时，宜选择地形平缓、地质稳定、拆迁少的地带，并力求顺直。

②排洪明渠设计纵坡，应根据渠线、地形、地质以及与山洪沟连接条件等因素确定。当自然纵坡大于 1:20 或局部高差较大时可设置陡坡或跌水。

③排洪明渠断面变化时，应采用渐变段衔接，其长度可取水面宽度之差的 5～20 倍。排洪明渠进出口平面布置，宜采用喇叭口或八字形导流翼墙。导流翼墙长度可取设计水深的 3～4 倍。排洪明渠应考虑安全超高。在弯曲段凹岸应考虑水位壅高的影响。

④排洪明渠弯曲段的弯曲半径，不得小于最小容许半径及渠底宽度的 5 倍。最小容许半径可按下式计算：

$$R_{min} = 1.1v^2A^{1/2} + 12$$

式中 R_{min}——最小容许半径，m；

v——渠道中水流流速，m/s；

A——渠道过水断面面积，m^2。

⑤排洪暗渠检查井的间距，可取 50～100 m。暗渠走向变化处应加设检查井。排洪暗渠为无压流时，设计水位以上的净空面积不应小于过水断面面积的 15%。

⑥排洪渠道进口处宜设置沉沙池，拦截山洪泥沙。季节性冻土地区的暗渠基础埋深不应小于土壤冻结深度，进出口基础应采取适当的防冻措施。

(3)排洪渠断面确定。

排洪渠一般采用梯形断面。渠内过水断面水深按均匀流公式计算，并考虑安全超高。排洪渠纵断面设计应将地面线、渠底线、水面线、渠顶线绘制在纵断面设计图中。

b. 排洪涵洞

根据建筑材料和断面形式将排洪涵洞分为浆砌石拱形涵洞、钢筋混凝土箱形涵洞、钢筋混凝土盖板涵洞三种类型。

浆砌石拱形涵洞：底板和侧墙用浆砌块石砌筑，顶拱用浆砌粗料石砌筑。当拱上垂直荷载较大时，采用矢跨比为 1/2 的半圆拱；当拱上荷载较小时，采用矢跨比小于 1/2 的圆弧拱。

钢筋混凝土箱形涵洞：其顶板、底板及侧墙是钢筋混凝土整体框形结构，适合布置在项目区内地质条件复杂的地段，排除坡面和地表径流。

钢筋混凝土盖板涵洞：涵洞边墙和底板由浆砌块石砌筑，顶部用预制的钢筋混凝土板覆盖。

涵洞排洪流量计算与排洪渠相同。涵洞断面尺寸确定分无压、有压两种方法计算，通常情况采用无压排水方式计算确定，按明渠均匀流计算。

2）排水工程

排水工程包括明沟排水系统、暗管排水系统等，开发建设项目中涉及的主要包括山坡排水工程、低洼地排水工程、盐碱地冲灌排水工程和道路排水工程。

a. 排水工程布设

明沟排水系统的设置应与灌溉渠道系统相对应，可依干沟、支沟、斗沟、农沟顺序设置固定沟道。根据排水区的形状和面积大小以及负担的任务，沟道的级数也可适当增减。明沟排水系统的布置应符合下列规定：

（1）排水沟宜布置在低洼地带，并尽量利用天然河沟。

（2）1～3 级排水沟线路宜避免高填、深挖和通过淤泥、流沙及其他地质条件不良地段。

（3）排水线路宜短而直。

（4）1～3 级排水沟之间及其与承泄河道之间的交角宜为 30°～60°。

（5）排水沟出口宜采用自排方式。受承泄区或下一级排水沟水位顶托时，应设涵闸抢排或设泵站提排。

（6）排水明沟可与其他形式的田间排水设施结合布置。

（7）水旱间作地区，水田与旱田之间宜布置截渗排水沟。

（8）排洪沟（截流沟）应沿傍山（源边）渠道一侧及灌区边界布置，并就近汇入排水干沟或承泄区，交汇处应设防冲蚀护面。

b. 末级固定排水沟设计

（1）末级固定排水沟的深度和间距，应根据当地机耕作业、农作物对地下水位的要求和自然经济条件，按排水标准设计并经综合分析确定。

（2）用于排渍和防治土壤盐碱化的末级固定排水沟深度与间距，宜通过田间试验确定，也可按相关公式进行计算并经综合分析确定。

c. 除涝排水沟设计

排涝沟可只按排涝设计流量设计。排涝、排渍两用排水沟，可按排渍要求确定沟深和间距，按排涝设计流量进行断面校核；兼有防治土壤盐碱化作用的排水沟，有冲洗要求时，还应按冲洗排水流量进行断面校核。

d. 排水沟纵、横断面设计

排水沟设计流量和校核流量应根据排水面积、排水模数、产流与汇流历时以及对地下水位的控制要求等，按相关分析计算确定，并据此确定排水沟纵、横断面设计。

8.2.1.5.4　*泥石流防护工程*

1）泥石流防治工程体系

（1）泥石流形成区（包括地表径流形成区）。主要采取小流域水土保持综合治理措施，包括坡面治理措施和沟道治理措施。易滑塌、崩塌沟段采取谷坊、淤地坝和各类固沟工程。

（2）泥石流过流区。在土沟道的中、下游地段，修建各种类型的格栅坝和桩林等工程，拦截水流中的石砾等固体物质，尽量将泥石流改变为一般洪水。

（3）泥石流堆积区。主要在沟道下游和沟口，修建停淤工程与排导工程，控制泥石流对沟口和下游河床、农田、道路等的危害。

2)设计原则与要求

a. 设计原则

预防为主,尽量避让原则;突出重点、工程为主的原则;统筹兼顾、综合治理的原则。

b. 设计要求

(1)可行性研究阶段。

①调查评价泥石流的危险性,分析泥石流易发区,提出主体工程设计的水土保持建议及主要泥石流的预防措施。

②初步确定影响工程建设的泥石流区域,以及泥石流防治方案的比选分析。

③初步拟定防治工程形式、规模、布局及建设条件,计算工程量和投资。

④对泥石流危害严重,又无法避让的,应提出专题论证的方案。

(2)初步设计阶段。

①进一步勘测、复核泥石流防治方案,确定防治任务、规模。

②确定泥石流防治工程形式、位置、结构、断面和基础设计等。

3)泥石流防治工程设计

a. 泥石流形成区(含径流形成区)防治工程

泥石流形成区的防治工程包括坡耕地治理、荒坡荒地治理、小型蓄排、沟头防护、谷坊、淤地坝、沟底防冲、护坡等工程。

b. 泥石流过流区的防治工程

(1)格栅坝。

在沟中用混凝土、钢筋混凝土或浆砌石修筑重力坝,其过水部分,用钢材或其他建筑材料做成格栅,拦截泥石流中的巨石与大漂砾而使其余泥水下泄,减小石砾冲撞,格栅坝上的过流格栅有梁式、耙式、齿状等多种形式。

①梁式坝

在重力坝中部做溢流口,口上用钢材做横梁,形成格栅,梁的间隔应能上下调整,以便根据坝后淤积和泥石流活动情况及时将梁的间隔放大或缩小。

筛分率 e 按下式计算:

$$e = \frac{V_1}{V_2}$$

式中 V_1——一次泥石流过程中库内的泥沙滞留量,m^3;

V_2——通过坝体下泄的泥沙量,m^3。

②耙式坝。

坝和溢流口做法与梁式坝相同。不同的是,在溢流口处用钢材做成耙式竖梁,形成格栅。

筛分率 e 计算与梁式坝相同。

③齿状坝。

将重力坝的顶部做成齿状溢流口,齿口采用窄深式的三角形、梯形或矩形断面。

(2)桩林。

在泥石流间歇发生、暴雨频率较低的沟道中下游,在沟中用型钢、钢管桩或钢筋混凝土桩,横断沟道成排地打桩,形成桩林,拦截泥石流中粗大石砾和其他固体物质,削弱其破坏力。

(3)拦沙坝。

拦沙坝用来与栅格坝、桩林相配合,拦蓄经筛滤后的砂砾与洪水,巩固沟床,稳定沟坡,减轻对下游的危害。

c.泥石流堆积区防治工程

(1)停淤工程。

根据不同的地形条件,选择修建侧向停淤场、正向停淤场或凹地停淤场,将泥石流拦阻于保护区外;同时,减少泥石流的下泄量,减轻排导工程的压力。

①侧向停淤工程。当堆积扇和低阶地面较宽、纵坡较缓时,将堆积扇径向垄岗或宽谷一侧的山麓做成侧向围堤,在泥石流前进方向构成半封闭的侧向停淤场,将泥石流控制在预定的范围内停淤。

②正向停淤场。当泥石流出沟处前方有公路或其他需保护的建筑物时,在泥石流堆积扇的扇腰处,垂直于流向修建正向停淤场。

③凹地停淤场。在泥石流活跃、沿主河一侧堆积扇有扇间凹地的,修建凹地停淤场。

(2)排导工程。

在需要排泄泥石流或控制泥石流走向和堆积的地方,修建排导工程。根据不同条件分别采用排导槽或渡槽等形式。

①排导槽。主要修建在泥石流的堆积扇或堆积阶地上,使泥石流按一定路线排泄。

②渡槽。在铁路、公路、水渠、管道或其他线形设施与泥石流的过流区或堆积区交叉处,需修建渡槽,使泥石流从渡槽通过,避免对建筑物造成危害。

8.2.1.6 降水蓄渗工程设计

降水蓄渗工程是指针对建设屋顶、地面铺装、道路、广场等硬化地面导致区域内径流量增加,所采取的雨水就地收集、入渗、贮存、利用等措施。

8.2.1.6.1 降水蓄渗工程的设计原则

(1)对于因开发建设项目建设和生产运行引起的坡面漫流及河槽汇流增大等问题,采取降水蓄渗措施,如渗水方砖、框格种草、集雨工程等,并与其他工程相结合,形成完整的防御体系,有效防止径流损失,并对雨水加以利用。

(2)硬化面积宜限制在项目区空闲地总面积的1/3以下,地面和人行道路的硬化结构宜采用透水形式。

(3)应恢复并增加项目区林草植被覆盖率、植被恢复面积,以达到项目区空闲地总面积的2/3以上。

8.2.1.6.2 降水蓄渗工程的设计要求

1)可行性研究阶段

(1)结合工程总体布置,进行相应水文计算,初步确定硬化面积、入渗产流数等,收集资料,对项目区及周边降水来水情况进行调查,计算径流损失量及可能的集水量。

(2)进行降水蓄渗工程的总体规划,初步确定工程总体布置。

(3)对不同型式的降水蓄渗工程进行分类典型设计,初步确定断面尺寸,计算工程量。

2)初步设计阶段

(1)根据雨水集蓄利用有关规范,复核调整总体布置及水文计算。

(2)确定各种不同型式的降水蓄渗工程位置,查明地质条件,确定断面尺寸及基础处理方式，做出施工组织设计。

8.2.1.6.3　雨水集蓄利用方式

对产生径流的坡面，应根据地形条件，采取水平阶、窄条梯田、鱼鳞坑等蓄水工程；对径流汇的坡面，应根据地形条件，采取水窖、涝池、蓄水池、沉沙池等径流拦蓄工程；项目区位于干旱、半干旱地区及西南石质山部分地区，应结合项目工程供水排水系统，布置专用于植被绿化的引水蓄水、灌溉工程。降水渗蓄利用工程总体上讲就是两种方式，一是就地入渗，二是贮存利用。

8.2.1.6.4　雨水集蓄利用工程

1）工程规模的确定

a. 集流面面积确定

一种用途雨水集蓄利用工程的集流面面积按下式计算：

$$\sum_{i=1}^{n} S_i k_i \geqslant \frac{1\ 000W}{P_P}$$

式中　W——一种用途的年供水量，m^3；

S_i——第 i 种材料的集流面面积，m^2；

P_P——保证率为 P 时的年降水量，mm；

k_i——第 i 种材料的年集流效率（%）；

n——材料种类数。

几种用途雨水集蓄利用工程的集流面总面积按下式计算：

$$S_i = \sum_{j}^{m} S_{ij}$$

式中　S_i——第 i 种材料集流面总面积，m^2。

S_{ij}——第 j 种用途第 i 种材料的集流面面积，m^2。

b. 蓄水工程容积的确定

蓄水工程容积可按下式计算：

$$V = \frac{KW}{1-\alpha}$$

式中　V——蓄水工程容积，m^3；

W——全年供水量，m^3；

α——蓄水工程蒸发、渗漏损失系数，取 0.05～0.1；

K——容积系数，半干旱地区灌溉供水工程可取 0.6～0.9，湿润、半湿润地区可取 0.25～0.4。

2）集雨工程设计

a. 集流工程

（1）集流工程应由集流面、汇流沟和输水渠组成。当集流面较宽时，宜修建截流沟拦截降雨径流并引入汇流沟。

（2）屋顶集流面可采用接水槽或在屋檐下的地面上修建汇流沟汇流。利用道路、广场等硬化地面作为集流面时，均应修建汇流沟。汇流沟可采用混凝土现浇或预制、块（片）石、砖衬砌的矩形、U 形渠或土渠。汇流沟的纵向坡度应根据地形确定，衬砌渠（沟）一般不宜小于1/300,土渠(沟)不宜小于1/500,断面尺寸应按汇流量确定。

b.蓄水工程

参见小型排蓄引水工程设计有关内容。

8.2.1.6.5 降水渗透利用工程

1)渗水管

渗水管是多孔管材,雨水通过埋设于地下的渗水管向四周土壤层渗透,其主要优点是占地面积少,有较好的调蓄能力。缺点是发生堵塞或渗透能力下降时,很难清洗恢复,此外,不能利用土壤表层的净化作用。

2)渗水沟

渗水沟是采用多孔材料或是自然的带植物浅沟。屋顶花园+浅草沟雨水处理系统是典型的雨水渗透处理利用系统。

3)渗水地面

渗水地面分为天然渗水地面和人工渗水地面。前者以绿地为主,其透水性好。

4)渗水洼塘

渗水洼塘即利用天然或人工修筑的池塘或洼地进行雨水渗透,补给地下水。

5)渗水浅井

渗水浅井类似于普通的检查井,但井壁做成透水的。

8.2.1.7 临时防护工程设计

8.2.1.7.1 临时防护工程的适用范围

(1)临时防护工程主要适用于工程项目的基建施工期,为防止项目在建设过程中造成的水土流失而采取的临时性防护措施。

(2)临时防护工程一般布设在项目工程的施工场地及其周边、工程的直接影响区范围。

(3)防护的对象主要是各类施工场地的扰动面、占压区等。

8.2.1.7.2 临时防护工程的类型

(1)临时工程防护措施:主要有挡土墙、护坡、截(排)水沟等几种。

(2)临时植物防护措施:主要有种树、种草或树草结合,或者种植农作物等。

(3)其他临时防护措施:如开挖土方的及时清运、集中堆放、平整、碾压、削坡开级、薄膜覆盖等。

8.2.1.7.3 临时防护工程的适应条件

1)临时工程防护措施

(1)临时挡土(石)工程:一般修建在施工场地的边坡下侧,其他临时性土、石、渣堆放体及地表熟土临时堆放体的周边等。

(2)临时排水设施:可以采用排水沟(渠)、暗涵(洞)、临时土(石)方挖沟等,也可利用抽排水管,一般布置在施工场地的周边。

(3)沉沙池:一般布置在挖泥和运输方便的地方,以利于清淤,其作用主要是沉积施工场地产生的泥沙。

2)临时植物防护措施

(1)种植农作物:对于需要临时防护的地段,能种植农作物者尽量种植,不仅可以降低防护成本,同时也可增加一定收益。

(2)临时种草:主要采取土地整治、播撒草籽的方式进行。

(3)临时植树:主要针对裸露时间较长的地段。

3)其他临时防护措施

(1)表面覆盖:施工中的各类裸露地、开挖的弃土以及弃土石、建筑用砂石料的运输过程中,应采用土工布、塑料布等覆盖。

(2)平整碾压:主要针对临时堆放的弃土弃渣,应对其采取平整碾压措施。

8.2.1.8　**植被恢复与绿化工程设计**

开发建设项目水土保持中的植被恢复与绿化工程包括对弃渣场、取土场、石料场及各类开挖扰动面的林草恢复工程,以及工程本身的各类边坡绿化和生活区、厂区、管理区及施工道路等区域的植被绿化。

8.2.1.8.1　设计要求

1)可行性研究阶段

(1)在调查基础上,初步确定水土保持植被恢复与绿化范围、任务和规模,对主体工程提出植被保护的相关建议。

(2)分析预测植被恢复与建设可能出现的限制因子和需要采取的特殊措施。

(3)结合主体工程设计分区,基本确定植被恢复与绿化的标准,比选论证植被恢复与绿化总体布局方案。

(4)初步确定进行植被恢复与绿化的立地类型划分、树种选择和造林种草的方法,做出典型设计,并计算工程量和投资。

2)初步设计阶段

(1)根据水土保持方案和主体工程可行性研究,调整与复核植被恢复及绿化方案,确定分区绿化功能、标准与要求。

(2)划分植被恢复与绿化的小班,分析评价各小班的立地条件。对特殊立地条件需要人为改良的,提出土壤改良方案。

(3)根据林草工程的设计要素与要求,对每一小班做出具体设计。

8.2.1.8.2　弃渣场、取土场、采石场及公路边坡等造林种草的设计

1)弃渣场植被恢复与绿化要求

a.以弃石为主的渣场植被恢复与绿化设计

在土石山区明挖、隧洞开挖形成的弃渣场,煤炭开采形成的矸石场(山)、铁矿开采形成的排石场、铜矿开采形成的毛石堆等,均以弃石为主。这类渣场需覆土(河泥、风化碎屑)或实施客土措施才能恢复植被。

(1)树(草)种选择:选用有较强的适应能力、易栽植、成活率高,或栽植时期较长、发芽力强且繁殖量大,地上部分生长迅速繁茂,具有固氮和改良土壤能力的品种。

(2)栽植技术:直播适于弃石渣场覆土后的植被恢复,多用于草灌种植,乔木很少用;可采用条播、穴播和撒播的方法。有覆土条件的可覆土后进行植苗造林。

b.以弃土为主的渣场植被恢复与绿化设计

在土层覆盖厚的黄土高原、丘陵、阶地、盆地、平原区,或下伏岩性为强风化层,以土或土状物为主的弃渣场(如黄土高原露天矿山排土场,公路、铁路或水工程开挖形成的弃渣场等),稍作土地整治即可确定土地利用方向,进行植被恢复(有的可直接恢复为耕地)。

(1)树(草)种选择:抗逆性强、耐瘠薄,抗旱、抗病虫害能力强;根系发达、固土能力强,灌草最好有固氮能力。

(2)栽植技术:弃土场边坡绿化,有条件情况下,可采取削缓边坡至28°~35°,挖鱼鳞坑或水平阶整地植树种草,防止水土流失。

2)取土场

平原区取土场不能恢复成农田或鱼塘的,可种植耐水湿的速生树种;山区、丘陵区可根据整治后的立地条件进行林草恢复;取土场植被恢复应与附近的植被和景观等相适应。

a. 树(草)种选择

应选择抗逆性强、病虫害少、易成活和便于管护的树(草)种。周边为农田时,树(草)种不应有与农作物相对的转主寄生病虫害。草种应根据气候特点进行选择,选择适合当地生长的暖季型或冷季型。应优先选择乡土树(草)种,适当考虑经济效益。

b. 林草配置及栽植技术

(1)平(缓)地取土场。

取土前,先将犁底层以上25 cm熟化土集中起来,堆放在取土场旁,取土结束后平整取土场,将表土平铺于表面。

整治后的土地根据其土地质量、生产功能确定林牧业用地,恢复林草植被,栽植技术与常规技术相同。

(2)坡地取土场。

种草护坡:对坡比小于1:1.5,土层较薄的沙质或土质坡面,可采取种草护坡工程。

造林护坡:坡度10°~20°,在南方坡面土层厚15 cm以上,北方坡面土层厚40 cm以上,立地条件较好的地方,采用造林护坡。

综合护坡工程:综合护坡一般指用工程措施作为骨架,然后在骨架内种植灌草植物,常见的有砌石草皮护坡和格状框条护坡,近年来三维植物网的使用非常成功。

3)采石场

(1)40°以下石壁的治理:一般采用直接挂网喷草技术。

(2)40°~70°石壁的治理:一般采用喷混植生技术。

(3)70°以上陡壁的治理:应在石壁上开凿人工植生槽,加填客土,栽植藤本植物,以接力的方式绿化石壁。

8.2.1.8.3 陡坡和裸岩绿化设计

1)一般陡坡的绿化设计

a. 水力喷播

主要适用于湿润、半湿润地区,特别是年降水量大于800 mm的地区,当年降水量达到1 000 mm以上时效果更好。

技术要求:对于岩质坡面,首先应对其进行刷平处理。对于高陡的大型边坡,坡顶要设置截水沟,并设置坡面排水沟,坡脚设排水沟、集水井。喷播施工要按设计比例配合草种、木纤维、保水剂、黏合剂、肥料、染色剂及水的混合物料,通过喷播机均匀喷射于坡面。应在喷射后覆盖无纺布或塑料薄膜,以防被雨水冲刷。

b. 格状框条护坡

适用于我国大部分地区,在降水量极少的干旱地区应有灌溉措施。

适用于泥岩、灰岩、砂岩等岩质路堑边坡，以及土质或沙土质道路边坡、堤坡、坝坡等稳定边坡，边坡比 <1∶1.0。坡度超过 >1∶1.0 时慎用，且开级边坡每级坡高不超过 10 m。

技术要求：用浆砌石在坡面做成网格状。在护坡现场直接浇制宽 20～40 cm、长 12 m 的混凝土或用钢筋混凝土预制构件，修成格式建筑物。固定框格交叉点或在坡面深埋横向框条。在网格内种植草皮。

c. 植生带绿化

适用于各类地区，但在干旱、半干旱地区应保证养护用水的持续供给。

技术要求：消除坡面所有石块及其他一切杂物，全面翻耕边坡，并施入有机肥，打碎土块，耧细耙平。准备足够的用于覆盖植生带的细粒土，以沙质壤土为宜。在坡顶及坡底沿边坡走向开挖一矩形沟槽。把植生带自然地平铺在坡面上。将植生带拉直、放平，但不要加外力强拉。植生带上、下两端应置于矩形沟槽，并填土压实。在铺好的植生带上，用筛子将准备好的细粒土均匀地筛于坡面，应及时洒水。第一次洒水一定要浇透，使植生带完全湿润。

2）高陡边坡绿化设计

a. 钢筋混凝土框架内填土植被护坡

适用于各类边坡，但由于造价高，仅在那些浅层稳定性差且难以绿化的高陡岩坡和贫瘠土坡中采用。

技术要求：整平坡面，清除坡面危石。预制埋于横向框架梁中的土工格栅。预埋用做加筋的土工格栅于横向框架梁中。当坡率陡于 1∶0.5 时，须挂三维植被网。采用液压喷播植草，将混有种子、肥料、土壤改良剂等的混合料均匀喷洒在坡面上，覆盖土工膜并及时洒水养护边被，直到植草成坪。

b. 预应力锚索框架地梁植被护坡

适用于边坡坡度大于 1∶0.5（高度不受限制）、稳定性很差的高陡岩石边坡，且无法用锚杆将钢筋混凝土框架地梁固定于坡面的，必须采用预应力铺索加固边坡，同时将钢筋混凝土框架地梁固定到坡体上，然后在框架内植草护坡。

技术要求：施工锚索，浇筑锚索反力座。反力座达到强度后，将锚索张拉到设计值。锚索头应埋入混凝土中。钻锚杆孔，浇筑框架地梁。整平框架内的坡面，视需要填入部分土质。采用厚层基材喷射植被护坡技术，在框架内喷射种植基和混合草种，根据工程情况和当地的气候条件选择草种。

c. 预应力锚索植被护坡

适用于浅层稳定性好但深层易失稳的高陡岩土边坡，不必用框架固定浅层，只用地梁即可。

技术要求：开挖并平整坡面，在坡面上定出地梁位置并铺设模板，留出预应力锚索孔的位置，浇筑地梁，待地梁强度达到要求后钻锚索孔，清孔下锚索并给锚孔注浆，待浆体强度达到设计要求后按一根地梁上的锚索数量和设计的张拉工序张拉锚索到设计吨位。采用液压喷播或厚层基材喷射植被护坡等方法进行护坡。对坡面植被进行养护直到长出茂盛的植被。

8.2.1.8.4　园林式林草种植工程

1）园林植树（乔灌）方法

a. 孤植

基本要求：单株树木孤植，要求发挥树木的个体美，作为园林构图中的主景，也可将数株同一树种密集种植为一个单元，效果与一株孤植大树相似。

孤植位置：孤植树木的四周应留出最适宜的观赏视距，一般配置在大草坪及空地中央，地势开阔的水边、高地、庭园中、山石旁，或用于道路与小河的弯曲转折处。

孤植树种：孤植树木宜选用树体高大、姿态优美、轮廓富于变化、花果繁茂、色彩艳丽的树种，如雪松、云杉、银杏、香樟、七叶树及国槐等。

b. 对植

基本要求：采用同一树种的树木，垂直于主景几何中轴线作对称（对应）栽植。

对植位置：常用于大门入口处或桥头等地。

对植的灵活处理：自然式园林布局，可采用非对称种植，即允许树木大小、姿态有所差异，与中轴线距离不等，但须左右均衡，如左侧为一株大树，则右侧可为两株小树。

c. 丛植

基本要求：将2～3株至十几株乔木加上若干灌木栽植在一起，以表现群体美，同时表现树丛中的个体美。

丛植树种：以庇荫为主时，树种全由乔木组成，树下配置自然山石、座椅等供人休憩。以观赏为主时，用乔木和灌木混交，中心配置具独特价值的观赏树。

d. 群植

基本要求：将20～30株或更多的乔、灌木栽植于一处，组成一种封闭式群体，以突出群体美。林冠部分与林缘部分的树木，应分别表现为树冠美与林缘美。群植的配置应具长期的稳定性。

群植位置：主要布置在有足够视距的开阔地段，或在道路交叉角上。也可作为隐蔽、境界林种植。

e. 带植

基本要求：布设成带状树群，要求林冠线有高低起伏，林缘线有曲折变化。

带植位置：布设于园林中不同区域的分界处，划分园林空间，也可作为河流与园路林道两侧的配景。

带植树种：用乔木、亚乔木、大小灌木以及多年生花卉组成纯林或混交林。

f. 风景林

结合游览休憩活动的风景林，其疏密配合应恰当，疏林下或林中空地，可结合布置草或园林小品等。适当配置林间小路，使其构成幽美环境。

应注意树种的组成及其色彩、形态的配合，对周围景物、地形变化，包括近景、远景等都应综合考虑，加以调节和利用，以充分发挥森林风景的效果。

g. 绿篱

基本要求：用灌木等紧密栽植的围篱或围墙，起间隔空间、遮蔽、防尘、减少噪声等作用。

树种要求：建造绿篱应选用萌蘖力和再生力强：分枝多、耐修剪、叶片小而稠密、易繁殖、生长较慢的树种。

2）园林花卉建植

（1）在广场中心、道路交叉处、建筑物入口处及其四周，可设花坛或花台。

（2）在墙基、斜坡、台阶两旁、建筑物和道路两侧，可设置花境。

（3）对一些需装饰的地物或墙壁可用凌霄等观赏为主的攀缘植物覆盖，建成花墙。

3）园林草坪建植

较大面积的草坪布设应与周围园林环境有机结合，形成旷达疏朗的园林环境，同时还应利用地貌的起伏变化，创造出不同的竖向空间境域。草坪的地面坡度应小于土壤的自然稳定角（一般为30°），如超过则应采取护坡工程。

铺设草坪的草种，应具有耐践踏、耐修剪、抗旱力较强等特性。北方地区还应重视草种的耐寒性。

根据不同草种的特点，分别采取铺草皮和播草籽等不同的种植方式。

8.2.2 案例分析

【案例1】 某工程为建设类线型工程项目，所在地区为丘陵区，多年平均年降水量560.2 mm，土壤侵蚀强度属轻度侵蚀，属于国家级重点治理区。

（1）确定本工程的水土流失防治目标土壤流失控制比为______。

A. 0.8　　B. 1.0　　C. 0.7　　D. 0.5

（2）确定本工程的水土流失防治目标拦渣率为______。

A. 95%　　B. 90%　　C. 85%　　D. 98%

答案：（1）B　（2）B

考点：水土流失防治目标标准值的确定。

解：该工程为建设类项目，所在地属于国家级重点治理区。因此，水土流失防治标准执行建设类一级标准。因土壤侵蚀强度属轻度侵蚀，根据《开发建设项目水土流失防治标准》（GB 50434—2008）的规定，以及多年平均降水量、土壤侵蚀强度、地形地貌因子等调整防治指标计算，其结果见表8-5。

表8-5　水土流失防治目标

序号	防治指标	标准值	修正因子			调整后指标取值
			多年平均降雨量	土壤侵蚀强度	地形地貌	
1	扰动土地整治率（%）	95				95
2	水土流失总治理度（%）	95				95
3	土壤流失控制比	0.8		+0.2		1
4	拦渣率（%）	95			−5	90
5	林草植被恢复率（%）	97				97
6	林草覆盖率（%）	25				25

【案例2】 某大型水利枢纽工程由枢纽区（包括主体工程区、弃渣场、施工生产生活区、施工道路区、料场等）组成，此外，涉及水库淹没区、移民安置区、交通设施迁（改）建区、城镇防护工程区、耕地防护工程区、水库坍岸区、施工道路影响区等。

将该水利枢纽的水土流失进行防治分区，划分一级分区和二级分区分别为______。

A. 1个和2个　　B. 1个和7个　　C. 2个和7个　　D. 7个和8个

答案：C

考点：水土流失防治分区范围的界定原则。

解:鉴于该项目为大型水利工程,故在水土流失防治分区时按三级划分:一级分区 2 个,为项目建设区和直接影响区;二级分区 7 个,三级分区 8 个,详细内容见表 8-6。

表 8-6　水土流失防治分区

一级分区	二级分区	三级分区
项目建设区	枢纽工程区	主体工程区
		弃渣场区
		料场区
		施工生产生活区
		施工道路区
		明渠区
	水库淹没区	
	移民安置区	
	交通设施迁(改)建区	
	防护工程区	城镇防护工程
		耕地防护工程
直接影响区	水库坍岸区	
	施工道路影响区	

【案例 3】　假定某重力式拦渣墙地基基础满足墙基应力的要求,拦渣墙断面顶宽 1 m,底宽 3 m,高 5 m。墙后弃渣容重为 1.32 t/m³,弃渣高度 5 m,弃渣的内摩擦角 24°。

(1)该挡渣墙的弃渣压力为______t/m。

A. 7.0　　B. 14.0　　C. 0.14　　D. 2.5

(2)若经计算墙背倾斜角度为 68.2°,墙摩擦角取 0°,基底摩擦系数取 0.4,则该挡渣墙抗滑稳定计算结果是______。

A. 2.2,抗滑稳定性满足要求　　B. 2.2,抗滑稳定性不满足要求

C. 1.2,抗滑稳定性满足要求　　D. 1.2,抗滑稳定性不满足要求

答案:(1)A　(2)A

考点:拦渣墙受力分析和抗滑稳定计算。

解:(1)利用主动土压力公式计算:

$$P = \gamma_c H^2 \tan^2(45° - \varphi/2) b/2$$

式中　P——弃渣压力;

γ_c——弃渣容重;

H——弃渣高度;

φ——内摩擦角;

b——单位长度。

弃渣压力 $= 1.32 \times 5^2 \times \tan^2[(45° - 24°/2) \times 3.141\,6/180] \times 1/2 = 6.96$(t/m)

(2)抗滑稳定计算应满足以下关系：

$$K_i = \frac{(W + P_{ay})\mu}{P_{ax}} \geqslant K_S$$

式中 K_i——抗滑安全系数；

K_S——最小抗滑安全系数，要求 $K_S \geqslant 1.3$；

P_{ax}——主动渣压力的水平分力，$P_{ax} = P_a\cos(\delta + \varepsilon)$；其中，$\varepsilon$ 为墙背倾斜角度，δ 为墙摩擦角；

P_{ay}——主动渣压力的垂直分力，$P_{ay} = P_a\sin(\delta + \varepsilon)$；

μ——基底摩擦系数。

$$K_i = \frac{(1 + 3) \times 5/2 \times 1 \times 1.32 + 6.96 \times \cos[(0 + 68.2) \times 3.1416/180] \times 0.4}{6.96 \times \sin[(0 + 68.2) \times 3.1416/180)]}$$

$$= 2.203 > K_S = 1.3$$

故该挡土墙抗滑稳定性满足要求。

【案例4】 某拦矸坝上游流域面积0.64 km^2，黄土覆盖较厚，经土工试验，库区内土质能够满足筑坝要求。该小流域主要由南、北两条毛沟组成，南沟较小。流域总体上属黄土丘陵地貌，最大相对高差244.5 m，年侵蚀模数4 000 t/(km^2·a)，多年平均24 h降雨量88 mm，现状坡面治理措施的年平均拦沙率0.8。施工期弃矸(非汛期)20万 m^3。

综合考虑主体工程与水土保持的要求，确定采用洪水标准如下：设计洪水频率，$P_{设}$ = 5%；校核洪水频率，$P_{校}$ = 2%；主要建筑物级别为5级；设计淤积年限10年。

假定滞洪库容为3万 m^3，坝高库容数据见表8-7，计算该拦矸坝的坝高为________。

表8-7 坝高库容数据

坝高 (m)	库容 (万 m^3)	坝高 (m)	库容 (万 m^3)	坝高 (m)	库容 (万 m^3)
5	1.3	8	12	15	22
6	3	10	17	17	24
7	6	12	20	20	28

A. 17.8　　B. 19.3　　C. 24.9　　D. 34.3

答案：B

考点：坝高设计的相关计算。

解：综合考虑主体工程拦矸、防洪及水土保持等要求，采用下式确定拦矸坝高。

$$H = h_{拦矸} + h_{拦泥} + h_{滞洪} + h_{安全}$$

式中 $h_{拦矸}$——拦矸坝高，m；

$h_{拦泥}$——拦泥坝高，m；

$h_{滞洪}$——滞洪坝高，m；

$h_{安全}$——安全超高，m。

拦矸坝高($h_{拦矸}$)：施工期弃矸(非汛期)20万 m^3，查库容曲线，相应坝高为12 m。

拦泥坝高($h_{拦泥}$)：拦泥库容采用下式计算：

$$V_S = K_S SFN$$

式中 V_S——拦泥库容,m^3;

S——年平均侵蚀模数,m^3/km^2,取4 000 m^3/km^2;

K_S——坡面治理措施年平均拦沙率,取0.8;

F——拦渣坝控制流域面积,km^2,取0.64 km^2;

N——淤积年限,取10年。

则 $V_S = 0.8 \times 4\,000 \times 0.64 \times 10 = 2.0$(万 m^3),即10年共来沙量2.0万 m^3。加弃矸容积为22.0万 m^3,查库容曲线并计算,相对应的坝高为15 m。对应的 $h_{拦泥}$ 为3.0 m。

滞洪坝高($h_{滞洪}$):已知滞洪库容 $W_{2\%}$ =3万 m^3,加弃矸、拦泥容积为25.0万 m^3,查库容曲线并计算,相对应的坝高为17.80 m。相应 $h_{滞洪}$ 为2.80 m。

安全超高($h_{安全}$):坝高为10~20 m,查规范取1.5 m作为安全超高,即 $h_{安全}$ =1.5 m。

总坝高(H):总坝高 H =12.00+3.0+2.80+1.50=19.30(m),总库容为27.0万 m^3。

【案例5】 某项目在开发建设中,拟建立2座料场,由于受到地形条件所限,1#料场设计开挖边坡放坡1:1,边坡高度8m;2#料场设计边坡放坡1:1.15,边坡高度13 m,边坡均为土质边坡,确定1#、2#两座渣场边坡的防护类型为________。

A. 直线型的削坡开级斜坡防护、折线型的削坡开级斜坡防护

B. 折线型的削坡开级斜坡防护、直线型的削坡开级斜坡防护

C. 直线型的削坡开级斜坡防护、阶梯型的削坡开级斜坡防护

D. 阶梯型的削坡开级斜坡防护、折线型的削坡开级斜坡防护

答案:A

考点:斜坡防护的类型及适应条件。

解:掌握防护工程的适用范围和类型。

1#渣场边坡高度大于4 m、坡度大于1:1.5,应采取削坡开级工程。又由于高度小于12 m,可采用直线型的削坡开级斜坡防护;2#渣场高度大于12 m,可采用折线型的削坡开级斜坡防护。

【案例6】 某水土保持工程需要规划一排洪渠,长度为3 500 m,线型较为顺直。经调查该排洪渠上游汇水面积为25 km^2,该地区的径流系数可取0.54,平均1 h降雨强度为5 mm/h,排洪渠的坡降为0.01,暂不考虑洪水的泥沙量,该排洪渠的洪峰流量为________ m^3/s。

A. 18.8　　B. 67.5　　C. 0.19　　D. 4.7

答案:A

考点:排洪工程的洪峰流量计算。

解:要掌握洪峰流量计算的公式。

$$Q_B = 0.278kiF$$

式中 Q_B——最大清水流量,m^3/s;

k——径流系数;

i——平均1 h降雨强度,mm/h;

F——山坡集水面积,km^2。

洪峰流量 $=0.278\times0.54\times5\times25=18.765(m^3/s)$

【案例7】 某水土保持工程需要规划一排洪渠，顶宽26 m，底宽10 m，渠深4 m，设计流速为2.5 m/s，设计水深3.5 m。中间由于地形所限需要有弯道，计算排洪渠转弯处的最小转弯半径为________ m。

A. 50　　B. 65　　C. 325　　D. 265

答案：C

考点：排洪工程河道转弯半径的计算。

解：要掌握相关计算的公式。

$$R_{min} = 1.1v^2A^{1/2} + 12$$

式中 R_{min}——最小容许半径，m；

v——渠道中水流流速，m/s；

A——渠道过水断面面积，m^2。

最小容许半径 $=1.1\times2.5^3\times[(10+10+2\times3.5\times8/4)\times3.5/2]^{1/2}+12=65(m)$

设计最小转弯半径不得小于最小容许半径及渠底宽度的5倍，即 $5\times65=325(m)$。

【案例8】 某流域泥石流过流区修建了一个梁式坝，修建后当年就发生了一场泥石流，经测算该次泥石流过程库内的泥沙滞留量为500 m^3，通过坝体下泄的泥沙量为1 500 m^3。该梁式坝的筛分率为________。

A. 0.33　　B. 3.0　　C. 0.25　　D. 4.0

答案：A

考点：梁式坝筛分率的计算方法。

解：筛分率　　$e = V_1/V_2$

式中 V_1——一次泥石流过程中库内的泥沙滞留量，m^3；

V_2——通过坝体下泄的泥沙量，m^3。

则：$e=500/1\,500=0.33$

【案例9】 某流域位于半干旱地区，计划修建一个蓄水池用于灌溉，全年拟供水量2 000 m^3，蓄水池蒸发和渗漏损失系数为0.075，容积系数为0.8。计划修建的蓄水池的容积为________ m^3。

A. 1 730　　B. 1 600　　C. 2 160　　D. 1 480

答案：A

考点：确定蓄水工程容积的方法。

解：蓄水工程容积

$$V = \frac{KW}{1-\alpha}$$

式中 V——蓄水容积，m^3；

W——全年供水量，m^3；

α——蓄水工程蒸发、渗漏损失系数；

K——容积系数。

$V=(0.8\times2\,000)/(1-0.075)$

$=1\,730(m^3)$

【案例10】 项目属于辽东剥蚀低山—丘陵区，年平均降水量为1 000～1 200 mm，是东北地区降雨和暴雨中心。施工交通、上下水库的两岸坝头、上下水库的进出水口、地下厂房的交通洞通风洞和施工支洞洞脸，以及地面开关站、施工变电所、通风竖井等地面建筑物基础开挖、填筑等施工形成大量的高陡岩坡、土石质填方边坡，为重塑区域的生态系统，拟对施工引起的裸露边坡采取绿化设计，可采取的措施有________。

A. 格状框条护坡　　B. 三维植物网

C. 厚层基质喷附护坡　　D. 薄覆盖种植

答案：ABC

考点：陡坡和裸岩绿化设计。

解：陡坡和裸岩绿化可采用砌石草皮护坡、格状框条护坡、三维植物网、厚层基质喷附护坡等。其中砌石草皮护坡适宜在边坡比或风化程度不一致的坡面，在下部1/2～2/3坡面采用浆砌石，上部坡面植草；格状框条护坡适宜在路旁或人口聚集地的土质或强风化坡面；三维植物网适宜边坡比≤1∶1的土、石质填方边坡及路堑土质边坡；厚层基质喷附护坡适应于高陡岩坡、路堑边坡、石质填方边坡，在边坡比为1∶0.75的高陡岩坡上可以使用。

8.3　复习题

8.3.1　水土保持工程设计内容与要求

1）单项选择题

（1）根据工程项目建设、生产的征占用地情况，扰动地表面积及产生的水土流失危害等，确定建设单位的水土流失防治责任范围，在此范围内的水土流失防治应由________负责。

A. 建设单位　　B. 生产单位

C. 建设单位或生产单位　　D. 建设单位和生产单位

（2）基建期水土保持工程投资列入项目建设总投资中，运行期水土流失防治费应从________中支出。

A. 生产经费　　B. 生产运行经费　　C. 运行经费　　D. 项目建设总投资

（3）开发建设项目水土保持工程设计应强化水土保持方案的约束功能，对主体工程设计提出水土保持要求，特别应与施工组织设计紧密结合，注重施工期________，努力减少工程建设可能导致的水土流失。

A. 工程措施　　B. 植物措施

C. 临时防护措施　　D. 工程措施、植物措施和临时防护措施

（4）开发建设项目水土保持设计应以________为原则，结合项目区实际合理选择植物品种，乔灌草相结合，做好植物措施设计，将水土流失防治和项目区的生态环境恢复、改善结合起来，以此约束主体工程设计。

A. 植物措施优先　　B. 临时措施优先　　C. 生态环境改善　　D. 生态效益优先

（5）在工程项目建议书和可行性研究阶段，特别是在可行性研究阶段，全面、客观、细致地对主体工程设计进行水土保持评价是做好水土保持设计的基础，体现了水土保持设计的________原则。

A. 预防优先　　B. "三同时"

C. 与主体工程相一致　　D. 同步设计

(6)经主体工程水土保持分析评价，认为有必要增加或减少征占地面积的，应与________充分协商并确认后，对征占地面积和防治责任范围进行相应调整。

A. 移民专业和施工组织设计专业　　B. 主体工程设计

C. 建设单位或生产单位　　D. 建设单位和生产单位

(7)受设计阶段勘测精度影响，可行性研究阶段主体工程选取的土石料场面积一般是根据储量和分布按一定比例扩大而确定的，一般为2～6倍，勘测精度高时为________倍，因此在初设阶段应根据实际情况作进一步复核。

A. 1～2　　B. 1.5～2　　C. 2～3　　D. 1.5～3

(8)直接影响区________，不估列水土流失补偿费，可作为主体工程方案比选分析评价(水土流失影响分析)的重要依据，影响区越大，说明主体工程合理性越差，应进行充分的分析。

A. 可以布设措施　　B. 一般不布设措施

C. 视情况布设措施　　D. 必须布设措施

(9)水土流失预测应以主体工程设计文件为基础，即在主体工程根据有关标准规范进行设计的基本框架和________的情况下进行。

A. 采取了水土保持措施　　B. 采取了适当的水土保持措施

C. 采取了常规措施　　D. 不采取水土保持措施

(10)新增水土流失量预测应分区分时段进行，预测分区(预测单元)应根据原地貌水土流失状况、工程施工特点和扰动程度、可能产生的水土流失类型进行划分，宜与________基本保持一致。

A. 水土流失防治分区

B. 水土保持监测分区

C. 水土流失防治分区和水土保持监测分区

D. 水土流失防治责任范围

(11)弃土弃渣的流失量预测不宜采用流弃比的方法预测。应以主体工程设计为基础，根据弃土弃渣的堆置形式、形态、断面、坡度及周边来水等情况，分不同坡度(包括平台和斜坡)，通过实测和专家判估相结合等方法获得相应的土壤流失模数，并按________分类计算流失量。

A. 坡面面积　　B. 垂直投影面积

C. 坡面面积和投影面积　　D. 坡面面积或投影面积

(12)水土保持工程量计算一般分为两类：一是进行________，工程量相对准确；二是采取典型设计推求工程量，精度相对差一些。前者适用于点式中小工程，后者适用于线形工程或大型点式工程。

A. 逐个设计　　B. 精确设计　　C. 全面设计　　D. 分类设计

(13)施工进度安排应充分考虑保护优先、先挡后弃的原则，一般宜先工程防护后植被恢复，工程措施施工应尽量避开集中降水时段，植物措施施工应安排在林草种植适宜时段。水土保持措施施工进度安排应与主体工程进度安排一致。

A. 完全一致　　B. 相对应　　C. 相协调　　D. 保持先后次序

(14)监测技术和方法应在划分________的基础上，布设监测点，确定监测内容、方法和频次。

A. 监测分区　　B. 监测范围　　C. 监测单元　　D. 监测原则

(15)水土保持工程量计算应根据《水利水电工程设计工程量计算规定》，按相应的阶段系数进行调整。对于植物措施工程量的调整系数，建议项目建议书阶段采用________，可行性研究阶段采用1.05。

A. 1.15　　B. 1.10　　C. 1.08　　D. 1.06

2)多项选择题

(1)开发建设项日水土保持设施必须与主体工程________。水土保持设计文件阶段划分和设计深度与主体工程保持一致。

A. 同时设计　　B. 同时施工　　C. 同时竣工验收　　D. 同时投产使用

(2)对主体工程选线、选址、总体布局、施工工艺、土石料场选址、弃渣场选址、占地类型及面积等方面，从________等方面进行水土保持影响及其范围分析，评价主体工程建设是否存在水土保持制约因素，从水土保持角度提出方案推荐意见。

A. 扰动面积　　B. 土石方量与土石方平衡

C. 损坏植被面积　　D. 水土流失量及其危害

(3)渣场布设选址应与施工组织设计专业协调，从________等方面综合分析比选确定。

A. 弃渣组成和弃渣量　　B. 渣场占地面积和类型

C. 防洪安全　　D. 弃渣运距和弃渣道路建设

(4)对主体工程的综合分析结论、意见与建议主要包括以下几个方面：________。

A. 主体工程方案比选的总体分析结论，主要是制约性因素的分析结论及对推荐方案的意见

B. 弃渣场和取料场布设及调整方案、要求、意见与建议

C. 主体施工组织设计优化的建议

D. 主体工程水土保持措施补充完善的意见、措施和建议

(5)项目建设区包括工程的永久征地、临时占地及租赁土地等建设征占地面积。水利水电工程水库________等均属于项目建设区范围，但移民工程在竣工验收移交地方后，不属于工程运行期的防治责任范围。

A. 死水位以下的淹没区　　B. 正常蓄水位以下的淹没区

C. 移民安置区　　D. 工业移民的开发项目占地

(6)根据项目区所处区域"三区划分"情况，结合自然条件、水土流失背景、区域水土保持规划、生态环境、生态保护和水源保护等确定宏观的水土流失防治目标及相应的定量指标，这些定量指标既是水土保持工程设计的控制性指标，也是竣工达标验收的指标，主要有以下几项：________。

A. 水土流失治理度和扰动土地整治率　B. 土壤流失控制率

C. 拦渣率　　D. 植被恢复系数和林草覆盖率

(7)水土流失防治措施体系包括________四大防治体系，此外还有水蚀风蚀交错区的防治体系以及其他防治体系。在同一个开发建设项目中各类防治措施体系可能交叉存在，应根据水土流失类型分区确定相应的措施体系。

A. 水力侵蚀　　B. 风力侵蚀　　C. 重力侵蚀　　D. 泥石流

(8)水土保持工程的施工组织设计包括________等。可参照水利工程施工组织设计规范执行。

A. 砂石料和苗木种子来源　　B. 水源

C. 各类工程施工技术与质量要求　　D. 施工进度

参考答案

1)单项选择题

(1)C　(2)B　(3)C　(4)D　(5)A　(6)A　(7)C　(8)B

(9)D　(10)C　(11)B　(12)C　(13)C　(14)C　(15)B

2)多项选择题

(1)ABD　(2)ABCD　(3)ABCD　(4)ABCD　(5)BC　(6)ABCD

(7)ABCD　(8)ABCD

8.3.2　拦渣工程

1)单项选择题

(1)若拦渣坝上游有较大洪水,弃渣分散在沟道内,可建________,布置按溢流坝形式布置。

A. 拦渣墙　　B. 拦渣堤　　C. 拦渣围堰　　D. 溢流拦渣坝

(2)上游来洪量很大,可在上游先建________,下游再建拦渣坝。

A. 拦渣坝　　B. 拦洪坝　　C. 放水建筑物　　D. 排水廊道

(3)拦渣坝放水建筑物根据不同条件,可采取________放水工程。

A. 陡坡式　　B. 卧管式或竖井式

C. 明渠式　　D. 排水沟渠

(4)溢洪道根据不同条件,可采取________溢洪道。

A. 排水沟渠　　B. 陡坡式

C. 陡坡式或明渠式　　D. 排水廊道

(5)重力式拦渣墙高度一般不超过8 m,拦渣墙高度6 m左右可采用悬臂式,拦渣墙高度6~10 m一般采用________。

A. 重力式　　B. 半重力式　　C. 扶壁式　　D. 板桩式

(6)重力式拦渣墙最小高度一般为________左右,断面尺寸用试算法确定,即先根据经验初步拟定尺寸,进行抗滑、抗倾覆和地基承载力的稳定验算,由此确定其合理尺寸。

A. 2 m　　B. 3 m　　C. 4 m　　D. 5 m

(7)重力式拦渣墙必须对抗滑、抗倾覆和地基承载力进行稳定性分析,其安全系数可分别采用________。设计中应结合拦渣墙形式、材料,参照有关设计规范选定。

A. 1.3、1.4 和 1.2　　B. 1.2、1.3 和 1.4

C. 1.3、1.3 和 1.5　　D. 1.3、1.5 和 1.2

(8)某拦渣墙墙后弃渣密度为1.32 t/m^3,弃渣高度6 m,弃渣的内摩擦角24°,则坝前的弃渣压力为________。

A. 5 t　　B. 8 t　　C. 10 t　　D. 15 t

(9)某拦渣墙墙后弃渣密度为2.2 t/m^3,弃渣高度3 m,弃渣的内摩擦角21°,则坝前的弃渣压力为________。

A. 1.676 t　　B. 2.676 t　　C. 3.676 t　　D. 4.676 t

(10)软基墙基最大应力σ_{max}与最小应力σ_{min}之比,对于松软地基应不超过________;对于中等坚硬、紧密的地基则应不超过2.0~3.0。

A. 1.2~1.5　　B. 1.5~2.0　　C. 1.5~2.5　　D. 2.5~3.5

(11)拦渣堤堤顶应向一侧或两侧倾斜,坡度采用________。

A. 2%~5%　　B. 2%~3%　　C. 3%~5%　　D. 5%左右

(12)堤坡根据拦渣堤的等级、堤身结构、堤基、筑堤材料、堤高、护坡形式、施工方法及运用条件,经稳定分析后确定。土堤常用的坡度为________。

A. 1:2.0~1:3.0　　B. 1:2.0~1:4.0　　C. 1:2.5~1:3.0　　D. 1:2.5~1:4.0

(13)土堤的戗台根据堤身结构、防渗、交通等需要设置,具体尺寸经稳定分析后确定。堤高超过________时,可设置2~3 m的戗台。

A. 6 m　　B. 8 m　　C. 10 m　　D. 12 m

(14)土堤背水坡及临水坡前有较高、较宽滩地或为不经常过水的季节性河流,应优先选用________。

A. 干砌石护坡　　B. 铅丝笼护坡　　C. 草皮护坡　　D. 浆砌石护坡

(15)土质防渗体的断面,一般自上而下逐渐加厚,其顶部最小水平宽度不小于________,且高出设计水位0.5 m以上。

A. 1 m　　B. 1.5 m　　C. 2 m　　D. 2.5 m

(16)弃土、弃石、弃渣等堆放于沟道岸边的,采用________。

A. 坡面拦渣堤　　B. 沟道拦渣堤　　C. 沟岸拦渣堤　　D. 陡坡拦渣堤

(17)弃土、弃石、弃渣等堆放于河滩及河岸的,采用________。

A. 坡面拦渣堤　　B. 陡坡拦渣堤　　C. 沟道拦渣堤　　D. 河岸拦渣堤

(18)当有足够筑堤土料时,应优先采用均质土堤,土料不足时,也可采用土石混合堤;非均质土堤可分别采用斜墙式、心墙式和混合形式;在地质条件、石料储备及工程的重要性等条件具备时,应考虑建造________。

A. 浆砌石拦渣堤　　B. 土石混合堤　　C. 斜墙式拦渣堤　　D. 心墙式拦渣堤

(19)拦渣堤设计应同时满足________功能。

A. 拦渣和稳定　　B. 稳定和安全　　C. 防洪和拦渣　　D. 排水和安全

2)多项选择题

(1)拦渣工程是为专门存放开发建设项目在基建施工和生产运行中产生的大量弃土、弃渣、尾矿(沙)和其他废弃固体物而修建的水土保持工程。主要包括________等。

A. 拦渣坝　　B. 拦渣墙

C. 拦渣堤　　D. 拦渣围堰及尾矿(沙)坝

(2)若拦渣坝上游来洪量大,弃渣集中且为一次性弃渣,可按________形式布置。

A. 拦渣坝　　B. 放水建筑物　　C. 溢洪道　　D. 排水廊道

(3)上游来水量不大时,可采用________两大建筑物形式布置,放水建筑物可采用竖井与箱涵(管道),将上游洪水排至坝下。

A. 拦渣坝　　B. 排水廊道　　C. 放水建筑物　　D. 排水沟渠

(4)拦渣坝按排洪形式可分为溢流坝和非溢流坝;按筑坝材料分为________等。应根据坝址区地形地质条件、水文条件、施工条件及运行条件,结合弃土、弃石、弃渣、尾矿等排弃物的岩性,综合分析确定拦渣坝的坝型。

A. 土坝　　B. 石坝　　C. 土石混合坝　　D. 浆砌石坝

(5)拦渣坝总库容由________组成。坝顶高程为总库容在水位与库容曲线上对应的高程,加上安全超高之和。

A. 死库容　　B. 拦渣库容　　C. 拦泥库容　　D. 滞洪库容

(6)拦渣坝一般坝高超过 5 m,原则上需进行________。

A. 基础设计　　B. 典型设计　　C. 具体设计　　D. 结构设计

(7)卧管式放水工程,适于布置在坝上游岸坡基础较好,坡度为 1∶2 ~ 1∶3的地方。设计内容包括________设计,具体技术要求参照淤地坝设计来执行。

A. 卧管　　B. 涵管　　C. 稳定　　D. 消力池

(8)竖井式放水工程,适于布置在土坝上游坝坡上,且坝体基础较好的地方。包括________设计,具体技术要求参照淤地坝设计来执行。

A. 涵管　　B. 竖井　　C. 卧管　　D. 消力井

(9)陡坡式溢洪道适用于坝高 20 m 以上、库容 50 万 m^3 以上的沟中较大坝库。由________组成,具体技术要求参照淤地坝设计执行。

A. 消力池　　B. 进水段　　C. 溢洪道　　D. 陡坡段

(10)拦渣墙的结构形式主要有________等,可根据不同土质、地基及使用条件选用。

A. 重力式和半重力式　　B. 衡重式

C. 悬臂式和扶臂式　　D. 空箱式

(11)抗滑稳定计算若演算结果不满足 $K_S \geqslant 1.3$,则应采取以下措施加以解决:________。

A. 修改拦渣墙的断面尺寸,加大 W

B. 在拦渣墙底面铺砂、石垫层,加大 μ

C. 如在软土地基上,其他方法无效或不经济时,可在墙踵后加筑拖板,利用拖板上的渣重增加抗滑力,拖板与拦渣墙之间用钢筋连接

D. 将拦渣墙底做成逆坡,利用滑动面上部分反力抗滑

(12)抗倾覆稳定计算若不满足 $K > 1.5$ 的要求,则应采取以下措施:________。

A. 将拦渣墙底做成逆坡,利用滑动面上部分反力抗滑

B. 加大 a,可增设前趾,当前趾长度大于厚度时应配钢筋

C. 减小渣压力,墙背做成仰斜,但施工要求较高

D. 在拦渣墙底面铺砂、石垫层,加大 μ

(13)根据拦渣堤修筑的位置不同,可分为________两种类型。

A. 沟岸拦渣堤　　B. 陡坡拦渣堤　　C. 沟道拦渣堤　　D. 河岸拦渣堤

(14)拦渣堤堤顶高程按________确定。

A. 地形条件　　B. 设计洪水位　　C. 安全超高　　D. 风浪爬高

(15)拦渣堤堤顶宽度根据________等要求确定。

A. 防汛　　　　B. 管理　　　　C. 设计　　　　D. 施工

(16)拦渣堤堤顶路面结构根据防汛和管理要求确定，常用的结构形式有________等。

A. 砂石　　　　B. 黏土　　　　C. 混凝土　　　　D. 砖石　　E. 土石混合

(17)尾矿(沙)坝、贮灰坝一般由________两部分组成。

A. 初期坝　　　　B. 筑灰坝　　　　C. 堆积坝　　　　D. 土石坝　E. 土石混合坝

参考答案

1)单项选择题

(1)D　(2)B　(3)B　(4)C　(5)C　(6)B　(7)D　(8)C

(9)D　(10)B　(11)B　(12)D　(13)A　(14)C　(15)A　(16)C

(17)D　(18)A　(19)C

2)多项选择题

(1)ABCD　(2)ABCD　(3)AC　(4)ACD　(5)BCD　(6)AD

(7)ABD　(8)ABD　(9)ABD　(10)ABCD　(11)ABCD　(12)BC

(13)AE　(14)BDE　(15)ABDE　(16)ABC　(17)AC

8.3.3　斜坡防护工程

1)单项选择题

(1)对于________，应采取削坡开级工程。

A. 边坡高度大于 4 m、坡度大于 1:1.5 的

B. 边坡高度大于 12 m、坡度大于 1:1.5 的

C. 边坡高度大于 10 m、坡度大于 1:1.5 的

D. 边坡高度大于 8 m、坡度大于 1:1.5 的

(2)直线形削坡就是从上到下，整体削成同一坡度，削坡后比原坡度减缓，达到该类土质的稳定坡度。适用于________。对有松散夹层的土坡，其松散部分应采取加固措施。

A. 高度小于 20 m、结构紧密的均质土坡，或高度小于 12 m 的非均质土坡

B. 高度小于 15 m、结构紧密的均质土坡，或高度小于 12 m 的非均质土坡

C. 高度大于 12 m、结构紧密的均质土坡，或高度小于 12 m 的非均质土坡

D. 高度大于 12 m、结构紧密的均质土坡，或高度小于 8 m 的非均质土坡

(3)折线形削坡重点是削缓上部，削坡后保持上部较缓、下部较陡的折线形。适用于________，特别适用于上部结构较松散、下部结构较紧密的土坡。上下部的高度和坡比，根据土坡高度与土质情况具体分析确定，以削坡后能保证稳定安全为原则。

A. 高 12 ~ 15 m、结构比较松散的土坡

B. 高 15 ~ 20 m、结构比较松散的土坡

C. 高 12 ~ 20 m、结构比较松散的土坡

D. 高 10 ~ 15 m、结构比较松散的土坡

(4)阶梯形削坡就是对非稳定坡面进行开级，使之台坡相间以保证土坡稳定。它适用于________。每一阶小平台的宽度和两平台间的高差，根据当地土质与暴雨径流情况具体研究确定。一般小平台宽 1.5 ~ 2.0 m，两台间高差 6 ~ 12 m。干旱、半干旱地区，两台间高差大些；湿润、半湿润地区，两台间高差小些。对于陡直坡面可先削坡后开级。

A. 高 15 m 以上、结构较松散，或高 20 m 以上、结构较紧密的均质土坡

B. 高 12 m 以上、结构较松散，或高 20 m 以下、结构较紧密的均质土坡

C. 高 12 m 以上、结构较松散，或高 20 m 以上、结构较紧密的均质土坡

D. 高 12 m 以下、结构较松散，或高 20 m 以上、结构较紧密的均质土坡

(5) 大平台形是削坡开级的特殊形式，一般开在土坡中部，宽 4 m 以上。适用于________。平台具体位置与尺寸，需根据《地震区建筑技术规范》对土质边坡高度的限制分析确定，并对边坡进行稳定性验算。

A. 高度大于 20 m，或在 8°以上高烈度地震区的土坡

B. 高度大于 30 m，或在 8°以上高烈度地震区的土坡

C. 高度大于 20 m，或在 7°以上高烈度地震区的土坡

D. 高度大于 20 m，或在 7.5°以上高烈度地震区的土坡

(6) 边坡介于 1.0∶1.0～1.0∶0.5 的、高度小于 3 m 的坡面，用一般混凝土砌块护坡，砌块长宽各 30～50 cm；边坡陡于________的，用钢筋混凝土护坡。

A. 1.0∶0.25　　B. 1.0∶0.5　　C. 1.0∶0.75　　D. 1.0∶1.0

(7) 喷浆护坡是在________，采用喷浆机进行喷浆或喷混凝土护坡，以防止基岩风化剥落。若能就地取材，用可塑胶泥喷涂则较为经济，可塑胶泥也可作喷浆的垫层。注意不要在涌水和冻胀严重的坡面喷浆或喷混凝土。

A. 基岩裂隙大、无大崩塌的坡段　　B. 基岩裂隙小、无大崩塌的坡段

C. 基岩裂隙小、可能有大崩塌的坡段　　D. 基岩裂隙大、可能有大崩塌的坡段

(8) 喷射水泥砂浆厚度为 5～10 cm，喷射混凝土厚度为________，在冻融地区喷射厚度最好在 10 cm 以上。在地质软弱、温差大的地区，喷射厚度应相应增厚。

A. 10～20 cm　　B. 15～25 cm　　C. 15～20 cm　　D. 10～25 cm

(9) 喷射水泥砂浆的砂石料最大粒径 15 mm，水泥和砂石的重量比为________，含砂率 50%～60%，水灰比 40%～50%。速凝剂的添加量为水泥重量的 3% 左右。

A. 1∶1～1∶1.5　　B. 1∶4～1∶5　　C. 1∶2～1∶3　　D. 1∶3～1∶4

(10) 喷射混凝土时，喷混凝土的力学指标为：混凝土标号不低于________，抗拉强度不低于 1.5 MPa（15 kg/cm^2），抗冻标号不低于 S8，喷层与岩层的黏结强度在中等以上的岩石中不宜小于 0.5 MPa（5 kg/cm^2）。

A. C20　　B. C30　　C. C40　　D. C50

(11) 锚杆杆径为 16～25 mm，长 2～4 m，间距一般不宜大于锚杆长度的________，对不良岩石边坡应大于 1.25 m，锚杆应垂直于主结构面，当结构面不明显时，可与坡面垂直。

A. 1/3　　B. 1/2　　C. 1/4　　D. 1/5

(12) 喷射混凝土时，灰砂石比（c∶s∶g）________，水灰比为 40%～50%。在坡面高、压送距离长的坡面上喷射时，采用易于压送的配合比标准，灰砂石比为 1∶4∶1，水灰比用 50%。

A. 1∶3∶1～1∶5∶3　　B. 1∶2∶1～1∶5∶3

C. 1∶3∶1～1∶3∶3　　D. 1∶3∶1～1∶4∶3

2) 多项选择题

(1) 护坡工程主要有________等。削坡开级工程的主要作用在于防止中小规模的土质滑坡和岩质斜坡崩塌。当斜坡高度较大时，削坡应分级留出平台。削坡反压工程是在滑坡

体前面的阻滑部分堆土加载,以增加抗滑力。

A. 削坡开级　　B. 混凝土护坡　　C. 削坡反压　　D. 砌石护坡

(2)护坡工程可行性研究阶段工作内容包括:________。

A. 根据调查勘测资料,明确护坡工程的任务和规模,进行方案比选,基本确定护坡工程的类型,力求拟定护坡植物与护坡工程的结合方案

B. 进行稳定性分析,初步拟定具体布置、型式、断面,估算工程量

C. 大型护坡工程需进行必要的地质勘探,复核稳定性分析

D. 确定护坡工程的具体布置、类型、结构、断面尺寸等,明确建筑材料来源及运输条件等。

(3)土质坡面的削坡开级主要有________等形式。

A. 直线形　　B. 大平台形　　C. 折线形　　D. 阶梯形

(4)关于干砌石护坡下列说法正确的是:________。

A. 坡面较缓(1.0∶2.5~1.0∶3.0)、受水流冲刷较轻的坡面,采用单层干砌块石护坡或双层干砌块石护坡

B. 坡度小于1∶1,坡体高度小于3 m,坡面有涌水现象时,应在护坡层下铺设15 cm以上厚度的碎石、粗砂或砂砾作为反滤层。封顶用平整块石砌护

C. 干砌石护坡的坡度根据土体的结构性质而定,土质坚实的砌石坡度可陡些,反之则应缓些。一般坡度1.0∶2.5~1.0∶3.0,个别可为1.0∶2.0

D. 坡度小于1∶1,坡体高度小于3 m,坡面有涌水现象时,应在护坡层下铺设10 m厚度的碎石、粗砂或砂砾作为反滤层。封顶用平整块石砌护

(5)关于浆砌石护坡下列说法正确的是:________。

A. 坡度在1∶1~1∶2,或坡面位于沟岸、河岸,下部可能遭受水流冲刷,且洪水冲击力强的防护地段,宜采用浆砌石护坡

B. 浆砌石护坡南面层和起反滤层作用的垫层组成。面层铺砌厚度为25~35 cm;垫层又分单层和双层两种,单层厚5~15 cm,双层厚20~25 cm。原坡面如为砂、砾、卵石,可不设垫层

C. 对长度较大的浆砌石护坡,应沿纵向每隔10~15 m设置一道宽约2 cm的伸缩缝,并用沥青或木条填塞

D. 对长度较大的浆砌石护坡,应沿纵向每隔10~15 m设置一道宽约10 cm的伸缩缝,并用沥青或木条填塞

(6)关于喷锚支护工程下列说法正确的是:________。

A. 锚杆根据加固需要可采用预应力钢筋,将钢筋末端固定后要施加预应力,为了不把滑面以下的稳定岩体拉裂,事先要进行抗拔试验,使锚固末端达滑面以下一定深度,并且相邻锚固孔的深度不同。根据坡体稳定计算求得的所需克服的剩余下滑力来确定预应力大小和锚孔数量

B. 喷锚支护对强度不高或完整性差的岩石坡面,当仅采用锚杆加固难以维持锚杆之间那部分围岩稳定时,常需采用锚杆与喷混凝土联合支护

C. 喷锚加筋(挂网)支护对软弱、破碎岩层,如锚杆和喷混凝土所提供的支护反力不足时,还可加钢筋网,以提高喷层的整体性和强度并减少温度裂缝。钢筋网一般用ϕ6~12,

网格尺寸为(10×10~15×15)cm,距岩面3~5 cm与锚杆焊接在一起,钢筋的喷混凝土保护层厚度不应小于5 cm

D.喷锚加筋(挂网)支护对软弱、破碎岩层,如锚杆和喷混凝土所提供的支护反力不足时,还可加钢筋网,以提高喷层的整体性和强度并减少温度裂缝。钢筋网一般用ϕ6~12,网格尺寸为(20×20~30×30)cm,距岩面3~5 cm与锚杆焊接在一起,钢筋的喷混凝土保护层厚度不应小于5 cm

参考答案

1)单项选择题

(1)A (2)A (3)C (4)C (5)B (6)B (7)B (8)D
(9)B (10)A (11)B (12)A

2)多项选择题

(1)ABCD (2)AB (3)ABCD (4)ABC (5)ABC (6)ABD

8.3.4 土地整治设计

1)单项选择题

(1)土地整治工程应根据坑凹和渣场的地形、土壤等条件,以________为原则。

A.“坡度越大,地块越小” B.“坡度越小,地块越小”
C.“坡度越小,地块越大” D.“坡度越大,地块越大”

(2)土地整治条件较好的,应整治成________。

A.平地 B.水平梯田 C.平缓坡地 D.旱耕地

(3)土地整治条件较差的,应尽可能整治成________。

A.平缓坡地 B.坡耕地 C.水平梯田 D.窄条梯田或台田

(4)整治后的土地利用应注意生态环境改善,合理划分农林牧用地比例,尽力扩大________,同时在有条件的情况下,根据需要布设各种景点,改造和美化景观。

A.林草面积 B.耕地面积 C.植物措施面积 D.使用面积

(5)回填物应首先考虑弃土、弃石和弃渣,并力求做到“挖填平衡”。浅坑凹回填,一般广泛采用________,或任意的工作线回填,具体应由回填条件和工程要求决定。

A.分块回填 B.逐块回填 C.条带式分条回填 D.一次性回填

(6)采空塌陷深度为________的,可采取挖深垫高的办法,挖深段可蓄水养鱼、种藕,垫高段进行农业利用。必须注意塌陷凹地在我国南北方差异很大,应因地制宜,采取相应的措施。

A.1~2 m B.1~5 m C.1~10 m D.1~3 m

(7)平地起堆的渣场,根据堆置高度、弃渣容重及弃渣沉降性能等综合分析其稳定性。一般高度低于________,外围修筑拦渣围堰,并平整堆渣,然后覆土。

A.8 m B.5 m C.2 m D.3 m

(8)根据《开发建设项目水土保持方案技术规范》要求,整治后的土地,坡度在________以下、基本稳定、土地质量好的可作为农业用地。

A.8° B.10° C.12° D.15°

(9)根据《开发建设项目水土保持方案技术规范》要求,整治后的土地,坡度大于

________或土地质量差的可作为林牧业用地；经过专门处理的，也可根据具体需要进行其他利用，如作建筑用地、旅游景点或养鱼池塘等。

A. 10°　　B. 15°　　C. 20°　　D. 25°

(10)平地起堆的渣场高于________时，根据稳定性分析设计挡土墙，并作落堆处理，最好修筑为阶式水平梯田，并覆土。

A. 8 m　　B. 5 m　　C. 2 m　　D. 3 m

2)多项选择题

(1)土地整治工程包括三个方面：________。

A. 坑凹回填，一般应利用废弃土石回填整平，并覆土加以利用，也可根据实际情况直接改造利用

B. 渣场改造，即对固体废弃物存放地终止使用以后，进行整治利用

C. 清除杂物，地面压实

D. 整治后的土地根据其土地质量、生产功能和防护要求，确定利用方向，并改造使用

(2)根据项目开发建设及水土保持要求，按照________的原则，合理布局拦渣、围渣及防洪排水工程，并进行多方案比较，确定土地整治工程的总体方案。

A. "挖填平衡"　　B. "先拦后填"

C. "合理处置有毒物质"　　D. "合理存放"

(3)相关设计应根据________等进行土地适宜性评价，确定整治后的土地利用方向、方式和模式；农业利用的土壤改良措施设计、林牧业利用的植被配置和营造设计、其他利用方式的相关设计。

A. 土地地类　　B. 土地位置　　C. 土地质量　　D. 土地坡度

(4)剥离坑凹的土地整治主要是________，以适应新的地形，形成新的合适坡度，并尽可能覆土。实施程序是回填—整平—覆土。

A. 回填(填埋)　　B. 推平　　C. 垫高　　D. 开发利用

(5)回填结束后开始堆垫场地的整平工程，可分两步进行：________。由于坑凹分布的位置、地形不同，整平方式也不同。

A. 一是粗整平　　B. 一是全面平整　　C. 二是局部整平　　D. 二是细平整

(6)土地整平工作结束之后即可覆盖物料，黄土区或附近有取土条件的地方表层应覆土。覆土厚度依据土地利用方向确定，________。

A. 农业用地 80 ~ 100 cm　　B. 农业用地 50 ~ 80 cm

C. 林业用地 50 ~ 80 cm　　D. 牧业用地 30 ~ 50 cm

(7)渣场是指固体废弃物的存放场所，如排土场、矸石山、贮灰场、尾矿库、各类弃渣弃土的堆放场地。渣场改造包括________两部分内容。

A. 绿化　　B. 整治　　C. 护坡　　D. 覆土

(8)对可能造成滑坡、塌方等严重水土流失的渣场，改造之前应考虑修建________。对于已有渣场，改造之前首先应确定弃土弃渣堆放场地是否合理，如不符合水土保持法及其他法律的规定，必须进行清理，搬运至规定的合理存放地。

A. 护坡工程　　B. 拦挡建筑物　　C. 防排水工程　　D. 其他稳定边坡措施

(9)沿斜坡和沟岸倾倒形成的坡地渣场，应根据稳定情况，在坡脚部位修筑挡墙和护坡

工程,坡顶修筑截水天沟,排泄上方来水。斜坡面根据坡度大小,选择________等多种整治形式,并修建内部排水系统,然后覆土改造。

A. 水平梯　　B. 水平沟　　C. 窄条梯田　　D. 水平阶

(10)土地评价应遵循以下原则:________。

A. 综合分析原则。根据生产建设的工艺、区域自然条件、区域社会经济发展水平和水土保持要求,综合分析整治后土地的质量和利用价值

B. 主导因子原则。对各种可能影响土地质量的因子进行筛选,选择主导因子参评,主要考虑限制性因子

C. 土地质量与土地利用互动原则。整治土地一般有一个稳定过程,土地生产力也是不断提高的,可在不同时段内采取不同的利用方式,初期土地质量差可作为林牧利用,随着土地质量的提高可改作农业利用

D. 尽可能恢复为耕地的原则

(11)整治后的土地往往缺乏表土或覆盖土贫瘠,生产力很低,故必须采取有效措施,恢复和提高土地生产力,通常的措施有以下几种:________。

A. 种植绿肥植物,选择具有根瘤菌或其他固氮菌的植物,主要是豆科植物,可改良土壤

B. 再次进行土地整治

C. 对于覆盖风化物的土地,应采取加速风化的措施,如用城市污泥、河泥、湖泥、锯末等改良物质,接种苔藓、地衣促进风化等。对于贫瘠土地,通常经化学分析确定氮、磷、钾比例,加大施肥量,快速培肥

D. pH 值过低或过高的土地,可施用化学物料如黑矾、石膏、石灰等加以改善。

参考答案

1)单项选择题

(1)C　(2)B　(3)D　(4)A　(5)C　(6)D　(7)D　(8)D

(9)B　(10)D

2)多项选择题

(1)ABD　(2)ACD　(3)BCD　(4)ABC　(5)AD　(6)ACD

(7)BD　(8)BCD　(9)ABCD　(10)ABCD　(11)ACD

8.3.5 防洪排导工程设计

1)单项选择题

(1)抛石范围上部自枯水位开始,下部根据河床地形而定。对深泓线距岸较远的河段,抛石至河岸底坡度达________的地方。对深泓线逼近岸边的河段,应抛至深泓线。

A. 1:2 ~ 1:3　　B. 1:2 ~ 1:4　　C. 1:3 ~ 1:4　　D. 1:1 ~ 1:2

(2)抛石直径一般为________,抛石大小以能经受水流冲击不被冲走为原则。

A. 30 ~ 40 cm　　B. 40 ~ 60 cm　　C. 30 ~ 50 cm　　D. 30 ~ 60 cm

(3)抛石边坡应小于块石体在水中的临界休止角(1:1.4 ~ 1:1.5,根据实测资料确定,一般不超过 1:1.5 ~ 1:8),________饱和情况下河(沟)岸稳定边坡。

A. 等于或小于　　B. 等于或大于　　C. 等于　　D. 大于

(4)抛石厚度一般为________,相当于块石直径的 2 倍;在接坡段紧接枯水位处,加抛

顶宽2～3 m的平台；岸坡陡峻处（局部坡大于1∶1.5，重点险段大于1∶1.8），需加大抛石厚度。

A. 0.8～1.0 m　B. 1.0～1.2 m　C. 0.8～1.2 m　D. 1.2～1.5 m

（5）石笼护脚适用水流流速大于________，岸坡较陡的河（沟）段。

A. 3 m/s　B. 4 m/s　C. 5 m/s　D. 6 m/s

（6）石笼铺设厚度一般为________。其他技术要求与抛石护脚相同。

A. 1.0～1.2 m　B. 1.0～1.5 m　C. 1.0～1.8 m　D. 1.2～1.5 m

（7）柴枕规格根据防护要求和施工条件确定，一般枕长10～15 m，枕径________，柴石体积比约为7∶3。柴枕一般做成单抛护，根据需要也可采取双层或三层抛护。

A. 0.6～0.8 m　B. 0.8～1.0 m　C. 0.6～1.0 m　D. 0.6～1.2 m

（8）柴排护脚用于沉排护岸，其岸坡比不大于1∶2.5，排体上端在枯水位以下1.0 m。排体下部边缘应达到最大冲刷深度，并要求下沉后仍保持大于1∶2.5的坡度。相邻排体之间向下游搭接不小于________。

A. 0.5 m　B. 1 m　C. 1.5 m　D. 2 m

（9）墙式护岸嵌入岸坡以下的墙基结构，可采用地下连续墙结构或沉井结构。地下连续墙要采用钢筋混凝土结构，断面尺寸根据分析计算确定。沉井一般采用________，应力分析计算方法与沉井结构相同。

A. 混凝土结构　B. 钢结构　C. 钢筋混凝土结构D. 石结构

（10）墙式护岸墙后与岸坡之间应回填砂、砾石，与墙顶相平。墙体设置排水孔，排水孔处设________。沿墙式护岸长度方向设置变形缝，其分段长度为：钢筋混凝土结构20 m，混凝土结构15 m，浆砌石结构10 m。岩基上的墙体分段长度可适当加长。

A. 透水层　B. 反滤层　C. 过水层　D. 防水层

（11）丁坝的布置一般为丁坝群的方式。一组丁坝的数量要考虑以下几个因素：第一，视保护段的长度而定，一般弯顶以下保护的长度占整个保护长度的________，弯顶以上占40%；第二，丁坝的间距与淤积效果有密切的关系。间距过大，不能起到互相掩护的作用，间距过小，丁坝数量多，造成浪费。

A. 40%　B. 50%　C. 60%　D. 70%

（12）合理的丁坝间距，可通过以下两个方面来确定：①应使下一个丁坝的壅水刚好达到上一个丁坝处，避免在上一个丁坝下游发生水面跌落现象，既充分发挥每一个丁坝的作用，又能保证两坝之间不发生冲刷；②丁坝间距L应使绕过上一个坝头之后形成的扩散水流的边界线，大致达到下一个丁坝的有效长度L_p的________，以避免坝根的冲刷。

A. 末端　B. 前端　C. 右侧　D. 左侧

（13）丁坝多设在沟道下游部分，必要时也可在上游设置。一岸有崩塌危险，对岸较坚固时，可在崩塌地段起点附近，修非淹没的下挑丁坝，将山洪引向对岸的坚固岸石，以保护崩塌段沟岸；对崩塌延续很长范围的地段，为促使泥沙淤积，多做成________。

A. 非淹没丁坝　B. 淹没丁坝　C. 下挑丁坝　D. 上挑丁坝组

（14）在崩塌段的上游起点附近，则修筑________。丁坝的高度，在靠山一面宜高，缓缓向下游倾斜到丁坝头部。

A. 淹没丁坝　B. 非淹没丁坝　C. 下挑丁坝　D. 上挑丁坝

(15)非淹没丁坝均应设计成下挑形式,坝轴线与水流的夹角以________为宜;而淹没丁坝则与此相反,一般都设计成上挑丁坝,坝轴线与水流的夹角为90°~105°。

A. 50°~60°　　B. 50°~70°　　C. 70°~75°　　D. 80°~85°

(16)石丁坝表面用干砌、浆砌石修平或用较大的块石抛护,其范围是上游伸出坝脚4 m,下游伸出8 m,坝头伸出12 m;其断面较小,顶宽一般为1.5~2.0 m,迎面、背面边坡系数均采用1.5~2.0,坝头部分边坡系数应加大到________。

A. 3~4　　B. 3~5　　C. 4~5　　D. 4~6

(17)丁坝坝顶高程按历年平均水位设计,但不得超过原沟岸的高程。在山洪沟道中,以修筑不漫流丁坝为宜,坝顶高程一般高出设计水位________左右。

A. 0.5 m　　B. 1 m　　C. 1.5 m　　D. 2 m

(18)沟道中修建丁坝后,常形成环绕坝头的螺旋流,在坝头附近形成了冲刷坑。一般水流与坝轴线的交角愈接近________,坝身愈长,沟床沙性愈大,坝坡愈陡,冲刷坑也愈深。冲刷深度一般根据经验确定。

A. 80°　　B. 90°　　C. 70°　　D. 75°

(19)土顺坝一般用当地现有土料修筑。坝顶宽度可取2~4.8 m,一般为________左右,外坡边坡系数因有水流紧贴流过,不应小于2,并设抛石加以保护;内坡边坡系数可取1~1.5。

A. 1 m　　B. 2 m　　C. 3 m　　D. 4 m

(20)石顺坝一般用在河道断面较窄、流速比较大的山区河道,如当地有石料,可采用干砌石或浆砌石顺坝。坝顶宽度可取________,坝的边坡系数,外坡可取1.5~2,内坡可取1~1.5。外坡亦应设抛石加以保护。

A. 1.5 m　　B. 2.5 m　　C. 1.5~3.0 m　　D. 1.0~2.0 m

(21)对土顺坝、石顺坝,坝基如为细砂河床,都应设沉排,沉排伸出坝基之宽度,外坡不小于________,内坡不小于3 m。

A. 3 m　　B. 4 m　　C. 5 m　　D. 6 m

(22)顺坝因阻水作用较小,坝头冲刷坑较小,无需特别加固,但边坡系数应加大,一般不小于________。如果能够估算出河道束窄以后达到新的相对平衡对河床可能的冲刷深度,就可据此定出顺坝基础的砌筑深度。

A. 1　　B. 2　　C. 3　　D. 4

(23)根据坝址岸坡的地形地质条件,分别采用陡坡式溢洪道或明渠式溢洪道。陡坡式溢洪道适用于________的较大型坝库。

A. 坝高15 m以上、库容50万m^3以上

B. 坝高20 m以上、库容50万m^3以下

C. 坝高20 m以上、库容30万m^3以上

D. 坝高20 m以上、库容50万m^3以上

(24)排涝沟可只按排涝设计流量设计。排涝、排渍两用排水沟,可________;兼有防治土壤盐碱化作用的排水沟,有冲洗要求时,还应按冲洗排水流量进行断面校核。

A. 按排涝要求确定沟深和间距,按排渍设计流量进行断面校核

B. 按排涝要求确定沟深和间距,按排涝设计流量进行断面校核

C. 按排渍要求确定沟深和间距，按排涝设计流量进行断面校核

D. 按排涝要求确定沟深和间距，按排渍和排涝设计流量进行断面校核

(25)排水沟纵、横断面设计应保证设计排水能力。排水沟设计水位宜低于地面(或堤顶)不小于________。干、支、斗沟应按分段流量设计断面。

A. 0.1 m　B. 0.2 m　C. 0.15 m　D. 0.25 m

(26)排水沟分段处以及重要建筑物上、下游水面应平顺衔接。下一级沟道的设计水位宜低于上一级沟道________。

A. 0.1 ~ 0.2 m　B. 0.1 ~ 0.3 m　C. 0.1 ~ 0.4 m　D. 0.1 ~ 0.5 m

(27)排水沟糙率应根据沟槽材料、地质条件、施工质量、管理维修情况等确定。新挖排水沟可取0.02 ~ 0.025；有杂草的排水沟可取________；排洪沟可比排水沟相应加大0.002 5 ~ 0.005。

A. 0.03 ~ 0.04　B. 0.025 ~ 0.03　C. 0.015 ~ 0.025　D. 0.035 ~ 0.05

(28)排水沟开挖深度大于5 m时，应从沟底以上每隔3 ~ 5 m设宽度________的戗道。

A. 不大于1.0 m　B. 不小于0.8 m　C. 不大于0.8 m　D. 不小于1.2 m

(29)1 ~ 3级排水沟堤顶宽度________。堤顶兼作交通道路时，其宽度应满足车辆通行的要求。

A. 不应小于2.0 m　B. 不应大于2.0 m

C. 不应小于1.0 m　D. 不应大于1.0 m

(30)排水沟平均流速可按相关公式计算。允许不冲流速可按相关表格选用。水流含沙量较大，且沟底有薄层淤泥时，所取数值应适当加大。排洪沟允许不冲流速可加大10% ~ 20%。排水沟和排洪沟的最小流速________。

A. 不宜小于0.1 m/s　B. 不宜小于0.2 m/s

C. 不宜小于0.3 m/s　D. 不宜小于0.4 m/s

(31)明渠式溢洪道适用于________的小型坝库。具体技术参照《水土保持治沟骨干工程技术规范》中有关溢洪道设计规定执行。

A. 坝高20 m以上、库容50万 m^3 以下

B. 坝高20 m以上、库容50万 m^3 以上

C. 坝高20 m以下、库容50万 m^3 以下

D. 坝高15 m以上、库容30万 m^3 以上

2)多项选择题

(1)开发建设项目在基建施工和生产运行中，由于损坏地面或未妥善处理弃土、弃石、弃渣，易遭受洪水危害的，都应部署防洪排水工程。根据洪水的不同来源和危害程度，分别采取不同的防洪排水工程，主要包括________等。

A. 护岸护滩工程　B. 淤地坝　C. 拦洪坝　D. 排洪排水工程

(2)护岸工程一般可分为________等工程。枯水位以下称为护基工程，枯水位以上称为护坡工程。

A. 挡护　B. 护坡　C. 护基　D. 护脚

(3)根据所用材料的不同，护岸工程可分为________等几类。此外，还有混合型护岸工程，如木桩植树加抛石、抛石植树加梢捆护岸工程等。

A. 干砌块石　　B. 浆砌块石　　C. 混凝土板　　D. 铁丝石笼

(4)护岸护滩工程的规划与布局原则为________。

A. 在进行护岸工程设计之前，应对上下游沟道情况进行调查研究，分析在修建护岸工程之后，下游或对岸是否会发生新的冲刷，确保沟道安全

B. 为减少水流冲毁基础，护岸工程应大致按地形设置，并力求不形成急剧的弯曲。此外，还应注意将护岸工程的上游及下游部分与基岩、护基工程及已有的护岸工程连接，以免在护岸工程的上下游发生冲刷

C. 护岸工程的设计高度，一方面要保证山洪不致漫过护岸工程，另一方面应考虑护岸工程背后有无崩塌可能。如有崩塌可能，则应预留出堆积崩塌砂石的余地，即使护岸工程离开崩塌处有一定的距离并有足够的高度，如不能满足高度的要求，可沿岸坡修建向上成斜坡的横墙，以防止背后侵蚀及坡面的崩塌

D. 在弯道段凹岸水位较凸岸水位高，因此凹岸护岸工程的高度应更高一些

(5)石笼是由________等制作成网格笼状物，内装块石、砾石或卵石。

A. 铅丝　　B. 钢筋　　C. 木条　　D. 竹篾

(6)丁坝是由________三部分组成的建筑物，其坝根与河岸相连，坝头伸向河槽，在平面上与河岸连接起来，呈丁字形，坝头与坝根之间的主体部分为坝身，其特点是不与对岸连接。

A. 坝头　　B. 坝面　　C. 坝身　　D. 坝根

(7)丁坝的作用为________。

A. 改变山洪流向，防止横向侵蚀，有时山洪冲淘坡脚可能引起山崩，修建丁坝后改变了流向即可防止山崩

B. 保持沟宽，迎托水流，防止山洪乱流和偏流，发展沟道宽度

C. 缓和山洪流势，使泥沙沉积，并能将水流挑向对岸，保护下游的护岸工程和堤岸不受水流冲击

D. 调整沟宽，迎托水流，防止山洪乱流和偏流，发展沟道宽度

(8)丁坝按建筑材料不同，可分为________等。

A. 石笼丁坝　　B. 梢捆丁坝　　C. 砌石丁坝　　D. 混凝土丁坝

(9)丁坝按高度不同，即山洪是否能漫过丁坝，可分为________两种。

A. 漫水坝　　B. 淹没坝　　C. 拦水坝　　D. 非淹没坝

(10)按丁坝与水流所成角度不同，可分为________。

A. 垂直布置形式　B. 横向布置形式　C. 下挑布置形式　D. 上挑布置形式

(11)丁坝的坝型及结构，应根据________，按照因地制宜、就地取材的原则进行选择。

A. 地势条件　　B. 水流条件　　C. 气象条件　　D. 河岸地质

(12)坝址的选择以满足拦洪效益大、工程量小和工程安全的要求为原则，同时符合坝系规划的要求。坝址选择一般应考虑以下几点：________。

A. 坝址在地形上要求河谷狭窄、坝轴线短，库区宽阔、容量大，沟底比较平缓

B. 坝址附近应有宜于开挖溢洪道的地形和地质条件。最好有鞍形岩石山凹或红黏土山坡。还应注意到大坝分期加高时，放、泄水建筑物的布设位置

C. 坝址附近应有良好的筑坝材料，取用容易，施工方便，因为建筑材料的种类、储量、质量和分布情况，影响到坝的类型和造价。采用水坠坝时应有足够的水源

D. 坝址地质构造稳定，两岸无疏松的坍土、滑坡体，断面完整，岸坡不大于 60°。坝基应有较好的均匀性，其压缩性不宜过大。岩层要避免活断层和较大裂隙，尤其要避免有可能造成坝基滑动的软弱层

(13) 防洪坝按建筑材料分为________等几种。

A. 干砌石坝　　B. 浆砌石坝　　C. 土石混合坝　　D. 木石混合坝

(14) 陡坡式溢洪道由________三部分组成。

A. 卧管　　B. 进口段　　C. 陡坡段　　D. 消力池

(15) 排洪渠按建筑材料分为________三种类型。

A. 钢筋混凝土排洪渠　　B. 土质排洪渠

C. 三合土排洪渠　　D. 衬砌排洪渠

(16) 排洪渠设计的原则有：________。

A. 排洪渠道渠线布置，应尽量利用天然沟渠，人工开挖时。宜选择地形平缓、地质稳定、拆迁少的地带，并力求顺直

B. 排洪明渠设计纵坡，应根据渠线、地形、地质以及与山洪沟连接条件等因素确定。当自然纵坡大于 1∶20 或局部高差较大时可设置陡坡或跌水

C. 排洪明渠断面变化时，应采用渐变段衔接，其长度可取水面宽度之差的 5 ~ 20 倍。排洪明渠进出口平面布置，宜采用喇叭口或八字形导流翼墙。导流翼墙长度可取设计水深的 3 ~ 4 倍。排洪明渠应考虑安全超高。在弯曲段凹岸应考虑水位壅高的影响

D. 排洪明渠弯曲段的弯曲半径，不得小于最小容许半径及渠底宽度的 5 倍。排洪暗渠检查井的间距，可取 50 ~ 100 m。暗渠走向变化处应加设检查井。排洪暗渠为无压流时，设计水位以上的净空面积不应小于过水断面面积的 15%

(17) 排水工程包括明沟排水系统、暗管排水系统等工程，开发建设项目中涉及的排水工程主要包括________。

A. 山坡排水工程　　B. 低洼地排水工程

C. 盐碱地冲灌排水工程　　D. 道路排水工程

参考答案

1) 单项选择题

(1) C　(2) B　(3) A　(4) C　(5) C　(6) B　(7) C　(8) B
(9) C　(10) B　(11) C　(12) A　(13) D　(14) B　(15) C　(16) B
(17) B　(18) B　(19) C　(20) C　(21) D　(22) C　(23) D　(24) C
(25) B　(26) A　(27) B　(28) B　(29) A　(30) C　(31) C

2) 多项选择题

(1) ACD　(2) BCD　(3) ABCD　(4) ABCD　(5) ABCD　(6) ACD
(7) AC　(8) ABCD　(9) BD　(10) ACD　(11) BD　(12) ABCD
(13) ABCD　(14) BCD　(15) BCD　(16) ABCD　(17) ABCD

8.3.6 泥石流防护工程设计

1)单项选择题

(1)在泥石流过流区的土沟道中、下游地段,应修建各种类型的格栅坝和桩林等工程,拦截水流中的石砾等固体物质,尽量将泥石流改变为________。

A. 泥流 B. 弱小泥石流 C. 洪水 D. 一般洪水

(2)在重力坝中部做溢流口,口上用钢材做横梁,形成格栅,梁的间隔应能上下调整,以便根据坝后淤积和泥石流活动情况及时将梁的间隔放大或缩小。溢流口一般为矩形断面,高为 h,宽为 b,高与宽之比 $h:b=$________。

A. 1.0 ~ 2.0 B. 1.5 ~ 2.0 C. 1.5 ~ 2.5 D. 1.5 ~ 3.0

(3)使用正常的梁式坝筛分效果一般应达到:当下泄粒径 $D_c=0.5D_m$(D_m 为流体中砾石的最大粒径)时,滞留库内的泥沙百分比为________。

A. 20% B. 25% C. 15% D. 30%

(4)齿状坝是将重力坝的顶部做成齿状溢流口,齿口采用窄深式的三角形、梯形或矩形断面。齿口尺寸,主要确定齿口的深宽比,一般要求深:宽 = ________。

A. 1:2 ~ 2:1 B. 1:3 ~ 2:1 C. 1:1 ~ 2:1 D. 1:4 ~ 2:1

(5)齿口密度要求为:________(b 为溢流口宽度,m;B 为齿口宽度,m)。当 $\sum b/B=0.4$ 时,调节效果最佳。

A. $0.25<\sum b/B<0.6$ B. $0.2<\sum b/B<0.6$

C. $0.3<\sum b/B<0.6$ D. $0.3<\sum b/B<0.4$

(6)齿口宽与拦截作用关系。设 D_{m1}、D_{m2} 分别为中小洪水与特大洪水可挟带泥沙的最大粒径,则当________时,拦截效果最佳。

A. $b/D_{m1}>2\sim3$ 和 $b/D_{m2}\leqslant1.5$ B. $b/D_{m1}>4$ 和 $b/D_{m2}\leqslant1$

C. $b/D_{m1}>4$ 和 $b/D_{m2}\leqslant2.5$ D. $b/D_{m1}>4$ 和 $b/D_{m2}\leqslant2$

(7)齿口宽与闭塞条件:设 D_m 为洪水可挟带泥沙的最大粒径,则________时,不闭塞;$b/D_m\leqslant1.5$ 时,闭塞。

A. $b/D_m>1.5$ B. $b/D_m>2.0$ C. $b/D_m>2.5$ D. $b/D_m>3.0$

(8)在泥石流间歇发生、暴雨频率较低的沟道中下游,在沟中用型钢、钢管桩或钢筋混凝土桩,横断沟道成排地打桩,形成桩林,拦截泥石流中粗大石砾和其他固体物质,削弱其破坏力。桩林布置垂直于沟中流向,布置两排或多排桩。每两排桩上下交错成“品”字形。设 D_m 为洪水可挟带泥沙的最大粒径,桩间距为 b,要求 b/D_m:________。

A. 1.5 ~ 2.5 B. 1.5 ~ 3.0 C. 1.5 ~ 2.0 D. 1.5 ~ 3.5

(9)桩基总长在地面外露部分在 3 ~ 8 m 的范围时,要求桩高 h 为间距 b 的________。

A. 1.5 倍 B. 2 倍 C. 4.5 倍 D. 2 ~ 4 倍

(10)桩基应埋在冲刷线以下,且埋置长度不应小于总长度的________。

A. 1/2 B. 1/3 C. 1/4 D. 1/5

(11)沟道入口衔接段在渡槽进口以上需有________于槽宽的直线引流段,沟道顺直,与渡槽进口平滑连接。

A. 10 ~ 20 倍 B. 15 ~ 20 倍 C. 15 ~ 30 倍 D. 25 ~ 30 倍

(12)渡槽进口段采用梯形或弧形断面的喇叭口,从沟道入流衔接段渐变到槽身渐变段,长度一般大于槽宽的 5 ~ 10 倍,且不应小于 20 m,其扩散角应小于________。

A. 8° ~ 15°　　B. 8° ~ 10°　　C. 10° ~ 20°　　D. 10° ~ 25°

(13)槽身部分,做成均匀的直线形,其宽度根据槽下的跨越物而定,其长度比跨越物的净宽再增加________倍。

A. 1.0 ~ 2.5　　B. 1.0 ~ 1.5　　C. 2.0 ~ 2.5　　D. 2.0 ~ 3.0

(14)在泥石流产流区,泥石流尚在汇集之前,加之坡面工程的配合,一般泥石流能量不大,故可采用________进行拦挡。

A. 干砌石坝　　B. 铁丝笼坝　　C. 浆砌石坝　　D. 格栅坝

(15)采用糙率系数法计算泥石流的流速公式如下:

$$v_c = m_c H_c^{2/3} i_c^{1/2}$$

式中的 m_c 是________。

A. 沟的边坡　　B. 沟的底坡　　C. 沟的糙率　　D. 沟的糙率的倒数

2)多项选择题

(1)开发建设项目处于泥石流多发地区,易受泥石流危害的,应采取泥石流防治工程。泥石流防治工程体系包括:________。

A. 泥石流形成区(包括地表径流形成区)。主要采取小流域水土保持综合治理措施,包括坡面治理措施和沟道治理措施。易滑塌、崩塌沟段采取谷坊、淤地坝和各类固沟工程,可减少地表径流,减缓流速,减轻沟蚀,控制崩塌、滑塌,稳定沟坡,巩固沟床,削减形成泥石流的水力条件和物质来源

B. 泥石流流过区。在土沟道的中、下游地段,应修建各种类型的格栅坝和桩林等工程,拦截水流中的石砾等固体物质,尽量将泥石流改变为一般洪水

C. 泥石流堆积区。主要在沟道下游和沟口,应修建停淤工程与排导工程,控制泥石流对沟口和下游河床、农田、道路的危害

D. 泥石流形成区(包括地表径流形成区)。主要采取拦挡工程。易滑塌、崩塌沟段采取碾压措施

(2)开发建设项目泥石流防治是为了保护主体工程设施的安全,以________等为主。

A. 拦渣工程　　B. 防洪工程　　C. 停淤工程　　D. 排导工程

(3)可行性研究阶段工作内容包括:________。

A. 调查评价泥石流的危险性,分析泥石流易发区,提出主体工程设计的水土保持建议,以及泥石流的预防措施

B. 初步确定影响工程建设的泥石流区域,以及泥石流防治方案的比选分析

C. 初步拟定防治工程形式、规模、布局及建设条件,计算工程量和投资

D. 确定泥石流防治工程形式、位置、结构、断面和基础设计等

(4)泥石流形成区的防治工程包括________等工程。

A. 坡耕地治理

B. 荒坡荒地治理

C. 小型蓄排

D. 沟头防护、谷坊、淤地坝、沟底防冲、护坡

(5)采用渡槽需具备以下条件:________。

A. 泥石流暴发较为频繁,高含沙水流与洪水或常流水交替出现,沟道常有冲刷

B. 泥石流最大流量不超过200 m^3/s,其中固体物粒径最大不超过1.5 m

C. 地形高差能满足线路设施立体交叉净空的要求;

D. 进出口顺畅,基础有足够的承载力并具备抗冲刷能力

(6)不宜采用渡槽的条件有:________。

A. 沟道迁徙无常

B. 冲淤变化急剧

C. 洪水流量、容重和含固体物粒径变化幅度很大的高黏性泥石流和含巨大漂砾的泥石流

D. 高含沙水流与洪水或常流水交替出现

(7)渡槽由________几部分组成。

A. 沟道入流衔接段　　B. 槽身

C. 出口段和进口段　　D. 沟道出流衔接段

(8)泥石流拦挡建筑物的主要型式有:________。

A. 拱坝　　B. 砌石坝

C. 格栅坝以及护面土坝　　D. 铁丝笼坝

(9)在泥石流的补给区和流通区,泥石流已经汇集,大量补给物补给后,泥石流容重增加,流速加快,同时还有大量的大径块石掺入,其能量大,此处应采用________拦挡,并分离出大量大径块石,削减泥石流能量。

A. 干砌石坝　　B. 铁丝笼坝　　C. 浆砌石坝　　D. 格栅坝

(10)泥石流容重的计算方法有:________。

A. 称重法　　B. 按流域坡度计算

C. 体积比法　　D. 按残留层厚度计算

参考答案

1)单项选择题

(1)D　(2)B　(3)A　(4)C　(5)B　(6)A　(7)B　(8)C

(9)D　(10)B　(11)B　(12)A　(13)B　(14)A　(15)D

2)多项选择题

(1)ABC　(2)ABCD　(3)ABC　(4)ABCD　(5)ABCD　(6)ABC

(7)ABCD　(8)BCD　(9)CD　(10)ABCD

8.3.7　降水蓄渗工程

1)单项选择题

(1)景观水池应设计建设为雨水储存设施,草坪绿地应设计建设为雨水滞留设施。用于滞留雨水的绿地须低于周围地面,但与地面高差最大不应超过________。

A. 20 cm　　B. 10 cm　　C. 30 cm　　D. 50 cm

(2)一般情况下可不测绘地形图,但应有蓄水设施及灌溉土地之间的相对位置和高差资料以及拟建工程位置的土质或岩性,必要时宜有________的局部地形图。

A. 1/1 000　　B. 1/500　　C. 1/1 500　　D. 1/2 000

(3)汇流沟的纵向坡度应根据地形确定，衬砌渠(沟)一般不宜小于________，土渠(沟)不宜小于1/500，断面尺寸应按汇流量确定。

A. 1/1 000　　B. 1/300　　C. 1/1 500　　D. 1/2 000

(4)利用集蓄雨水进行灌溉时，应采用节水灌溉方法。集雨滴灌、微喷灌工程设计应符合《微灌工程技术规范》(SL 103—95)的要求，宜采用________。小型集雨喷灌工程的设计应符合《喷灌工程技术规范》(GBJ 85—85)的要求，设备应选用经过法定检测机构检测合格的产品。

A. 典型设计　　B. 定型设计　　C. 逐个设计　　D. 标准设计

2) 多项选择题

(1)雨水集蓄利用是指针对________等硬化地面导致区域内径流量增加，所采取的雨水就地收集、入渗、贮存、利用等措施。此措施既可有效利用雨水，为水土保持植物措施提供水源，也可以减少地面径流，防治水土流失。应用于城市市政建设还具有减免城市雨洪灾害的作用。

A. 建设屋顶和墙体　　B. 地面铺装　　C. 道路　　D. 广场和操场

(2)北京、天津等地区已制定有关文件，规定在城市建设项目的水土保持设计文件中必须进行雨洪利用设计，要求雨水集蓄利用设施与主体建设工程________。

A. 同时审批　　B. 同时设计　　C. 同时施工　　D. 同时投入使用

(3)建设雨水集蓄利用工程，应收集工程所在地区多年平均年降水量资料和年蒸发量资料，并分析计算得出多年平均保证率为________的年降水量。无实测资料地区，可查本省(直辖市、自治区)多年平均降水量、蒸发量及 C_v 等值线图求得。

A. 50%　　B. 75%　　C. 90%　　D. 85%

(4)对工程实施范围内可利用雨水进行灌溉的________应进行调查。

A. 灌溉情况　　B. 绿地种类和面积　　C. 绿地需水　　D. 土壤质地

(5)集流工程应由________组成。当集流面较宽时，宜修建截流沟拦截降雨径流并引入汇流沟。

A. 截流沟　　B. 集流面　　C. 汇流沟　　D. 输水渠

参考答案

1) 单项选择题

(1) A　　(2) B　　(3) B　　(4) B

2) 多项选择题

(1) ABCD　　(2) BCD　　(3) ABC　　(4) ABCD　　(5) BCD

8.3.8 临时防护工程

1) 单项选择题

(1)临时防护工程主要适用于工程项目的________。

A. 基建施工期　　B. 基建期　　C. 运行期　　D. 基建准备期

(2)临时排水设施可以采用排水沟(渠)、暗涵(洞)、临时土(石)方挖沟等，也可利用抽排水管，一般布置在施工场地的________。

A. 中间　　　　　B. 周边　　　　　C. 中间或周边　　D. 下部

(3)临时植树主要针对裸露时间较长的地段,临时植树前应采取必要的土地整治,植树方式需根据树种特性和________条件具体确定,或植苗播或播种。

A. 立地　　　　　B. 自然　　　　　C. 土壤　　　　　D. 气候

(4)广义上种草的材料包括种子或果实、枝条、根系、块茎、块根及植株(秧或苗)等。播种是牧草生产中重要的环节之一,普通种草以播种________为主。

A. 种子或果实　　B. 枝条　　　　　C. 根茎　　　　　D. 块茎

(5)造林立地分类以________ cm 土层厚为分界,区分为薄层土和中厚层土,小于________ cm 者为薄层土,大于________ cm 者为中厚层土。

A. 30　　　　　　B. 35　　　　　　C. 40　　　　　　D. 25

2)多项选择题

(1)临时工程防护措施主要有________等几种。

A. 挡土墙　　　　B. 护坡　　　　　C. 截(排)水沟　　D. 沉沙井

(2)临时植物防护措施主要有________等。

A. 种树　　　　　B. 种草　　　　　C. 树草结合　　　D. 种植农作物

(3)临时挡土(石)工程的规模应根据________等情况的分析确定。

A. 渣体的规模　　B. 地面坡度　　　C. 降雨　　　　　D. 植被种类

(4)临时防护工程的防护对象主要是各类施工场地的________等。

A. 扰动面　　　　B. 占压区　　　　C. 工程建设区　　D. 水库淹没区

(5)苗木栽植方法按植穴的形状可分为________等方法。

A. 穴植　　　　　B. 缝植　　　　　C. 沟植　　　　　D. 丛植

(6)立地条件是众多立地因子的综合反映,立地因子对立地质量评价、立地类型划分具有十分重要的作用。立地因子包括:________。

A. 物理环境因子　B. 植被因子　　　C. 人为活动因子　D. 水文因子

参考答案

1)单项选择题

(1)A　　(2)B　　(3)A　　(4)A　　(5)A

2)多项选择题

(1)ABC　　(2)ABCD　　(3)ABC　　(4)AB　　(5)A B C　　(6)ABC

8.3.9 植被恢复与绿化工程设计

1)单项选择题

(1)40°~70°石壁的治理一般采用________。首先将有一定抗拉强度的钢丝网(抗拉强度低的网不能用)用锚钉固定到石壁上,然后在网下喷一层厚度为 5~10 cm 的混凝土作为填层,再将草籽、肥料、黏合剂和保水剂等的混合物均匀地喷射到填层上。

A. 喷混植生技术　B. 格状框条护坡　C. 砌石草皮护坡　D. 砌石与锚固护坡

(2)格状框条护坡适用范围________。

A. 适用于我国大部分干旱地区

B. 适用于泥岩、灰岩、砂岩等岩质路堑边坡,以及土质或沙土质道路边坡、堤坡、坝坡

等稳定边坡，坡率不陡于1∶1.0。坡率超过1∶1.0时慎用。每级坡高不超过10 m

C. 适用于降水量极少的干旱地区

D. 适用于有灌溉条件的干旱地区

(3)植生带绿化适用范围________。

A. 适用于我国大部分干旱地区

B. 适用于降水量极少的干旱地区

C. 适用于有灌溉条件的干旱地区

D. 一般用于土质路堤边坡，土石混合路堤边坡经处理后可用等稳定边坡，也可用于土质路堑边坡。坡高一般不超过1 m，常用坡率1∶1.5

(4)水力喷播适用范围________。

A. 主要适用于湿润半湿润地区，特别是年降水量大于800 mm的地区，当年降水量达到1 000 mm以上时效果更好。但在干旱、半干旱地区采取此类措施应保证养护用水的持续供给，考虑造价与养护费。一般用于土质路堤边坡，土石混合路堤边坡经处理后可用，也可用于土质路堑边坡等稳定边坡。常用坡比1∶1.5，坡比超过1∶1.25时应结合其他方法使用，坡高每级高度不超过10 m

B. 一般用于土质路堤边坡，土石混合路堤边坡经处理后可月，也可用于土质路堑边坡等稳定边坡。坡高一般不超过1 m，常用坡率1∶1.5

C. 适用于泥岩、灰岩、砂岩等岩质路堑边坡，以及土质或沙土质道路边坡、堤坡、坝坡等稳定边坡，坡率不陡于1∶1.0。坡率超过1∶1.0时慎用。每级坡高不超过10 m

D. 适用于有灌溉条件的干旱地区

(5)预应力锚索框架地梁植被护坡适用范围________。

A. 适用于泥岩、灰岩、砂岩等岩质路堑边坡，以及土质或沙土质道路边坡、堤坡、坝坡等稳定边坡，坡率不陡于1∶1.0。坡率超过1∶1.0时慎用。每级坡高不超过10 m

B. 适用于边坡坡度大于1∶0.5(高度不受限制)、稳定性很差的高陡岩石边坡，且无法用锚杆将钢筋混凝土框架地梁固定于坡面的，必须采用预应力锚索加固边坡，同时将钢筋混凝土框架地梁固定到坡体上，然后在框架内植草护坡

C. 一般用于土质路堤边坡，土石混合路堤边坡经处理后可用等稳定边坡，也可用于土质路堑边坡。坡高一般不超过1 m，常用坡率1∶1.5

D. 主要适用于湿润半湿润地区，特别是年降水量大于800 mm的地区，当年降水量达到1 000 mm以上时效果更好。但在干旱、半干旱地区采取此类措施应保证养护用水的持续供给，考虑造价与养护费。一般用于土质路堤边坡，土石混合路堤边坡经处理后可用，也可用于土质路堑边坡等稳定边坡。常用坡比1∶1.5，坡比超过1∶1.25时应结合其他方法使用，坡高每级高度不超过10 m

(6)预应力锚索植被护坡适用范围________。

A. 适用于泥岩、灰岩、砂岩等岩质路堑边坡，以及土质或沙土质道路边坡、堤坡、坝坡等稳定边坡，坡率不陡于1∶1.0。坡率超过1∶1.0时慎用。每级坡高不超过10 m

B. 一般用于土质路堤边坡，土石混合路堤边坡经处理后可用，也可用于土质路堑边坡等稳定边坡。坡高一般不超过1 m，常用坡率1∶1.5

C. 适用于浅层稳定性好但深层易失稳的高陡岩土边坡，不必用框架固定浅层，只用

地梁即可

D. 适用于有灌溉条件的干旱地区

(7)厚层基材喷射植被护坡技术适用范围________。

A. 适用于浅层稳定性好但深层易失稳的高陡岩土边坡,不必用框架固定浅层,只用地梁即可

B. 适用于无植物生长所需的土壤环境,也无法供给植物生长所需的水分和养分的坡面

C. 一般用于土质路堤边坡,土石混合路堤边坡经处理后可用,也可用于土质路堑边坡等稳定边坡。坡高一般不超过1 m,常用坡率1∶1.5

D. 适用于有灌溉条件的干旱地区

2)多项选择题

(1)开发建设项目水土保持中的植被恢复与绿化工程设计原则包括________。

A. 开发建设项目应通过选线、选址和工程总体布置等进行方案比选,尽量避让人工片林、天然林,以及自然保护区、草原保护区、湿地等自然植被;应尽量减少征占、压埋地表和植被的范围。对具有特殊功能的植被,应改变主体工程选线(址)或采取相应保护措施

B. 对各类开挖破损面、堆弃面、占压破损面及各类边坡,在安全稳定的前提下,应尽可能采取植物防护措施,恢复自然景观。对含有有害物质(指对植被生长有害)的扰动地块、高陡裸露岩石边坡等特殊场地也应采取特殊措施恢复植被

C. 应根据工程项目所在区域和建设项目类型,分别确定植被建设目标。城市周边或对景观有特殊要求的区域,其植被建设应兼顾景观要求,一般区域应以防护型为主

D. 在南方地形较缓或边坡稳定的地方,可采取封育管护措施恢复自然植被。北方干旱地区,在当前技术经济条件下无法人工恢复的地方,应采取相应的土地整治措施,创造条件进行自然恢复

(2)植被恢复与绿化工程在可行性研究阶段的主要工作内容包括________。

A. 在调查基础上,初步确定水土保持植被恢复与绿化范围、任务和规模,对主体工程提出植被保护的相关建议

B. 分析预测植被恢复与建设可能出现的限制因子和需要采取的特殊措施

C. 结合主体工程设计分区,基本确定植被恢复与绿化的标准,比选论证植被恢复与绿化总体布局方案

D. 初步确定进行植被恢复与绿化的立地类型划分、树种选择和造林种草的方法,做出典型设计,并计算工程量和投资

(3)植被恢复与绿化工程在初步设计阶段的主要工作内容包括________。

A. 分析预测植被恢复与建设可能出现的限制因子和需要采取的特殊措施

B. 根据林草工程的设计要素与要求,对每一小班作出具体设计

C. 根据水土保持方案和主体工程可行性研究调整与复核植被恢复及绿化方案,确定分区绿化功能、标准与要求

D. 划分植被恢复与绿化的小班,分析评价各小班的立地条件。对特殊立地条件需要人为改良的,提出土壤改良方案

(4)弃渣按组成成分大体可分为两类:________。

A. 一类是以弃石(碎石、小块石)为主

B. 一类是以弃渣为主

C. 一类是以弃土或土状物为主

D. 一类是以弃灰为主

(5)植被恢复树(草)种选择原则为:________。

A. 应有较强的适应能力,对干旱、潮湿、瘠薄、盐碱、酸害、毒害、病虫害等不良土地因子有较强的忍耐能力,同时对粉尘污染、冻害、风害等气候条件有一定抵抗能力

B. 具有固氮和改良土壤能力,有利于林草后期生长和土地生产力的持续提高

C. 栽植较容易,成活率高,或适宜播种、栽植时期较长、发芽力强且繁殖量大

D. 地上部分生长迅速繁茂,能及早覆盖地面,并能长期大面积地覆盖地面,地下部分能尽快伸展以便更好地稳固表土,有效地阻止风蚀和水蚀

(6)栽植技术直播,适于弃石渣场覆土后的植被恢复,多用于草灌种植,乔木很少用;可采用________的方法。

A. 植苗　　B. 条播　　C. 撒播　　D. 穴播

(7)栽植技术植苗的要求有以下几点:________。

A. 有覆土条件的可覆土后进行植苗造林。覆土可分为覆薄土(30 cm 以下)和覆厚土(50 cm 以上)。前者开穴后,可将周边土置入穴内,相当于客土造林;后者可直接于穴栽植

B. 无覆土条件但有风化碎屑物质(如矸石场)的,可提前挖穴(一年或半年挖坑)促进坑内矸石风化,将坑外的碎石、石粉填入坑内,将坑内未风化矸石捡出,这样利于蓄水保墒,可直接栽植

C. 无覆土条件但有土料、河泥等来源(造价高)的,可采用客土栽植。即开穴后将土料或河泥等置于穴内栽植

D. 无覆土条件,也可采取大苗带土坨栽植

(8)矸石场植被恢复树(草)种选择及配置原则有:________。

A. 抗逆性强、耐瘠薄,抗旱、抗病虫害能力强

B. 根系发达、固土能力强,灌草最好有固氮能力

C. 对于排土场平台,首先覆土种植灌草,培养肥力,改善环境,后期可改造为农田、经济林等

D. 对于排土场边坡,应及时种植牧草和灌木以取得控制水土流失、加速生土熟化的效果

(9)矸石场植被恢复栽植技术有:________。

A. 弃土场边坡绿化,有条件情况下,可采取削缓边坡 28°~35°,挖鱼鳞坑或水平阶整地植树种草,防止水土流失

B. 弃土场边坡绿化,有条件情况下,进行覆土,然后挖鱼鳞坑或水平阶整地植树种草,防止水土流失

C. 北方黄土高原可不覆土直接造林种草;南方弃土场可根据树种不同,覆不同厚度的表土

D. 乔灌木栽植可采用鱼鳞坑、水平阶等整地方式

(10)平原区取土场树(草)种选择原则有:________。

A. 应选择抗逆性强、病虫害少、易成活和便于管护的树(草)种

B. 周边为农田时,树草种不应有与农作物相对的转主寄生病虫害

C. 应优先选择乡土树(草)种,适当考虑经济效益

D. 草种应根据气候特点进行选择,选择适合当地生长的暖季型或冷季型

(11)坡地取土场种草护坡方法有:________。

A. 对坡比小于 1∶1.5,土层较薄的沙质或土质坡面,可采取种草护坡工程

B. 种草护坡应先对坡面进行整治,并选用生长快的低矮匍匐型草种

C. 种草护坡应根据不同的坡面情况,采用不同的方法。一般土质坡面采用直接播种法;密实的土质坡面上,采取坑植法

D. 在风沙坡地,应先设沙障固定流沙,再播种草籽

(12)关于坡地取土场造林护坡说法正确的是:________。

A. 坡度 10°~20°,在南方,坡面土层厚 15 cm 以上;北方,坡面土层厚 40 cm 以上,立地条件较好的地方,采用造林护坡

B. 护坡造林应采用深根性与浅根性相结合的乔灌木混交方式,同时选用适应当地条件、速生的乔木和灌木树种

C. 在坡面的坡度、坡向和土质较复杂的地方,将造林护坡与种草护坡结合起来,实行乔、灌、草相结合的植物或藤本植物护坡。坡面采取植苗造林时,苗木宜带土栽植,并应适当密植

D. 护坡造林应采用深浅根性基本相同的乔灌木混交方式,同时选用适应当地条件、速生的乔木和灌木树种

(13)综合护坡工程主要包括________两种护坡形式。

A. 砌石与锚固护坡B. 砌石草皮护坡

C. 砌石与喷护护坡D. 格状框条护坡

(14)关于砌石草皮护坡的说法正确的是:________。

A. 在坡度小于 1∶1,高度小于 4 m,坡面有涌水的坡段,采用砌石草皮护坡

B. 砌石草皮护坡有两种形式:坡面下部 1/2~2/3 采取浆砌石护坡,上部采取草皮护坡

C. 在坡面从上到下,每隔 3~5 m 沿等高线修一条宽 30~50 cm 的砌石条带,条带间的坡面种植草皮

D. 砌石部位一般在坡面下部的涌水处或松散地层显露处,在涌水较大处设反滤层

(15)格状框条护坡技术要求是:________。

A. 用浆砌石在坡面做成网格状

B. 网格尺寸一般 2.0 m×2.0 m,或将每格上部做成圆拱形,上下两层网格呈“品”字形排列。浆砌石部分宽 0.5 m 左右

C. 在护坡现场直接浇制宽 20~40 cm、长 12 m 的混凝土或用钢筋混凝土预制构件,修成格式建筑物

D. 在网格内种植草皮

(16)关于格状框条护坡的说法正确的是:________。

A. 在路旁或人口聚居地的土质或沙土质坡面,采用格状框条护坡

B. 用浆砌石在坡面做成格网状。网格尺寸一般 2.0 m×2.0 m,或将每格上部做成圆拱形

C. 上下两层网格呈“品”字形排列

D. 浆砌石部分宽 0.5 m 左右

(17)40°以下石壁的治理一般采用直接挂网喷草技术,其步骤如下:________。

A. 将石壁表面整修平整

B. 将各种织物的网(如土工网、麻网、铁丝网等)固定到石壁上(可以按一定的间距，在石壁上锚钉或用混凝土固定)

C. 再向网内喷一定厚度的植物生长基(生长基包括可分解的胶结物、有机肥料和无机肥料、保水剂等)

D. 最后将草籽与一定浓度的黏土液混合后，喷射到生长基上

(18)水力喷播技术要求是:________。

A. 对于岩质坡面，首先应对其刷平处理

B. 排水设施施工。对于长大边坡，坡顶、坡脚从平台均需设置排水沟，并应根据坡面水流量的大小考虑是否设置坡面排水沟，一般坡面排水沟横向间距为 40 ~ 50 m

C. 喷播施工。按设计比例配合草种、木纤维、保水剂、黏合剂、肥料、染色剂及水的混合物料，通过喷播机均匀喷射于坡面

D. 应在喷射后覆盖无纺布或者塑料薄膜，以防被雨水冲刷。在干旱、半干旱地区则可覆盖草帘以增温保湿，利于种子发芽、生长

(19)钢筋混凝土框架内填土植被护坡技术要求是:________。

A. 整平坡面，清除坡面危石。预制埋于横向框架梁中的土工格栅

B. 按一定的纵横间距施工，锚杆框架梁，竖向锚梁钢筋上预系土工绳，以备与土工格栅绑扎用。视边坡具体情况选择框架梁的固定方式

C. 预埋用做加筋的土工格栅于横向框架梁中，土工格栅绑扎在横梁箍筋上，然后浇注混凝土，留在外部的用做填土加筋。按由下而上的顺序在框架内填土，根据填土厚度可设二道或三道加筋格栅，以确保加筋固土效果

D. 当坡率陡于 1:0.5 时，须挂三维植被网，并将三维网压于平台下，并用土工绳与土工格栅绑扎。三维网竖向搭接 15 cm，用土工绳绑扎。横向搭接 10 cm，搭接处用 U 形钉固定，坡面间距 150 cm。网与竖梁接触处回卷 5 cm，用 U 形钉压边，要求网与坡面紧贴，不能悬空或褶皱

(20)预应力锚索框架地梁植被护坡技术要求是:________。

A. 根据工程情况确定预应力锚索间距、锚杆间距

B. 施工锚索，浇注锚索反力座。反力座达到强度后，将锚索张拉到设计值。锚索头应埋入混凝土中

C. 钻锚杆孔，浇注框架地梁。锚索反力座和框架内都应配钢筋，浇注反力座时应预留钢筋，以便和框架梁相连

D. 采用厚层基材喷射植被护坡技术，在框架内喷射种植基和混合草种，其厚度略低于格子梁高度 2 cm，根据工程情况和当地的气候条件选择草种

(21)预应力锚索植被护坡技术要求是:________。

A. 开挖并平整坡面，在坡面上定出地梁位置并铺设模板，留出预应力锚索孔的位置，浇注地梁，待地梁强度达到要求后钻锚索孔，清孔下锚索并给锚孔注浆，待浆体强度达到设计要求后按一根地梁上的锚索数量和设计的张拉工序张拉锚索到设计吨位

B. 视情况在地梁之间采用浆砌片石等方法形成框架

C. 采用液压喷播或厚层基材喷射植被护坡等方法进行护坡

D. 对坡面植被进行养护直到长出茂盛的植被

(22)厚层基材喷射植被护坡技术要求是:________。

A. 清理、平整坡面。清除坡面浮石、浮根,尽可能平整坡面,禁止出现反坡

B. 按设计布置锚杆孔位,用风钻凿孔,钻孔孔眼与坡面垂直,孔径 25 mm。采用水泥药卷或水泥砂浆固定锚杆。水泥药卷或水泥砂浆应填满钻孔并捣实

C. 铺设、固定网。铺设时网应张拉紧,网间搭接宽度不小于 5 cm,每隔 30 cm 用 18 号铁丝绑扎,安装锚杆托板固定网。

D. 拌和基材混合物。把绿化基材、纤维、种植土及混合植被种子按设计比例依次倒入混凝土搅拌机料斗搅拌,搅拌时间不应小于 1 min

(23)园林植树(乔灌)方法包括________。

A. 孤植　　B. 对植　　C. 丛植　　D. 群植

(24)园林草坪建植布设要求是:________。

A. 较大面积的草坪布设应与周围园林环境有机结合,形成旷达疏朗的园林环境,同时还应利用地貌的起伏变化,创造出不同的竖向空间境域

B. 草坪的地面坡度应小于土壤的自然稳定角(一般为 30°),如超过则应采取护坡工程

C. 运动场草坪排水坡度在 0.01 左右

D. 游憩草坪排水坡度一般为 0.02 ~ 0.05,最大不超过 0.15

(25)园林植树(乔灌)栽植标准是:________。

A. 应配合植栽图面所示,先栽植较大型主体树木,而后配置小乔木及灌木类

B. 应配合植栽图面所示,先配置小乔木及灌木类,而后栽植较大型主体树木

C. 植物材料应垂直埋入土中,植深应低于植穴上线 5 ~ 10 cm 为原则,不得过深或过浅,更应考虑新填土壤日久下陷的幅度

D. 种植时植穴底部应先置松土 10 ~ 20 cm 厚,回填应使用所定分量之肥料混合土,四周土壤应分次埋下,同时灌水充分夯实,夯实时应注意避免伤及根系及护根土球,然后表面再置一层松土,以利吸收水分、空气。

(26)种植穴开挖标准是:________。

A. 大乔木的植穴深度最好为 1 ~ 1.2 m,植穴最底层需有 10 ~ 15 cm 厚的土层

B. 大乔木的植穴深度最好为 0.8 ~ 1.0 m,植穴最底层需有 10 ~ 15 cm 厚的土层

C. 灌木的植穴深度最好为 35 ~ 45 cm,植穴最底层需有 10 ~ 15 cm 厚的土层

D. 地被草坪的客土厚度至少 10 cm

参考答案

1)单项选择题

(1)A　(2)B　(3)D　(4)A　(5)B　(6)C　(7)B

2)多项选择题

(1)ABCD　(2)ABCD　(3)BCD　(4)AC　(5)ABCD　(6)BCD
(7)ABCD　(8)ABCD　(9)ACD　(10)ABCD　(11)ABCD　(12)ABC
(13)BD　(14)ABCD　(15)ABCD　(16)ABCD　(17)ABCD　(18)ABCD
(19)ABCD　(20)ABCD　(21)ABCD　(22)ABCD　(23)ABCD　(24)ABCD
(25)ACD　(26)ACD

第9章　水土保持监督、监测与试验研究

9.1　考试大纲

了解我国水土保持执法监督管理体系。

掌握《水土保持法》及其实施条例、《开发建设项目水土保持方案编制》的有关规定。

熟练掌握水土保持技术标准中强制性条文。

掌握水土保持监测项目与内容。

了解水土保持监测方法。

了解水土保持试验研究的主要内容和方法。

9.2　复习指导

9.2.1　复习要点

9.2.1.1　水土保持监督

9.2.1.1.1　《水土保持法》及其实施条例

《水土保持法》共6章、42条，包括总则、预防、治理、监督、法律责任及附则；《水土保持法实施条例》共6章、35条，包括总则、预防、治理、监督、法律责任及附则。其主要内容可以概括为以下11个方面。

1）确定了"预防为主"的水土保持工作方针

《水土保持法》第四条规定：国家对水土保持工作实行"预防为主，全面规划，综合治理，因地制宜，加强管理，注重效益"的方针。其核心内容是"预防为主"，改变了过去"防治并重"的工作方针。

2）明确了各级人民政府对水土保持工作的职责

《水土保持法》第五条规定：国务院和地方人民政府应当将水土保持工作列为重要职责，采取措施做好水土流失防治工作。

《水土保持法实施条例》第三条进一步规定：水土流失防治区的地方人民政府应当实行水土流失防治目标责任制。

根据法律法规的规定，国务院国发〔1993〕5号文件《关于加强水土保持工作的通知》，进一步明确了各级人民政府的职责。

3）明确了人为水土流失的防治责任

《水土保持法》第八条规定：从事可能引起水土流失的生产建设活动的单位和个人，必须采取措施保护水土资源，并负责治理因生产建设活动造成的水土流失。由此确定了人为水土流失防治的两条基本原则：谁开发谁保护，谁造成水土流失谁负责治理。即两条基本责

任，一是保护责任，二是治理责任。这一规定是《水土保持法》的最核心条款。

4）确定了开发建设项目水土保持管理的基本制度

主要包括水土保持方案报告制度、水土保持“三同时”制度及水土保持设施补偿制度等三项基本管理制度。

a. 水土保持方案报告制度

《水土保持法》第十九条规定：在山区、丘陵区、风沙区修建铁路、公路、水工程，开办矿山企业、电力企业和其他大中型工业企业，在建设项目环境影响报告书中，必须有水行政主管部门同意的水土保持方案。水土保持方案应当按照本法第十八条的规定制定。在山区、丘陵区、风沙区依照矿产资源法的规定开办乡镇集体矿山企业和个体申请采矿，必须持有县级以上地方人民政府水行政主管部门同意的水土保持方案，方可申请办理采矿批准手续。

《水土保持法》第十八条规定：修建铁路、公路和水工程，应当尽量减少破坏植被；废弃的砂、石、土必须运至规定的专门存放地堆放，不得向江河、湖泊、水库和专门存放地以外的沟渠倾倒；在铁路、公路两侧地界以内的山坡地，必须修建护坡或者采取其他土地整治措施；工程竣工后，取土场、开挖面和废弃的砂、石、土存放地的裸露土地，必须植树种草，防止水土流失。开办矿山企业、电力企业和其他大中型工业企业，排弃的剥离表土、矸石、尾矿、废渣等必须堆放在规定的专门存放地，不得向江河、湖泊、水库和专门存放地以外的沟渠倾倒；因采矿和建设使植被受到破坏的，必须采取措施恢复表土层和植被，防止水土流失。

《水土保持法实施条例》第十四条规定：在山区、丘陵区、风沙区修建铁路、公路、水工程，开办矿山企业、电力企业和其他大中型工业企业，其环境影响报告书中的水土保持方案，必须先经水行政主管部门审查同意。在山区、丘陵区、风沙区依法开办乡镇集体矿山企业和个体申请采矿，必须填写“水土保持方案报告表”，经县级以上地方人民政府水行政主管部门批准后，方可申请办理采矿批准手续。水土保持方案的具体报批办法，由国务院水行政主管部门会同国务院有关主管部门制定。

开发建设项目水土保持方案报告制度，一是保证了法律规定的人为水土流失防治责任得到落实，二是有利于将水土保持措施纳入开发建设项目总体计划之中，三是使得人为水土流失防治有了科学规划和技术保证，四是便于水土保持监督管理部门依法监督实施。

b. 水土保持“三同时”制度

《水土保持法》第十九条规定：建设项目中的水土保持设施，必须与主体工程同时设计、同时施工、同时投产使用。建设工程竣工验收时，应当同时验收水土保持设施，并有水行政主管部门参加。

《水土保持法实施条例》第十四条规定：建设工程中的水土保持设施竣工验收，应当有水行政主管部门参加并签署意见。水土保持设施经验收不合格的，建设工程不得投产使用。

c. 水土保持设施补偿制度

《水土保持法实施条例》第二十一条规定：任何单位和个人不得破坏或者侵占水土保持设施，企业事业单位在建设和生产过程中损坏水土保持设施的，应当给予补偿。

5）规定了水土保持规划的法律地位

《水土保持法》第七条规定：国务院和县级以上地方人民政府的水行政主管部门，应当在调查评价水土资源的基础上，会同有关部门编制水土保持规划。水土保持规划须经同级人民政府批准。县级以上地方人民政府批准的水土保持规划，须报上一级人民政府水行政主管部门备案。水土保持规划的修改,须经原批准机关批准。县级以上人民政府应当将水土保持规划确定的任务,纳入国民经济和社会发展计划,安排专项资金,并组织实施。

6)确定了水土流失分区防治战略

《水土保持法》第七条规定:县级以上地方人民政府应当依据水土流失的具体情况,划定水土流失重点防治区,进行重点防治。

《水土保持法实施条例》第六条规定:水土流失重点防治区按国家、省、县三级划分,具体范围由县级以上地方人民政府水行政主管部门提出,报同级人民政府批准并公告。水土流失重点防治区可以分为重点预防保护区、重点监督区和重点治理区。

7)确定了水行政主管部门和水土保持机构的执法主体地位

《水土保持法》第六条规定:国务院水行政主管部门主管全国的水土保持工作。县级以上地方人民政府水行政主管部门,主管本辖区的水土保持工作。

《水土保持法实施条例》第四条规定:地方人民政府根据当地实际情况设立的水土保持机构,可以行使《水土保持法》和本条例规定的水行政主管部门对水土保持工作的职权。

《水土保持法实施条例》第二十五条规定:县级以上地方人民政府水行政主管部门及其所属的水土保持监督管理机构,应当对《水土保持法》和本条例的执行情况实施监督检查。水土保持监督人员依法执行公务时,应当持有县级以上人民政府颁发的水土保持监督检查证件。

8)确立了水土流失综合治理的技术路线

在水力侵蚀地区实施小流域综合治理。《水土保持法》第二十二条规定:在水力侵蚀地区,应当以天然沟壑及其两侧山坡地形成的小流域为单元,实行全面规划,综合治理,建立水土流失综合防治体系。

在风力侵蚀地区以开发水源为根本防沙治沙。《水土保持法》第二十二条规定:在风力侵蚀地区,应当采取开发水源、引水拉沙、植树种草、设置人工沙障和网格林带等措施,建立防风固沙防护体系,控制风沙危害。

9)确立了水土保持监测的法律地位

《水土保持法》第二十九条规定:国务院水行政主管部门建立水土保持监测网络,对全国水土流失动态进行监测预报,并予以公告。

《水土保持法实施条例》第二十二条规定:《水土保持法》第二十九条所称水土保持监测网络,是指全国水土保持监测中心,大江大河流域水土保持中心站,省、自治区、直辖市水土保持监测站以及省、自治区、直辖市重点防治区水土保持监测分站。国务院水行政主管部门和省、自治区、直辖市人民政府水行政主管部门应当定期分别公告水土保持监测情况。

10)明确了有关水土保持优惠政策

如承包治理小流域、“四荒”资源治理开发、保护治理者的合法权益等政策。

11)规定了水土保持的法律概念

《水土保持法》第二条规定:本法所称水土保持,是指对自然因素和人为活动造成水土流失所采取的预防和治理措施。

9.2.1.1.2 《开发建设项目水土保持方案编制》的有关规定

《开发建设项目水土保持方案编制》于1995年5月30日以水利部令第5号公布,2005年7月8日,以《水利部关于修改部分水利行政许可规章的决定》(水利部令第24号)修改,其主要内容包括如下几方面。

1）对开发建设项目水土保持方案及后续设计文件的管理要求

（1）凡从事有可能造成水土流失的生产建设活动的开发建设单位和个人，必须编报水土保持方案（第二条）。开发建设项目的初步设计报告书中应有相应水土保持篇章（第三条）。

（2）水土保持方案分为水土保持方案报告书和水土保持方案报告表。凡征占地面积在 1 hm^2 以上或者挖填土石方总量在 1 万 m^3 以上的开发建设项目，应当编报水土保持方案报告书；其他开发建设项目应当编报水土保持方案报告表。水土保持方案报告书、水土保持方案报告表的内容和格式应当符合《开发建设项目水土保持技术规范》及有关规定（第四条）。

2）对水土保持方案审批的管理规定

（1）水土保持方案必须先经水行政主管部门审查批准，方可立项审批或者核准（备案）。水行政主管部门审批水土保持方案实行分级审批制度。

（2）有审批权的水行政主管部门受理申请后，应当依据有关法律、法规和技术规范组织审查，或者委托有关机构进行技术评审。

（3）水土保持方案报告的审批应符合有关法律、法规、规章和规范性文件规定，《开发建设项目水土保持技术规范》等国家、行业的水土保持技术规范、标准；水土流失防治责任范围明确；水土流失防治措施合理、有效，与周边环境相协调，并达到主体工程设计深度；水土保持投资估算编制依据可靠、方法合理、结果正确；水土保持监测的内容和方法得当（第十条）。

3）其他有关规定

包括设计变更的"三同时"制度等方面的规定（第十一条至第十三条）。

9.2.1.1.3　水土保持技术标准中强制性条文

《开发建设项目水土保持技术规范》（GB 50433—2008）中的强制性条文，对开发建设项目主体设计（包括选址（线）、建设方案及布局、取土（石、料）场选址、弃土（石、渣）场选址、施工组织设计、工程施工），开发建设项目不同土壤类型区（包括风沙区、东北黑土区、西北黄土高原区、北方土石山区、西南土石山区、南方红壤丘陵区、青藏高原冻融侵蚀区），开发建设项目的形状（线型建设类工程、点型建设生产类工程），开发建设项目水土保持方案应达到防治水土流失的基本目标等均做了强制规定。

9.2.1.2　水土保持监测

水土保持监测项目与内容如下。

9.2.1.2.1　区域监测

（1）不同侵蚀类型（风蚀、水蚀和冻融侵蚀）的面积和强度；重力侵蚀易发区，对崩塌、滑坡、泥石流等进行典型监测。

（2）典型区水土流失危害监测，包括土地生产力下降，水库、湖泊、河床及输水渠淤积量，损坏土地数量。

（3）典型区水土流失防治效果监测：防治措施数量、质量（包括水土保持工程、生物和耕作等三大措施中各种类型的数量和质量），防治效果（包括蓄水保土、减少河流泥沙、增加植被覆盖度、增加经济收益和增产粮食等）。

9.2.1.2.2 中小流域监测

中小流域监测项目与内容详见图9-1。

- 中小流域监测项目与内容
  - 主要监测项目
    - 水土流失现状 —— 包括不同侵蚀类型的面积、强度、流失量和潜在危险度
    - 水土流失危害监测 —— 包括土地生产力下降，水库、湖泊、河末及输水渠淤积量和损坏土地面积
    - 水土保持工程数量及质量 —— 包括水土保持林、经济林、种草、封山育林(草)、梯田、沟坝地的面积、治沟工程和坡面工程
    - 水土流失防治效果监测 —— 包括蓄水保土、减沙、植被类型及覆盖度变化、增加经济效益、增产粮食等
  - 小流域加测项目
    - 自然条件及土地利用方面
      - 小流域特征值：流域长度、宽度、面积，地理位置，海拔，地貌类型，土地及耕地的地面坡度组成
      - 气象：包括年降水量及其年内分布、雨强，年均气温、积温和无霜期
      - 土地利用：包括土地利用类型及结构，植被类型及覆盖度
      - 主要灾害：包括干旱、洪涝、沙尘暴等灾害发生次数和造成的危害
    - 社会经济方面 —— 主要包括人口、劳动力、经济结构和经济收入
    - 水土流失及其防治方面 —— 包括土壤的类型、厚度、质地及理化性状，水土流失的面积、强度与分布，防治措施类型及数量，以及治理前后土壤质地、厚度和养分变化

图9-1 中小流域监测项目与内容

9.2.1.2.3 开发建设项目监测

开发建设项目监测包括以下项目与内容：

(1)水土流失因子监测：地形、地貌和水系的变化情况；建设项目占用土地面积、扰动地表面积；项目挖方、填方数量及其面积，弃土、弃石、弃渣量及堆放面积；项目区林草覆盖度。

(2)水土流失状况监测：水土流失面积变化情况；水土流失量变化情况；水土流失程度变化情况；对下游和周边地区造成的危害及其趋势。

(3)水土流失防治效果监测：防治措施的数量和质量；林草措施成活率、保存率、生长情况及覆盖度；防护工程的稳定性、完好程度和运行情况；各项防治措施的拦渣保土效果。此项内容是开发建设项目水土流失监测重点，监测指标主要包括土壤流失控制率、植被恢复系数、拦渣率、扰动土地整治率、水土流失治理度和林草覆盖度以及水损失控制方面的指标。

9.2.1.3 水土保持试验研究

水土保持试验研究的主要内容有水土流失规律试验研究和水土保持措施试验研究，研究内容和方法各有不同。

9.2.1.3.1 水土流失规律试验研究

一般包括水土流失机制研究(泥沙形成过程、土壤侵蚀机理等)、影响因子研究(单因子

和多因子等)、分布及危害研究、产沙与输沙研究、土壤容许流失量研究等。

研究方法一般均采用小区试验法,标准小区(基准小区)面积100 m^2(5 m×20 m),试验小区面积大小则根据试验条件、试验因子等确定。对照小区与试验小区,重复2~3次。

9.2.1.3.2 水土保持措施试验研究

1)水土保持耕作措施

水土保持耕作措施试验主要包括不同耕作法(如等高耕作、沟垄耕作等)试验、不同耕作制(连作、轮作)试验。小区试验面积20~100 m^2 不等。小区试验布置应严格按照农业试验统一的要求进行。

2)水土保持林草措施

水土保持林草措施方面的试验主要是林草配置试验、造林试验、种草试验、整治效果试验、引种试验等。试验布设应遵循试验统计方法的要求。开发建设项目水土保持林草试验可与工程建设施工协调进行。从水土保持角度看,检验试验效果的内容主要是植被生物量及相关指标、水土流失防治效果的相关指标。

a. 林草配置试验研究

林草配置试验研究包括天然植被群落研究、人为扰动土地自然恢复植被群落研究、现有人工林草群落研究、人工种植林草的配置研究等。一般前三者多通过样地调查进行研究;后者则是在研究前者的基础上,筛选部分配置模式,进行人工种植试验,以进一步确定可推广的类型。

b. 造林及引种试验研究

造林试验研究包括同一树种不同品种的试验(主要是杨、柳、经济林木),同一立地不同树种试验,同一立地同一树种不同整地方式、造林方式(如植苗与分殖、裸根苗与容器苗等)的试验等。引种试验包括引种与驯化两方面及引进树种的生长情况与类似的乡土树种的比较等。

造林与引种试验,因小区布置有限,一般采用对比试验、裂区试验等,一般一个小区50~100株,重复2~3次。试验小区的排列应注意区间差异的唯一性。

c. 种草及引种试验研究

种草及引种试验研究包括种草技术试验、草种(或品种)筛选、引种与驯化、草场草坡改良试验等。一般采用小区试验,小区面积6~60 m^2 不等,采用长方形布置。试验小区布设一般采用随机区组、正交设计、拉丁方设计等。

3)水土保持工程措施试验

试验内容主要包括工程布置、设计计算、工程结构、断面尺寸、施工方法、建筑材料及相互优化配置等。因工程措施造价高,试验一般只布设对照和处理,不进行重复试验。某些规模较大的试验,可采用室内模型试验与野外试验相结合的方法。

4)区域水土流失综合治理试验研究

区域水土流失综合治理试验研究是在上述各类试验研究的基础上,在不同水土流失类型区进行水土流失综合防治措施配置模式、措施技术体系及技术的集成、治理效益的评价。

试验研究一般以小流域或小片区为单元进行,应设相应的对照小流域或小片区。

5)开发建设项目水土流失防治试验

主要包括人为水土流失规律研究、工程设计、施工与水土流失的关系、各类建设施工场地水土保持措施及效果等。

9.2.2 案例分析

【案例1】 某水利枢纽工程地处省级水土流失重点治理区，土壤侵蚀类型以水力侵蚀为主，土壤侵蚀等级为强度，枢纽布置在高山峡谷地形复杂的地段，项目区多年平均降水量720 mm，该工程编制水土保持方案报告时，水土流失防治标准等级采用________。

A. 建设类一级标准　　B. 建设类二级标准

C. 建设生产类一级标准　　D. 建设生产类二级标准

答案：B

考点：水土流失防治标准等级的确定及其指标值的计算。

解：水电站工程属于建设类项目；工程位于省级水土流失重点治理区，可以确定水土流失防治标准为二级标准，因此水土流失防治标准采用建设类二级。

【案例2】 在审查某水电站水土保持方案时，该方案对项目的分类描述正确的是________。

A. 线型开发建设项目　　B. 点型开发建设项目

C. 建设类项目　　D. 建设生产类项目

答案：BC

考点：开发建设项目分类。

解：开发建设项目按形状划分为线型和点型，线型开发建设项目包括公路、铁路、输变电、供水渠道工程、通信工程、输油输气管道、堤防工程等；点型开发建设项目包括机场、港口码头、核电站、火力发电等，因此选B。

开发建设项目按建设和生产运行情况划分为建设类和建设生产类，建设类项目包括公路、铁路、机场、港口码头、水工程、电力工程（水电、核电、风电和输变电）、输油输气管道等，建设生产类项目包括矿产和石油天然气开采及冶炼、建材、火力发电等。水电站属建设类项目，因此选C。

【案例3】 某一开发建设项目在相应坡度原地貌设置了对照点，在弃土弃渣堆积坡面设置了简易侵蚀观测场，斜坡坡度值为40°，水平投影面积65 m^2，在一次大暴雨后经过观测，原与地面平齐的钉帽，现距地面的高度为13 mm。另外，经过观测对照点与弃土弃渣堆放点的高度变化，发现沉降高度为3 mm。据此推算土壤侵蚀量为________m^3。

A. 1.10　　B. 0.85　　C. 0.75　　D. 0.60

答案：B

考点：熟悉推算土壤侵蚀量的公式：$A = ZS/(1\,000\cos\theta)$。

解：将$\theta = 40°$、$S = 65$ m^2、$Z = 13$ mm代入上述公式，经计算得$A = 1.10$ m^3。

考虑沉降高度为3 mm，则修正后的侵蚀厚度为：$Z = 13 - 3 = 10$ mm。然后代入土壤侵蚀量计算公式，计算得$A = 0.85$ m^3。

【案例4】 某径流场标准小区面积100.0 m^2，泥沙真比重2.65 t/m^3，测得某次降雨量30.0 mm，径流总量1.50 m^3，土壤侵蚀量90 kg。以下描述正确的是________。

A. 含沙量60 kg/m^3　　B. 径流深度39.7mm

C. 径流系数50%　　D. 单位面积侵蚀量9 000 t/km^2

答案:A

考点:径流标准小区试验观测数据处理。

解:(1) 平均含沙量 $= \frac{\text{土壤侵蚀量}}{\text{径流量}} = \frac{90}{1.5} = 60(\text{kg/m}^3)$

(2) 径流深度 $= \frac{\text{径流总量} - \frac{\text{土壤侵蚀量}}{\text{泥沙真比重}}}{\text{小区面积}} = \frac{(1.5 \times 2.65) - \frac{90}{2.65}}{100} \times 1\,000 = 14.7(\text{mm})$

(3) 径流系数 $= \frac{\text{径流深度}}{\text{降雨量}} \times 100 = \frac{14.7}{30} \times 100 = 48.9\%$

(4) 单位面积侵蚀量 $= \frac{\text{侵蚀总量}}{\text{小区面积}} = \frac{90}{100} \times 1\,000 = 900\ (\text{t/km}^2)$

【案例 5】 通过常规地面调查某一总面积 1.25 hm^2 的地块得知,林草植株冠层或叶面在地面上的垂直投影面积为 0.53 hm^2。该地块植被覆盖度为________。

A. 42.4% B. 32.0% C. 19.2% D. 23.2%

答案:A

考点:植被覆盖度。

解:植被覆盖度常指林草地(包括乔木林、灌木林、草地和作物)上林草植株冠层或叶面在地面上的垂直投影面积占该林草标准地面积的比例。

林草植株冠层或叶面在地面上的垂直投影面积为 0.53 hm^2,治理区总面积 1.25 hm^2,则:

$$\text{林草植被覆盖度} = \frac{\text{林草地垂直投影面积}}{\text{治理区总面积}} \times 100 = \frac{0.53}{1.25} \times 100 = 42.4\%$$

9.3 复习题

9.3.1 水土保持监督

1) 单项选择题

(1)《水土保持法》中确立了以________为核心的水土保持工作方针。

A. 综合防治 B. 防治并重 C. 预防为主 D. 加强管理

(2)根据《水土保持法》规定,从事可能引起水土流失的生产建设活动的单位和个人,必须采取措施________,并负责治理因生产建设活动造成的水土流失。

A. 保护水土资源 B. 防治水土流失 C. 进行水土保持 D. 搞好生产开发

(3)根据《水土保持法实施条例》的规定,任何单位和个人不得破坏或者侵占水土保持设施,企业事业单位在建设和生产过程中损坏水土保持设施的,应当给予________。

A. 恢复 B. 补偿 C. 建设 D. 修复

(4)根据《水土保持法》规定,在________地区,应当以天然沟壑及其两侧山坡地形成的小流域为单元,实行全面规划,综合治理,建立水土流失综合防治体系。

A. 重力侵蚀 B. 风力侵蚀 C. 泥石流 D. 水力侵蚀

(5)根据《水土保持法》规定,在________地区,应当采取开发水源、引水拉沙、植树种草、设置人工沙障和网格林带等措施。

A. 重力侵蚀　　B. 风力侵蚀　　C. 泥石流　　D. 水力侵蚀

(6)根据《环境影响评价法》规定,建设项目水土保持方案与环境影响报告书的关系为________。

A. 环境影响报告书中的水土保持方案必须先经水行政主管部门审查同意

B. 环境影响报告书中的水土保持方案必须先经环境保护行政主管部门审查同意

C. 环境影响报告书中的水土保持方案必须先经流域主管部门审查同意

D. 环境影响报告书中的水土保持方案必须先经项目所在地水行政主管部门审查同意

(7)关于加强城市水土保持及城镇化过程中的水土保持工作,国家主要抓好处于________和历史文化、旅游名城的水土保持生态示范城市工作。

A. 山丘区的经济特区　　B. 平原区的大城市

C. 山区和风沙区　　D. 丘陵沟壑区

(8)凡征占地面积在________以上的开发建设项目,应当编报水土保持方案报告书。

A. 1 hm^2　　B. 2 hm^2　　C. 3 hm^2　　D. 4 hm^2

(9)凡挖填土石方总量在________以上的开发建设项目,应当编报水土保持方案报告书。

A. 1 万 m^3　　B. 2 万 m^3　　C. 3 万 m^3　　D. 4 万 m^3

(10)监理人员对治沟骨干工程、淤地坝和坡面水系等工程的隐蔽工程、关键工序应进行________。

A. 巡视检查　　B. 旁站监理　　C. 监督监理　　D. 驻地监理

(11)监理人员对造林、种草、坡改梯、小型的沟道治理、蓄水工程及封禁治理工程等可进行________。

A. 轮流监理　　B. 检查监理　　C. 旁站监理　　D. 巡视检查

(12)建设项目的水土保持投资在________万元以上(含主体工程中已列的水土保持投资),承担水土保持工程监理工作的单位还必须具有水土保持监理资质。

A. 1 000　　B. 2 000　　C. 3 000　　D. 4 000

(13)在开发建设项目土建工程完成后,应当及时开展水土保持设施的验收工作。________应编制水土保持方案实施工作总结报告和水土保持设施竣工验收技术报告。

A. 编制方案单位　　B. 建设单位　　C. 施工单位　　D. 设计单位

(14)在开发建设项目水土保持设施验收时,行政验收合格意见必须经________以上验收组成员同意。

A. 1/2　　B. 2/3　　C. 3/5　　D. 3/4

(15)对开发建设项目水土保持设施的行政验收中有争议的问题,验收组长应提出裁决意见,若有________以上的验收组成员不同意裁决意见时,验收主持单位对争议问题有裁决权。

A. 1/2　　B. 2/3　　C. 3/5　　D. 3/4

(16)公路、铁路工程在高填深挖路段,应减少大填大挖。填高大于________m 或挖深大于 30 m 的,必须有桥隧比选方案。

A. 10　　B. 15　　C. 20　　D. 25

(17)根据小流域水土保持综合治理的不同治理程度、质量和效益，划分________个等级标准，作为成果评价的依据。

A. 2　　B. 3　　C. 4　　D. 5

(18)根据水土保持综合治理验收标准，列入国家重点和各级重点治理的小流域，都应达到________级标准。

A. 1　　B. 2　　C. 3　　D. 4

(19)弃土(石、渣)场选址涉及河道的，应符合________的规定，不得在河道、湖泊管理范围内设置弃土(石、渣)场。

A. 流域规划　　B. 治导规划及防洪行洪

C. 水土保持规划　　D. 小流域治理规划

(20)主体工程动工前，应剥离________并集中堆放，施工结束后作为复耕地、林草地的覆土。

A. 岩土层　　B. 枯枝落叶层　　C. 心土层　　D. 熟土层

(21)开发建设项目水土流失防治及其措施总体布局中规定，施工过程中必须有水土保持________。

A. 工程措施　　B. 植物措施　　C. 临时防护措施　　D. 监测措施

2)多项选择题

(1)开发建设项目水土保持管理的基本制度主要包括________三项基本管理制度。

A. 水土保持方案报告制度　　B. 水土保持"三同时"制度

C. 水土流失治理制度　　D. 水土保持设施补偿制度

(2)水土保持三同时制度包括：________。

A. 同时设计　　B. 同时施工　　C. 同时验收　　D. 同时投产使用

(3)自《水土保持法》颁布以来，各级政府依法划定了水土流失重点________。

A. 预防保护区　　B. 开发区　　C. 治理区　　D. 监督区

(4)《水土保持综合治理效益计算方法》中将水土保持效益分为________。

A. 基础效益(保水保土效益)　　B. 经济效益

C. 社会效益　　D. 生态效益

(5)开发建设项目水土流失防治及其措施总体布局中规定，弃土(石、渣)应综合利用，不能利用的应集中堆放在专门的存放地，不得在________布设弃土(石、渣)场。

A. 江河　　B. 湖泊

C. 建成水库　　D. 专门存放地以外的沟渠

(6)开发建设项目主体工程施工组织设计中规定，施工开挖、填垫、堆置等裸露面，应采取________措施。

A. 临时拦挡　　B. 临时排水　　C. 临时沉沙　　D. 临时覆盖

(7)东北黑土区开发建设项目水土保持方案编制应符合________特殊规定。

A. 保护现有天然林、人工林及草地　　B. 剥离表土并集中堆放，用于植被恢复

C. 植被恢复同步建设灌溉设施　　D. 工程措施应有防冻害的要求

(8)青藏高原冻融侵蚀区开发建设项目水土保持方案编制应符合________特殊规定

A. 控制施工道路及施工场地的扰动范围　B. 选择耐盐碱的植物品种。

C. 剥离高山草甸，妥善保存，及时移植　　D. 工程建设应有防治冻土翻浆的措施

(9) 在水土流失防治标准中，建设生产类项目的时段标准划分为________。

A. 规划设计期　　B. 施工期　　C. 试运行期　　D. 生产运行期

(10) 在开发建设项目水土保持设施验收时，属于重要单位工程的是________。

A. 征占地不小于 5 hm^2 的弃渣场的防护设施

B. 所有穿(跨)越工程及临河建筑物

C. 周边有居民点且拦渣量不小于 5 000 m^3 的弃渣场的防护设施

D. 占地小于 1 hm^2 的园林绿化工程

参考答案

1) 单项选择题

(1) C　(2) A　(3) B　(4) D　(5) B　(6) A　(7) A　(8) A

(9) A　(10) B　(11) D　(12) C　(13) B　(14) B　(15) A　(16) C

(17) A　(18) A　(19) B　(20) D　(21) D

2) 多项选择题

(1) ABD　(2) ABD　(3) ACD　(4) ABCD　(5) ABCD　(6) ABCD

(7) ABD　(8) ACD　(9) BCD　(10) AC

9.3.2　水土保持监测

1) 单项选择题

(1) 开发建设项目的水土保持监测就属于________。

A. 微观监测　　B. 宏观监测　　C. 常规　　D. 长设

(2) 区域和中小流域的水土保持监测属于________。

A. 微观监测　　B. 宏观监测　　C. 常规　　D. 长设

(3) 典型区水土流失危害监测不包括________。

A. 土地生产力下降　　B. 水库、湖泊、河床及输水渠淤积量

C. 破坏林地规模及数量　　D. 损坏土地数量

(4) 开发建设项目监测时应通过设立典型观测断面、观测点和________等对生产建设和运行中的水土流失进行监测。

A. 样地　　B. 观测基准　　C. 观测站点　　D. 标准小区

(5) 开发建设项目水土保持监测重点项目是________。

A. 水土流失因子监测　　B. 水土流失状况监测

C. 水土流失防治效果监测　　D. 水土流失危害监测

(6) 下列选项中，不属于开发建设项目水土保持监测指标的是________。

A. 扰动土地整治率　　B. 林草植被恢复率

C. 林草郁闭度　　D. 水土流失总治理度

(7) 某简易侵蚀观测场，水平投影面积 100 m^2，坡度 30°，土堆沉降厚度 2.2 mm，钢钎观测值为 8.1 mm，该侵蚀观测场土壤流失量为________ m^3。

A. 0.94　　B. 0.68　　C. 0.25　　D. 0.43

(8)开发建设项目径流小区应根据实际情况分别设置扰动地表径流小区和________。

A. 样地对照小区　　B. 原地貌对照小区

C. 原区域小区　　D. 不同坡度对照小区

(9)简易侵蚀观测场适用于类型复杂、分散、暂不受干扰或干扰少的地表或弃土弃渣流失量的监测，也适于________的观测。

A. 冻融侵蚀量　　B. 风蚀量　　C. 重力侵蚀量　　D. 泥石流量

(10)下列选项中，不是风蚀监测方法的是________。

A. 土壤剖面法　　B. ^{137}Cs 法　　C. 剖面粒度分析法　D. 侵蚀沟调查法

(11)开发建设项目造成的扬尘监测属于________监测。

A. 水土流失　　B. 风蚀　　C. 水蚀　　D. 环境因子

(12)在滑坡(崩塌)监测中，地表变形与位移观测，采用________。汛期每周观测一次，非汛期半月或一月观测一次。

A. 钢钎法　　B. 巡查法　　C. 排桩法　　D. 遥感监测法

(13)泥石流观测中常在泥石流沟道上设立观测断面，利用测速雷达、________实现泥石流运动观测。

A. 压力电石英晶体传感器　　B. 遥测数传冲击力仪

C. 超声波泥位计　　D. 动态立体摄影

(14)遥感监测中，小流域(包括大型开发建设项目)不小于________比例尺。

A. 1∶100 000　　B. 1∶50 000　　C. 1∶10 000　　D. 1∶1 000

(15)区域监测方法主要采取遥感监测的方法，并进行实地勘察和校验。小流域监测宜采取________。

A. 遥感监测　　B. 地面观测　　C. 抽样调查　　D. 资料收集

(16)在外业调查中，疏林地指的是树木郁闭度为________的林地。

A. ＜10%　　B. 10%～20%　　C. 10%～30%　　D. ＞20%

2)多项选择题

(1)根据监测范围的大小和监测内容的差异性，可以将水土保持监测分为________两大类。

A. 微观监测　　B. 宏观监测　　C. 常规　　D. 长设

(2)中流域监测宜采用________三种监测方法。

A. 遥感监测　　B. 地面观测　　C. 抽样调查　　D. 实测调查

(3)开发建设项目水土保持监测主要项目有________。

A. 水土流失因子监测　　B. 水土流失状况监测

C. 水土流失防治效果监测　　D. 水土流失危害监测

(4)开发建设项目水土流失状况监测包括________。

A. 水土流失面积变化情况　　B. 水土流失量变化情况

C. 水土流失程度变化情况　　D. 对下游和周边区域造成的危害及其趋势

(5)下列不适用控制站(卡口站)监测的开发建设项目为________。

A. 铁路　　B. 公路　　C. 输气管道　　D. 山区采石场

(6)某取土场原地貌调查数据如下：总占地面积 10 hm^2，其中包括坡耕地 1.5 hm^2、林地

0.5 hm^2、荒草地 8.0 hm^2。根据监测结果估算上述各类土地的平均侵蚀模数分别为 4 000、100、1 500 t/(km^2·a),以下数据正确的是________。

A. 坡耕地的年侵蚀量 60 t

B. 林地的年侵蚀量 0.5 t

C. 取土场原地貌年侵蚀总量 190.5 t

D. 取土场原地貌平均侵蚀模数 1 905 t/(km^2·a)

(7)某公路工程地处高山峡谷地段,多年平均降水量 1 200 mm,按二级防治标准编制水土保持方案。在试运行期的监测结果如下,达标的是________。

A. 扰动土地整治率 92%　　B. 水土流失总治理度 86%

C. 拦渣率 89%　　D. 林草覆盖率 25%

参考答案

1)单项选择题

(1) A　(2) B　(3) C　(4) B　(5) C　(6) C　(7) B　(8) B

(9) B　(10) D　(11) D　(12) C　(13) C　(14) C　(15) B　(16) C

2)多项选择题

(1) AB　(2) ABC　(3) ABC　(4) ABCD　(5) ABC　(6) AB

(7) CD

9.3.3　水土保持试验研究

1)单项选择题

(1)我国 20 世纪 90 年代以后主要研究哪方面的内容________。

A. 小区和小流域综合治理试验研究　　B. 水土流失综合防治的区域试验示范研究

C. 水土保持监测技术　　D. 黄土高原综合治理试验示范研究

(2)水土保持小区试验研究多数是在________上布设不同的水土保持措施试验小区。

A. 不同流域或不同面坡　　B. 不同流域或同一面坡

C. 同一流域或不同面坡　　D. 同一流域或同一面坡

(3)水土保持中间试验的年限根据内容不同而不同,在通常情况下,农业措施试验应在 3 年以上,牧草措施试验应在 4 年以上,林业措施试验应在________年以上。

A. 2　　B. 3　　C. 4　　D. 5

(4)水土流失规律试验研究方法一般均采用小区试验法,标准小区(基准小区)面积________。

A. 5 m×10 m　　B. 8 m×10 m　　C. 5 m×20 m　　D. 8 m×20 m

(5)水土保持耕作措施试验主要包括不同耕作法试验和不同________试验。

A. 整治效果　　B. 耕作制　　C. 引种　　D. 品种筛选

(6)水土保持耕作措施小区试验面积一般是________ m^2。

A. 20~50　　B. 20~100　　C. 50~100　　D. 100~200

(7)林草配置试验研究包括天然植被群落研究、人为扰动土地自然恢复植被群落研究、现有人工林草群落研究、人工种植林草的配置研究等,________不是通过样地调查进行研究。

A. 天然植被群落研究　　B. 人为扰动土地自然恢复植被群落研究

C. 现有人工林草群落研究　　D. 人工种植林草的配置研究

(8)水土保持造林及引种试验研究,因小区布置有限,一般一个小区栽植树木________株,重复2~3次。

A. 50~100　　B. 50~200　　C. 100 ~150　　D. 100~200

(9)水土保持种草及引种试验研究一般采用小区试验,小区面积________ m^2 不等,采用长方形布置。

A. 6~50　　B. 8~50　　C. 6~60　　D. 8~80

(10)关于水土保持工程试验研究,下列说法正确的是:________。

A. 试验一般只布设对照和处理,不进行重复试验

B. 试验除布设对照和处理外,还要进行重复试验

C. 一般情况下要进行重复试验

D. 多数情况需要重复试验

(11)区域水土流失综合治理试验研究一般以________为单元进行。

A. 大流域　　B. 省　　C. 河流　　D. 小流域或小片区

(12)水土流失规律与水土保持效果以观测________为主。

A. 径流与泥沙　　B. 降雨

C. 生物量　　D. 作物产量及其水土保持效果

(13)植被调查方法中,应用最多的调查方法是________。

A. 普查　　B. 小班调查　　C. 标准地调查　　D. 专项调查

(14)植被调查时标准地的数量一般不少于________块。

A. 2　　B. 3　　C. 4　　D. 5

(15)植被地上生物量测定方法有收获法和________。

A. 直接估算法　　B. 间接估算法　　C. 实地调查法　　D. 全面普查法

(16)野外植被地下生物量的测定方法主要有挖掘法和________两种。

A. 估算法　　B. 模型法　　C. 剖面法　　D. 钻孔法

(17)郁闭度是指森林中________彼此相接而遮蔽地面的程度。

A. 灌木树冠　　B. 乔木树冠　　C. 乔灌树冠　　D. 乔灌草

(18)林木郁闭度常用的测定方法有面积法和________。

A. 样地法　　B. 目估法　　C. 剖面法　　D. 测针法

(19)植被覆盖度是指林草地上林草植株冠层或叶面在地面上的垂直投影面积占该________面积的比例。

A. 统计治理　　B. 林木标准地　　C. 乔木标准地　　D. 林草标准地

(20)植被覆盖率是指林草冠层或叶面在地面的垂直投影面积占________总面积的比率。

A. 统计区　　B. 标准区　　C. 治理区　　D. 植被区

(21)在水土保持治理中,人们通常把具有一定覆盖度的林草地(覆盖度>0.40)的面积占________总面积的比率,作为植被覆盖率(不计作物)。

A. 统计治理区　　B. 林草标准区　　C. 统计区　　D. 标准区

(22)在丘陵、山区,降雨观测场不宜设在陡坡上或峡谷内,尽量选相对平坦的场地,并使仪器口至山顶的仰角不大于________。

A. 60°　　B. 50°　　C. 40°　　D. 30°

(23)小区径流场设置的降雨观测场,应距最远小区不超过________m;若径流小区分散,可增加观测点。

A. 50　　B. 80　　C. 100　　D. 150

(24)我国小流域测验,一般 1 km^2 面积至少应有________个雨量点。在水土流失较严重的重点流域或地形复杂的流域,雨量点数适当增加。

A. 1　　B. 3　　C. 5　　D. 8

(25)我国小流域在 50 km^2 以下,每________km^2 布设一个雨量站;超过 50 km^2,每________km^2 布设一个雨量站。

A. 1~2、3~6　　B. 3~5、4~6　　C. 5~8、7~10　　D. 9~12、8~12

(26)水土流失暴雨调查,一般大范围暴雨调查,1 km^2 面积不少于________个调查点。

A. 1　　B. 3　　C. 4　　D. 5

(27)水土保持试验研究中径流与泥沙观测有两类:一是径流小区观测;二是________观测。

A. 小流域断面　　B. 标准小区　　C. 典型小区　　D. 统计小区

(28)小流域测流设施遇有特高或特低水位时,需延长曲线,一般要求高水位延长范围不得超过当年实测水位变幅的30%,低水位部分不超过________。

A. 10%　　B. 15%　　C. 20%　　D. 25%

(29)在小流域洪水悬移质测验时,一般单峰洪水取水样不应少于________次。

A. 5　　B. 10　　C. 15　　D. 20

(30)某小流域推移质测验采用沉沙池法,某次洪水分别测得沉沙池进口的悬沙输沙量为 20 t,出口的悬沙输沙量为 17 t,沉沙池的淤积量为 9 t,则推移质输沙量为________t。

A. 6　　B. 9　　C. 12　　D. 15

2)多项选择题

(1)水土保持试验研究包括________。

A. 理论研究　　B. 效益研究　　C. 方法研究　　D. 试验研究

(2)目前,我国水土保持试验研究主要集中在________等方面。

A. 生态修复　　B. 水土保持监测　　C. "3S"技术应用　　D. 综合治理技术

(3)水土流失规律试验研究,一般包括________等。

A. 水土流失机制研究　　B. 影响因子研究　　C. 分布及危害研究　　D. 产沙与输沙研究

(4)水土保持林草措施方面的试验主要包括________。

A. 林草配置试验　　B. 造林试验　　C. 种草试验　　D. 整治效果试验

(5)水土保持林草配置试验研究包括________。

A. 天然植被群落研究　　B. 人为扰动土地自然恢复植被群落研究

C. 现有人工林草群落研究　　D. 人工种植林草的配置研究

(6)水土保持造林试验研究包括________。

A. 不同立地试验　　B. 同一树种不同品种的试验

C. 同一立地不同树种试验　　D. 同一立地同一树种不同整地方式试验

(7)区域水土流失综合治理试验研究一般以________为单元进行。

A. 标准小区　B. 小流域　C. 小片区　D. 大流域

(8)植被调查时标准地面积的大小因植被类型而不同,关于植被类型与标准地面积的大小,下列说法正确的是:________。

A. 乔木林地中设置的标准地多为 10 m×10 m 或 30 m×30 m

B. 灌木林地多为 2 m×2 m 或 5 m×5 m

C. 草地为 1 m×1 m 或 2 m×2 m

D. 作物植被调查的样地,面积多为 1 m×1 m、5 m×5 m

(9)在径流场小区建设中,对标准小区描述正确的是________。

A. 设置在荒山坡面上　　B. 宽 5 m

C. 水平坡长 20 m　　D. 水平投影面积 100 m^2

(10)在小流域洪水水位观测时,以下描述正确的是________。

A. 观测精度至 1 cm　　B. 平日每日 8 时、20 时各观测一次

C. 洪水峰顶附近不应少于 7 次　　D. 落水部分每 30 min 观测一次

(11)某径流场标准小区面积 100.0 m^2,土壤容重 1.60 t/m^3,测得某次降雨量 30.0 mm,径流总量 1.50 m^3,土壤侵蚀总量 36 kg。以下计算数据正确的是________。

A. 径流深度 15.0 mm　　B. 径流系数 50.0%

C. 侵蚀深度 0.225 mm　　D. 侵蚀模数 3 600 t/km^2

(12)某小流域卡口站上游集水面积 3.0 km^2,测得某次降雨量 50.0 mm,洪水总量 2.10 万 m^3,输沙总量 6 300 t,不考虑泥沙体积,以下计算数据正确的是________。

A. 平均含沙量 300 kg/m^3　　B. 径流系数 12.5%

C. 单位面积径流量 5 000 m^3/km^2　　D. 单位面积冲刷量 2 100 t/km^2

参考答案

1) 单项选择题

(1) C　(2) D　(3) D　(4) C　(5) B　(6) B　(7) D　(8) A

(9) C　(10) A　(11) D　(12) A　(13) C　(14) B　(15) B　(16) C

(17) B　(18) D　(19) D　(20) A　(21) A　(22) D　(23) C　(24) A

(25) A　(26) A　(27) A　(28) A　(29) B　(30) A

2) 多项选择题

(1)AD　(2)ABC　(3)ABCD　(4)ABC　(5)ABCD　(6)BCD

(7)BC　(8)AC　(9)BCD　(10)AB　(11)ABC　(12)AD

第10章 水土保持概(估)算及经济评价

10.1 考试大纲

掌握水土保持概(估)算的费用构成与计算方法。

了解水土保持效益类型划分及其计算方法。

了解水土保持生态建设项目经济评价的内容和方法。

10.2 复习指导

10.2.1 复习要点

10.2.1.1 水土保持工程概(估)算

10.2.1.1.1 编制方法

水土保持投资在基本建设程序中根据所处阶段、工作深度和基础的不同区分为不同的类型。在项目规划及可行性研究阶段称为投资估算,在初步设计阶段称为概算。水土保持投资概(估)算主要编制方法有:概算定额法,是采用概算定额编制水土保持工程概算的方法;概算指标法,是当设计深度不够、主要工程量和辅助工程量难以最终确定时采用的方法。

10.2.1.1.2 编制规定

根据《水土保持法》和建设部《关于调整建筑安装工程费用项目组成的若干规定》,水利部水利水电规划设计总院编制的《开发建设项目水土保持工程概(估)算编制规定》、《水土保持生态建设工程概(估)算编制规定》和《水土保持工程概算定额》,经水利部审查并经国家计委同意,于2003年以《关于颁发水土保持工程概(估)算编制规定和定额的通知》(水总〔2003〕67号)颁布。

水土保持工程造价体系由水土保持概(估)算编制规定和水土保持工程概算定额组成。水土保持概(估)算编制规定包括开发建设项目水土保持概(估)算编制规定和水土保持生态建设概(估)算编制规定两项内容。二者主要区别如下:

(1) 适用范围。开发建设项目水土保持概(估)算编制规定主要适用于中央投资、国家补贴、地方投资或其他投资的矿业开发、工矿企业建设、交通运输、水利工程建设、电力建设、荒地开垦、林木采伐以及城镇建设等一切可能引起水土流失的建设项目水土保持工程。

水土保持生态建设工程概(估)算编制办法主要适用于中央投资、国家补贴、地方投资或其他投资的水土保持生态建设综合治理工程。

(2) 项目划分。开发建设项目水土保持分为第一部分工程措施、第二部分植物措施、第三部分施工临时工程及第四部分独立费用;而生态建设工程水土保持分为第一部分工程措施、第二部分林草措施、第三部分封育治理措施及第四部分独立费用。

同样是三级项目划分，但内容不同。开发建设项目水土保持第一部分一级项目，分为拦渣、护坡、防洪、泥石流防治、土地整治、机械固沙和设备安装工程；而生态建设工程水土保持第一部分一级项目，分为梯田、谷坊、水窖、蓄水池、小型蓄排引水工程、治沟骨干工程、机械固沙工程、设备安装和其他工程。

同样是植物措施，但开发建设项目水土保持第二部分一级项目，以植物防护、植物恢复和美化绿化为主划分；而生态建设工程水土保持第二部分一级项目，以水土保持造林、水土保持种草和苗圃建设为主划分。

（3）费用构成和单价构成。费用构成基本相同，单价构成不同。

费用构成：开发建设项目水土保持，将工程费用分为建安工程费、植物措施费、设备费、独立费用、预备费和建设期贷款利息；而生态建设工程水土保持，将工程费用分为建安工程费、林草措施费、设备费、独立费用和预备费。

单价构成：开发建设项目水土保持，由直接工程费（包括直接费、其他直接费及现场经费）、间接费、企业利润和税金组成；而生态建设工程水土保持，由直接费（包括基本直接费、其他直接费）、间接费、企业利润和税金组成。

10.2.1.1.3　编制程序

（1）了解工程情况，进行实地调查，要掌握概算计算中使用当地定额的资料。

（2）编制概算编写工作大纲。

（3）编制基础价格。

（4）编制建筑工程及植物措施单价。

（5）编制材料、施工机械台班费、建筑和植物工程单价汇总表。

（6）编制建筑工程等各部分的概算。

（7）编制分年度投资。根据水土流失防治工程进度的安排，编制分年度投资。

（8）编制总概算和编写说明。

10.2.1.1.4　基础单价编制

在编制水土保持投资概（估）算时，需要根据材料来源、施工技术、工程所在地区有关规定及工程具体特点等编制人工预算单价；材料预算价格；施工用电、水、风预算价格；施工机械使用费；砂石料单价及混凝土材料单价，作为计算工程单价的基本依据。这些预算价格统称为基础单价，是水土保持投资概（估）算编制的基础工作。

1）人工预算单价

人工预算单价是指全行业平均的生产工人工作单位时间（工时）的费用，是计算工程单价和施工机械台时费的基础单价。

开发建设项目水土保持工程人工预算单价需要按水利工程的人工预算单价计算方式列表计算，由基本工资、辅助工资和工资附加费组成，比较复杂。开发建设项目水土保持工程人工预算单价标准比较高。

生态建设项目水土保持工程直接给出了人工预算单价范围值，工程措施为1.5～1.9元/工时，林草措施及封山育林措施为1.2～1.5元/工时。生态建设项目水土保持工程人工预算单价标准低。

2）材料预算价格

材料预算价格一般包括材料原价、包装费、运杂费、运输保险费和采购及保管费等5项。

(1)材料原价指材料指定交货地点的价格。

(2)包装费指材料在运输和保管过程中的包装费及包装材料的折旧摊销费。

(3)运杂费指材料从供货地至工地分仓库或材料堆放场所发生的全部费用,包括运输费、装卸费、调车费及其他杂费。

(4)运输保险费指材料在运输途中的保险而发生的费用。

(5)材料采购及保管费指材料在采购、供应和保管过程中发生的各项费用。

主要材料预算价格编制方法基本相同,仅采购保管费率不一样。开发建设项目水土保持工程采购保管费率不分工程类别均采用2%;而生态建设项目水土保持工程要求工程措施按1.5%~2%,林草措施、封育措施按1%计算。

3)电、水、风单价

开发建设项目水土保持工程,电、水、风要求按工时计算;而生态建设项目水土保持工程直接给出了电、水、风的单价,分别为0.6元/(kW·h)、1.0元/(kW·h)、0.12元/(kW·h),如果条件允许,也可根据当地实际情况进行水、电单价计算。

4)施工机械使用费

施工机械使用费指消耗在建筑安装工程项目上的机械磨损、维修和动力燃料费用等。施工机械使用费以台时为计算单位。台时费是计算建筑安装工程单价中机械使用费的基础单价。

施工机械台时费由两类费用组成:一类费用和二类费用。一类费用用金额编制,其大小主要取决于机械的价格和年工作制度,是按特定年物价水平确定的,由折旧费、修理及替换设备费(含大修理费、经常性修理费)、安装拆卸费组成;二类费用在施工机械台班费定额中以实物量形式表示,是指机械所需人工费和机械所消耗的燃料费、动力费,此项费用一般随工程地点不同而变化。

施工机械台时费按《水土保持工程概算定额》中附录一"施工机械台时费定额"计算。

5)混凝土材料单价

混凝土材料单价同主体工程中混凝土及砂浆的单价,或根据设计确定的不同工程部位的混凝土标号、级配和龄期,分别计算出单位体积混凝土的单价,其同机械台时费的计算一样,从《水土保持工程概算定额》附录中查混凝土中水泥、掺合料、砂石料、外加剂和水的配合比,乘以材料单价即可计算而得。混凝土的配合比,还可依据工程试验资料确定。

10.2.1.1.5 工程单价编制

水土保持可行性研究阶段与后期设计阶段的工程单价编制方法基本相同,只是取费有所区别,开发建设项目投资估算单价应在概算单价的基础上扩大10%,生态建设项目投资估算单价应在概算单价的基础上扩大5%。

1)主要工程单价编制

a.直接工程费

直接工程费指工程施工过程中直接消耗在工程项目上的活劳动和物化劳动。由直接费、其他直接费、现场经费组成。

(1)直接费。直接费指施工过程中耗费的构成工程实体和有助于工程形成的各项费用,包括人工费、材料费、施工机械使用费。

(2)其他直接费。其他直接费是指为完成工程项目施工,发生于该工程施工前和施工过程中非工程实体项目的费用，以直接费为基础，按费率计取。

(3)现场经费。现场经费包括临时设施费和现场管理费，计算基础为直接费，按不同工程类别选择费率计算。注意，现场经费只针对开发建设项目，生态建设项目无此项费用。

b. 间接费

间接费指承包商为进行工程施工而进行组织与经营管理所发生的各项费用。它构成产品成本，但又不便直接计量。

c. 企业利润

企业利润(计划利润)指施工企业完成所承包工程获得的盈利。

企业利润按工程类别实行差别利率，并按直接费和间接费之和的百分率计取。开发建设项目水土保持工程，工程措施为7%，植物措施为5%。生态建设项目水土保持工程，工程措施为3%~4%，林草措施为2%，封育治理措施为1%~2%。

d. 税金

税金指国家税法规定应计入建筑安装等各类工程造价内的营业税、城市维护建设税和教育费附加。

开发建设项目水土保持工程按建设项目所在不同地点：市区、城镇以及城镇以外的费率计算。税金=(直接工程费+间接费+企业利润)×税率。税率分别为3.41%、3.35%、3.22%。生态建设项目水土保持治理区均在县城镇以外，所以按直接费、间接费和企业利润之和的3.22%计算。

2) 安装工程单价编制

考虑水土保持工程机电设备及金属结构设备投资比重较小，安装费不再按定额计算，直接按设备费的百分率计算；排灌设备安装费按占排灌设备的6%计算；水土保持设备安装费按占监测设备的10%计算。

10.2.1.1.6 其他费用计取

1) 独立费用

独立费用又称其他基本建设支出，指在生产准备和施工过程中与工程建设直接有关而又难于直接摊入某个单位工程的其他工程和费用。

开发建设项目水土保持工程的独立费用包括：①建设管理费(按一至三部分之和的1%~2%计算)；②工程建设监理费(按国家及建设工程所在地省、自治区、直辖市的有关规定计算)；③科研勘测设计费(按国家计委、建设部计价格〔2002〕10号文计算)；④水土流失监测费(按一至三部分的1%~1.5%计列)；⑤工程质量监督费(按国家及建设工程所在地省、自治区、直辖市的有关规定计算)。

生态建设项目水土保持工程的独立费用包括：①建设管理费：项目经常费(按一至三部分之和的0.8%~1.6%计算)及技术支持培训费(按一至三部分之和的0.4%~0.8%计算)；②工程建设监理费(按国家及建设工程所在地省、自治区、直辖市的有关规定计算)；③科研勘测设计费(按国家计委、建设部计价格〔2002〕10号文计算)；④征地及淹没补偿费(按工程建设及施工占地和地面附着物等的实物量乘以相应的补偿标准计算)；⑤水土流失监测费(按一至三部分之和的0.3%~0.6%计算)；⑥工程质量监督费(按国家及建设工程所在地省、自治区、直辖市的有关规定计算)。

2）预备费计取

预备费包括基本预备费和价差预备费。基本预备费主要是为解决在施工过程中，经上级批准的设计变更和为预防意外事故而采取的措施所增加的工程项目和费用；价差预备费主要为解决在工程施工过程中，因人工工资、材料和设备价格上涨以及费用标准调整而增加的投资。概算基本预备费开发建设项目和生态建设项目均按第一部分至第四部分之和的3%计取，估算基本预备费按第一部分至第四部分之和的6%计取。价差预备费以分年度投资为计算基数，按国家规定的物价上涨指数计算。

3）水土保持设施补偿费

根据《水土保持法》及其实施条例的规定，损坏水土保持设施的要给予补偿。该费用只针对开发建设项目，生态建设项目无此项费用。

4）建设期融资利息

建设期融资利息按国家财政金融政策规定计算。该费用只针对开发建设项目，生态建设项目无此项费用。

10.2.1.1.7　概（估）算文件

1）概算文件

开发建设项目的概算文件主要由总概算表、分部工程概算表、分年度投资表、概算附表、概算附件表格组成。

生态建设项目概算文件主要由总概算表，分部工程概算表，分年度投资表，独立费用计算表，单价汇总表，主要材料、林草（种子）预算价格汇总表，施工机械台时费汇总表，主要材料量汇总表，设备、仪器及工具购置表，概算附件组成。

2）估算文件

投资估算是设计文件的重要组成部分，是初步设计概算静态总投资的最高限额。投资估算在组成内容、项目划分和费用构成上与投资概算基本相同，但工程单价扩大系数及基本预备费率与概算不同。

开发建设项目水土保持工程，采用概算定额编制估算单价时，扩大10%，基本预备费率取6%；生态建设项目水土保持工程，采用概算定额编制估算单价时，扩大5%，基本预备费率取6%。

10.2.1.2　水土保持效益分析

10.2.1.2.1　水土保持效益分类及指标体系

1）水土保持效益分类

水土保持效益是指人类进行水土保持活动（单项、多项或综合性项目）给人类自身及其自然、生态环境等带来的种种有效结果。

根据《水土保持综合治理效益计算方法》（GB/T 15774—2008），通常将水土保持效益划分为调水保土效益、经济效益、社会效益和生态效益等四类。在调水保土效益的基础上产生经济效益、社会效益和生态效益。

a. 生态效益

水土保持生态效益是指通过实施水土保持措施，生态系统（包括水、土、生物及局地气候等要素）得到改善及其向良性循环转化所取得的效果。

b. 经济效益

水土保持经济效益是指实施水土保持措施后，项目区内国民经济因此而增加的经济财富，包括直接经济效益和间接经济效益。前者主要是指促进农、林、牧、副、渔等各业发展所增加的经济效益，后者主要是指上述产品加工后所衍生的经济效益。

c. 社会效益

水土保持社会效益是指实施水土保持措施后对社会发展所作的贡献。其主要包括促进农业生产发展，增加社会就业机会，减少洪涝、干旱及山地灾害，减轻对河道、库塘及湖泊的淤积，保护交通、工矿、水利、电力、旅游设施及城乡建设、人民生命财产安全等方面的效益。

d. 调水保土效益

实施水土保持措施后，在保水、保土、保肥以及改良土壤方面所获得的实际效果。

2）指标体系

见《水土保持综合治理效益计算方法》（GB/T 15774—2008）中表 1。

10.2.1.2.2　效益计算基本规定

（1）效益计算的数据资料来源。

水土保持效益计算，以观测和调查研究的数据资料为基础，采用的数据资料必须经过分析、核实，做到确切可靠，才能纳入计算。

各项治理措施生态效益测定方法，单项措施增产量与增产值的计算，基本农田节约土地和劳工计算示例，水土保持减沙效益的计算以及降雨影响减沙量的计算分别见《水土保持综合治理效益计算方法》（GB/T 15774—2008）中附录 A、附录 B、附录 C、附录 D、附录 E。

（2）根据治理措施的保存数量计算效益。

（3）根据治理措施的生效时间计算效益。

10.2.1.2.3　水土保持生态建设项目效益的计算

1）调水保土效益的计算

水土保持的调水保土效益按就地入渗、就地拦蓄、减轻沟蚀、坡面排水、调节小流域径流等五种情况分别计算。

a. 就地入渗措施的效益计算

就地入渗的水土保持措施包括造林、种草和各种形式的梯田（梯地），其作用包括：增加土壤入渗，减少地表径流，减轻土壤侵蚀，解决“面蚀”问题。

（1）计算项目包括两方面：一是减少地表径流量，以 m^3 计；二是减少土壤侵蚀量，以 t 计。

（2）计算方法按两个步骤：第一步求得减少径流与侵蚀的模数；第二步计算减少径流与减少侵蚀的总量。

b. 就地拦蓄措施的效益计算

就地拦蓄措施包括水窖、蓄水池、截水沟、沉沙池、沟头防护、谷坊、塘坝、淤地坝、小水库和引洪漫地。其作用包括拦蓄暴雨的地表径流及其挟带的泥沙，在减轻水土流失的同时，还可供当地生产、生活利用。计算中应全面研究各项措施的具体作用。

（1）计算项目包括两方面：一是减少的径流量，以 m^3 计；二是减少的泥沙量，以 t 计。

（2）计算方法是对不同特点的措施，分别采取不同的计算方法，主要有典型推算法和具体量算法两种。

c. 减轻沟蚀的效益计算

减轻沟蚀效益包括以下四个方面：沟头防护工程制止沟头前进的保土量，单位为 m^3；谷坊淤地坝等制止沟底下切的保土量，单位为 m^3；稳定沟坡制止沟岸扩张的保土量，单位为 m^3；塬面、坡面水不下沟（或少下沟）而减轻沟蚀的保土量，单位为 m^3。

这四个方面的作用分别采取不同的计算方法。算得保土量后都应将 m^3 折算为 t。

d. 坡面排水的效益计算

计算治理前后坡面排水能力的变化，单位为 m^3/s。

e. 调节小流域径流的效益计算

计算调节小流域径流包括年径流量、旱季径流量和雨季径流量的变化，单位为 mm。

2）水土保持经济效益的计算

水土保持的经济效益有直接经济效益与间接经济效益两类，分别采取不同的计算方法。

（1）直接经济效益包括实施水土保持措施的土地上生长的植物产品（未经任何加工转化）与未实施水土保持措施的土地上的产品对比。

计算以单项措施增产量与增产值的计算为基础，将各个单项措施算得的经济效益相加，即为综合措施的经济效益。

（2）间接经济效益是在直接经济效益基础上，经过加工转化进一步产生的经济效益。水土保持的间接经济效益主要有以下两类，分别采取不同的计算要求和方法：一是对水土保持产品（饲草、枝条、果品、粮食等），当地分别用于饲养（牲畜、蜂、蚕等）、编织（筐、席等）、加工（果脯、果酱、果汁、糕点等）后，其提高产值部分，可计算其间接经济效益，但需在加工转化以后，结合当地牧业、副业生产情况进行计算。二是对建设基本农田与种草，提高了农地的单位面积产量和牧地的载畜量，由于增产而节约出的土地和劳工，应计算其间接经济效益。节约出的土地和劳工只按规定单价计算其价值，不再计算用于林、牧等业的增产值。

3）水土保持社会效益的计算

水土保持的社会效益，有减轻自然灾害和促进社会进步两方面。

（1）减轻自然灾害。包括减轻水土流失对土地破坏的效益；减轻沟道、河道洪水危害的效益；减轻风蚀和风沙危害的效益；减少沟道、河流泥沙的效益；减轻干旱危害的效益；减轻滑坡、泥石流危害的效益。

（2）促进社会进步。包括提高土地生产率，提高土地生产率的计算分各业用地和总土地面积两方面；提高劳动生产率，提高劳动生产率的计算分粮食生产和农村各业总产两方面；改善土地利用结构与农村生产结构，以整个治理区为单元，分土地利用结构与农村生产结构两方面；促进群众脱贫致富奔小康，以整个治理区为单元，分总体与农户两方面；提高环境容量，以整个治理区为单元，分人与牲畜两方面；促进社会进步的其他效益，通过调查统计，对治理前和治理后群众的生活水平，燃料、饲料、肥料、人畜饮水等问题解决的程度，以及教育文化状况等，进行定量对比或定性描述，反映其改善、提高和变化情况。

4）水土保持生态效益的计算

生态效益包括水圈生态效益、土圈生态效益、气圈生态效益、生物圈生态效益等。水圈生态效益主要计算改善地表径流状况；土圈生态效益主要计算改善土壤物理化学性质；气圈生态效益主要计算改善贴地层小气候；生物圈生态效益主要计算提高地面植物被覆程度，并描述野生动物的增加。

5）开发建设项目效益计算

a. 水土保持效益计算及分析

开发建设项目水土保持效益包括生态效益、社会效益和经济效益等3个方面。水土保持效益分析主要根据《水土保持综合治理效益计算方法》，结合本项目水土流失特点及项目区环境状况，着重分析生态效益和社会效益，包括提高植被覆盖度、保水保土、减少泥沙等效益，简要分析经济效益。

（1）水土保持生态效益。水土保持生态效益主要是通过水土保持方案中水土保持措施的实施，预测防治责任范围内扰动土地整治面积、水土保持措施防治面积、治理后平均土壤侵蚀模数、采取的植物措施面积、实施的林草面积等效益值，并进一步测算扰动土地整治率、水土流失总治理度、土壤流失控制比、拦渣率、植被恢复系数、林草覆盖率等指标的效益值。

（2）水土保持社会效益。通过水土保持方案措施的实施，从保护和改善当地的环境质量、提高居民的生活水平和维护地方安定团结等方面，综合评价方案的实施对当地居民生活和发展所产生的社会效益。

（3）水土保持经济效益。水土保持的特殊性，导致各类水土保持措施具有投入大、投资回收期长的特点。如果单从投入产出的角度进行分析，就不能完全体现其效益价值。其水土保持经济效益应主要从两个方面进行分析：一是水土流失防治中栽植的用材林、经济林、风景林等乔、灌、草，都具有一定的经济效益，且其经济效益在逐年递增。二是水土保持方案实施后，有效控制水土流失的发生，从而减少对环境的破坏，获得间接的经济效益。

b. 水土保持损益分析

项目建成后，从项目区及周边地区水土资源可持续利用、生态环境状况、水土保持功能、水土流失及危害、环境及耕地的人口容量、水土保持成本等方面进行较为全面的损失和效益分析。

10.2.1.3 水土保持生态建设项目经济评价

建设项目的经济评价就是预先估算拟建项目的经济效益，水土保持生态建设工程项目的管理现已纳入国家基本建设管理程序。对水土保持项目进行经济评价，以前主要根据《水土保持综合治理效益计算方法》（GB/T 15774—2008）中的规定计算经济效益，列入基本建设管理程序后，还要根据《水利建设项目经济评价规范》（SL 72—94）进行经济评价，水土保持生态建设工程经济评价包括国民经济评价和财务评价。

10.2.1.3.1 国民经济评价

国民经济评价是按照资源优化配置的原则，从国家整体角度考察项目的效益和费用，用影子价格、影子工资、影子汇率和社会基准收益率（贴现率）等经济参数，分析和计算项目给国民经济带来的净贡献，从而评价项目的经济合理性。

建设项目国民经济评价中的费用和效益应尽可能用货币表示；不能用货币表示的，应用其他定量指标表示；确实难以定量的，可定性描述。属于国民经济内部转移的税金、计划利润、国内借款利息以及各种补贴等，均不应计入项目的费用或效益。

进行国民经济评价时，一般应采用国家规定的12%的社会折现率。对属于或兼有社会公益性质的建设项目，可同时采用12%和7%的社会折现率进行评价，供项目决策时参考。

1）费用计算

建设项目的费用应包括项目的固定资产投资、流动资金和年运行费。

a. 固定资产投资

固定资产投资应包括建设项目达到设计规模所需由国家、企业和个人以各种方式投入的主体工程和相应配套工程的全部建设费用。不同规模建设项目的主体工程投资按照不同规范标准计算，受条件限制的建设项目主体工程投资计算，应增加工程设计概(估)算中未计入的间接费用。

b. 流动资金

建设项目的流动资金应包括维持项目正常运行所需购买燃料、材料、备品、备件和支付职工工资等的周转资金，从项目运行的第一年开始，根据其投产规模分析确定。

c. 年运行费

建设项目的年运行费应包括项目运行初期和正常运行期每年所需支出的全部运行费用，可根据项目总成本费用、投产规模及实际需要分析确定。

2) 效益计算

建设项目的效益应按有、无项目对比可获得的直接效益和间接效益计算。水土保持项目的效益可与农、林、牧等措施结合进行计算。项目运行初期和正常运行期各年的效益，应根据项目投产计划和配套程度合理计算。项目对社会、经济、环境造成的不利影响，应采取措施补救，未能补救的应计算其负效益。项目的固定资产余值和流动资金，应在项目计算期末一次回收，并计入项目的效益。除应根据项目功能计算各分项效益外，还应计算项目的整体效益。

3) 主要指标和评价准则

a. 经济净现值(*ENPV*)

所谓净现值是指项目在使用年限内逐年净现金流量的现值之和。它表示项目支付了一切成本以后，在保证预定收益的条件下，可以净赚的钱。用社会折现率(i_c)将项目计算期内各年的净效益折算到计算期初的现值之和表示。当经济净现值(*ENPV*) ≥0 时，确定该项目在经济上是合理的。

b. 经济内部收益率(*EIRR*)

使项目或方案在计算期内各年净效益现值累计等于零时的社会折现率称为项目或方案的内部收益率。内部收益率的经济含义表示项目的获利能力，从资金的时间价值和资金等值的角度来看，它表示项目的投资在项目经营过程中获利的利率，它显示了项目对贷款利率可以承担的最大能力。而这种能力完全取决于项目本身内部经营的好坏，故定名为内部收益率。当经济内部收益率大于或等于社会折现率($EIRR \geq i_c$)时，该项目在经济上是合理的。

c. 经济收益成本比(*B/C*)

收益成本比是指在项目的寿命期内，收益 B 的现值之和与成本 C 的现值之和的比值。

当经济收益成本比大于或等于 1.0($B/C \geq 1.0$)时，该项目在经济上是合理的。进行国民经济评价，应编制反映项目计算期内各年的效益、费用和净效益的国民经济效益费用流量表，计算该项目的各项国民经济评价指标。

4) 不确定性分析

不确定性分析一般包括敏感性分析、盈亏平衡分析和概率分析三项内容。盈亏平衡分析只用于财务评价，敏感性分析和概率分析可同时用于国民经济评价和财务评价。一般生态环境建设项目只做敏感性分析。

一般可只对主要经济评价指标，如国民经济评价中的经济内部收益率（*EIRR*）和经济净现值（*ENPV*），财务评价中的财务内部收益率（*FIRR*）、财务净现值（*FNPV*）、投资回收期（P_t）和固定资产投资借款偿还期（P_d）等进行分析，选取时应根据项目需要研究确定。

10.2.1.3.2　财务评价

财务评价是经济效益评价的重要组成部分，是根据国家现行的相关制度和价格体系，分析、计算项目直接发生费用和效益，编制财务报表，计算价格评价指标，考察项目的盈利能力、清偿能力等财务状况，据以判别项目的财务可行性。它是项目可行性研究的核心内容，其评价结论是决定项目取舍的重要依据。财务评价是传统水土保持向现代水土保持转变的必然要求，是水土保持可持续发展的需要。

1）财务支出

建设项目的财务支出应包括建设项目总投资、年运行费、流动资金和税金等费用。

（1）项目总投资：应包括固定资产投资、固定资产投资方向调节税及建设期和部分运行初期的借款利息。

（2）年运行费：应包括工资及福利费、材料费、燃料及动力费、维护费和其他费用等，可分项计算，也可按项目总成本费用扣除折旧费、摊销费和利息净支出计算。

（3）流动资金：应包括维持项目正常运行所需的全部周转资金。

（4）产品销售税金及附加、所得税等税金：应根据项目性质，按照国家现行税法规定的税目、税率进行计算。

2）总成本费用

建设项目总成本费用应包括项目在一定时期内为生产、运行以及销售产品和提供服务所花费的全部成本与费用。可按经济用途分类计算，也可按经济性质分类计算。

建设项目总成本费用按经济用途分类应包括制造成本和期间费用。制造成本应包括直接材料费、直接工资、其他直接支出和制造费用等项。期间费用应包括管理费用、财务费用和销售费用；按经济性质分类应包括材料费、燃料及动力费、工资及福利费、维护费、折旧费、摊销费、利息净支出和其他费用等项。

折旧费应根据有关标准，按各类固定资产的折旧年限，采用平均年限法计取；也可参照已建类似项目的实际年综合折旧费率，乘以本项目的固定资产原值计算。

3）财务收入

建设项目的财务收入应包括出售产品和提供服务所获得的收入。年利润总额应包括出售产品和提供服务所获得的年利润，按年财务收入扣除年总成本费用和年销售税金及附加计算。年利润总额应首先弥补上年度的亏损，再按有关规定缴纳所得税，而后再按财会制度进行分配。

4）财务报表

基本财务报表包括财务现金流量表、损益表、资金来源与运用表、资产负债表、财务外汇平衡表等。水土保持生态建设属于社会公益性质或财务收入很少的建设项目，财务报表可适当减少。

5）主要指标和评价准则

投资项目财务评价的内容包括项目的赢利能力分析、清偿能力分析和外汇平衡分析等；

其主要的评价指标有财务内部收益率、投资回收期、财务净现值、资产负债率、投资利润率、投资利税率以及固定资产投资借款偿还期等。

a. 财务内部收益率(*FIRR*)

财务内部收益率以项目计算期内各年净现金流量现值累计等于零时的折现率表示。财务内部收益率可根据现金流量表中的净现金流量,用试算法计算。当财务内部收益率大于或等于行业财务基准收益率(i_c)或设定的折现率(i)时,该项目在财务上是可行的。

b. 投资回收期(P_t)

投资回收期以项目的净现金流量累计等于零时所需要的时间(以年计)表示,从建设开始年起算。如果从运行开始年起算,应予说明。

c. 财务净现值(*FNPV*)

财务净现值是通过行业财务基准收益率(i_c)或设定的折现率(i),将项目计算期内各年净现金流量折算到计算期初的现值之和。项目的财务可行性应根据项目财务净现值的大小确定。当财务净现值大于或等于零($FNPV \geqslant 0$)时,该项目在财务上是可行的。

d. 资产负债率

资产负债率应以项目负债总额与资产总额的比率表示。

e. 投资利润率

投资利润率应以项目达到设计规模后的一个正常运行年份的年利润总额或项目正常运行期内的年平均利润总额与项目总投资的比率表示。投资利润率应与行业平均投资利润率比较,判别项目单位投资盈利能力是否达到本行业的平均水平。

f. 投资利税率

投资利税率应以项目达到设计规模后的一个正常运行年份的年利税总额或项目正常运行期内的年平均利税总额与项目总投资的比率表示。投资利税率应与行业平均投资利税率比较,判别项目单位投资对国家积累的贡献是否达到本行业的平均水平。

g. 固定资产投资借款偿还期(P_d)

固定资产投资借款偿还期应以项目投入运行后可供还款的各项资金,偿还固定资产借款本金和利息所需的时间(以年计)表示,从借款开始年起算。如果从运行开始年起算,应予说明。项目的财务可行性应根据项目固定资产借款偿还期是否满足贷方要求的期限确定。当固定资产投资借款偿还期满足贷方要求的期限时,该项目在财务上是可行的。

10.2.2 案例分析

【案例1】 某生态建设水土保持工程概算编制。

某小流域治理工程,需修建干砌石谷坊,谷坊总长100 m,设计干砌石谷坊高度×谷坊顶宽为2.0 m×1.0 m。在水土保持可行性研究设计阶段编制该干砌石谷坊工程投资。根据水总〔2003〕67号文规定编制干砌石谷坊估算单价________元,工程投资________元。

A. 4 601、46 014　　B. 3 888、38 879　　C. 4 382、43 823　　D. 4 082、40 823

答案:A

考点:熟悉掌握工程概算的单价费用构成和投资计算。

解:(1)根据题意选用干砌石谷坊定额,谷坊高度×谷坊顶宽为2.0 m×1.0 m,干砌石谷坊单价分析表见表10-1。

表10-1　干砌石谷坊单价分析表

定额编号:〔10006〕　　定额单位:10 m

工作内容:定线、清基、挖结合槽、挖坡脚沟、选石、修石、砌筑、填缝、找平等

适用范围:谷坊高度×谷坊顶宽为2.0 m×1.0 m

编号	名称及规格	单位	数量	单价(元)	合计(元)
一	直接费				3 887.86
(一)	基本直接费				3 887.86
1	人工费	工时	443.00	1.90	841.70
2	材料费				3 046.16
	块石	m^3	46.40	65.00	3 016.00
	其他材料费	%	1.00	3 016.00	30.16
(二)	其他直接费	%			0.00
二	间接费	%	5.00	3 887.86	194.39
三	企业利润	%	4.00	4 082.25	163.29
四	税金	%	3.22	4 245.54	136.71
五	扩大数	%	5.00	4 382.25	219.11
	合 计				4 601.36

(2)计算概算投资:

$$工程量\times定额指标 = 100\times4\ 601.36\div10 = 46\ 013.6\ 元$$

需要注意的问题:①水土保持生态建设工程与开发建设项目水土保持工程概估算编制规定中定额费用构成稍有差异;②可研阶段定额要乘以扩大系数。可研阶段水土保持生态建设工程定额扩大系数为5%,开发建设项目水土保持工程定额扩大系数为10%。

【案例2】　某水土保持生态建设工程,拟采用水平沟整地用于栽种灌木林,地面坡度为20°,沟上口宽0.5~0.8 m,底宽0.3~0.5 m,土埂顶宽0.2~0.3 m,长4~6 m,要求根据水总〔2003〕67号文规定,则水平沟整地概算单价为________元。

A. 122.53　　B. 135.46　　C. 131.23　　D. 141.76

答案:B

考点:熟悉掌握工程概算的单价费用构成。

解:套用概算定额〔08018〕编制水平沟整地概算单价。

熟悉水土保持生态建设工程及开发建设项目水土保持工程的植物措施、工程措施、封育治理措施的概算单价编制。

应注意:直接工程费包括直接费和其他直接费。其他直接费是以基本直接费为基础,按工程措施、林草措施和封育治理措施等不同工程类别所规定的费率进行计算。

水平沟整地概算定额单价为135.46元(见表10-2)。

表10-2 水平沟整地

定额编号:〔08018〕　　　　定额单位:100个

施工方法:

编号	项目名称	单位	数量	单价(元)	合计(元)
一	直接费				122.53
(一)	基本直接费				120.72
1	人工费				119.52
	人工	工时	99.6	1.2	119.52
2	材料费				1.20
	零星材料费	%	1		1.20
(二)	其他直接费	%	1.5		1.81
二	间接费	%	5		6.13
三	企业利润	%	2		2.57
四	税金	%	3.22		4.23
	合计				135.46

【案例3】 某项目建设水土保持工程其单价构成说法正确的是________。

A.开发建设项目水土保持,由直接工程费、间接费、企业利润和税金组成

B.生态建设工程水土保持,由直接费、间接费、企业利润和税金组成

C.开发建设项目水土保持,由直接费、间接费、企业利润和税金组成

D.生态建设工程水土保持,由直接工程费、间接费、企业利润和税金组成

答案:AB

考点:开发建设工程和生态建设工程的单价构成的组成形式。

解:开发建设工程和生态建设工程费用构成相同,但单价构成不同。

费用构成:开发建设项目水土保持,将工程费用分为建安工程费、植物措施费、设备费、独立费用、预备费和建设期贷款利息;而生态建设工程水土保持,将工程费用分为建安工程费、林草措施费、设备费、独立费用和预备费。

单价构成:开发建设项目水土保持,由直接工程费(包括直接费、其他直接费及现场经费)、间接费、企业利润和税金组成;而生态建设工程水土保持,由直接费(包括基本直接费、其他直接费)、间接费、企业利润和税金组成。

【案例4】 某县兴修梯田150万亩,据流域实测资料,某县梯田的平均减少径流模数为600 m^3/hm^2,减少侵蚀模数为60 t/hm^2。依该省水文气象图集调查,无措施(坡耕地、荒地)坡面的径流模数为620 m^3/hm^2,侵蚀模数为64 t/hm^2。根据以上资料,梯田水土保持的就地入渗效益中减流总量为________万 m^3,减蚀总量为________万t。

A.20、4　　B.100、20　　C.200、40　　D.220、50

答案:C

考点:了解就地入渗效益的概念。

解:就地入渗效益计算包括减少地表径流量和减少土壤侵蚀量两个方面。

减少径流模数 = 620 - 600 = 20(m^3/hm^2)

减少侵蚀模数 = 64 - 60 = 4(t/hm^2)

减流总量 = 150/15 × 10 000 × 20 = 200(万 m^3)

减蚀总量 = 150/15 × 10 000 × 4 = 40(万 t)

【案例 5】 对某小流域综合治理工程进行国民经济评价,其具体评价参数如下:社会折现率取 7%;基准年取 2001 年,基准点为 2001 年初;综合治理期为 2001 ~ 2015 年,共 15 年;运行期分两部分:第一部分是初始运行期,即 2016 ~ 2020 年;第二部分为 2020 年以后,运行 30 年。其项目现金流量表见表 10-3。

表 10-3 某流域综合治理工程国民经济现金流量表 (单位:万元)

项目	现金流出				现金流入	
	投资		运行费用		效益	
	原值	现值	原值	现值	原值	现值
合计	35 000	23 000	3 000	2 000	50 000	35 000

经试算项目的经济内部收益率为 33.62%,在投资增加 20%、效益减少 20% 同时出现情况下,经济内部收益率仍为 24.26%,则该项目 *ENPV* ________万元,*EBCR* ________。

A. 12 000、1.32　　B. 10 000、1.4　　C. 12 000、1.43　　D. 10 000、1.52

答案:B

考点:了解项目国民经济评价的相关参数。

解:(1)经济净现值(*ENPV*)为所得效益减去投资和运行费,即

ENPV = 35 000 - 23 000 - 2 000 = 10 000(万元) ≥ 0,确定该项目在经济上是合理的。

(2)效益费用比(*EBCR*)。

EBCR = 效益现值/费用现值 = 35 000/(23 000 + 2 000) = 1.4 > 1,表明该项目在经济上是合理的。

(3)经济内部收益率 ≥ 社会折现率,该项目在经济上是合理的。

10.3 复习题

10.3.1 水土保持工程概(估)算

1)单项选择题

(1)按照开发建设项目水土保持和水土保持生态建设工程概(估)算编制规定,下列说法正确的是________。

A. 两者编制规定内容有较大不同　　B. 两者编制规定内容基本相同

C. 两者编制规定内容完全相同　　D. 两者编制规定内容完全不同

(2)按照水土保持工程概(估)算编制规定,开发建设项目水土保持第二部分一级项目,

以植物防护、植物恢复和________为主划分。

A. 水土保持造林　B. 美化绿化　C. 水土保持种草　D. 苗圃建设

(3)按照水土保持工程概(估)算编制规定,生态建设工程水土保持第二部分一级项目,以水土保持造林、水土保持种草和________为主划分。

A. 植物防护　B. 植物恢复　C. 苗圃建设　D. 美化绿化

(4)关于开发建设项目水土保持和生态建设工程水土保持概(估)算下列说法正确的是________。

A. 两者费用构成与单价构成相同

B. 两者费用构成不同,单价构成相同

C. 两者费用构成与单价构成不同

D. 两者费用构成基本相同,单价构成不同

(5)关于开发建设项目水土保持和生态建设工程水土保持概(估)算,按工程措施和植物措施划分人工预算单价,下列说法正确的是________。

A. 两者划分人工预算单价的计算方法和标准相同

B. 开发建设项目水土保持工程,需要按人工预算单价计算式列表计算

C. 生态建设项目水土保持工程,需要按人工预算单价计算式列表计算

D. 开发建设项目水土保持工程,直接给出人工预算单价

(6)按照水土保持概(估)算编制规定,开发建设项目水土保持工程,采购保管费率不分工程类别,均采用________。

A. 1%　B. 2%　C. 3%　D. 4%

(7)根据水土保持概(估)算编制方法及计算标准,开发建设项目水土保持工程的现场经费包括临时设施费、现场管理费,其中现场经费中包含第一年的________。

A. 夜间施工费　B. 企业管理费　C. 设备安装费　D. 幼林抚育费

(8)根据水土保持概(估)算编制方法及计算标准,开发建设项目水土保持工程的企业利润,工程措施和植物措施分别为________。

A. 5%、3%　B. 6%、4%　C. 7%、5%　D. 8%、6%

(9)根据水土保持概(估)算编制方法及计算标准,水土保持生态项目机电设备及金属结构设备的安装费,直接按设备费的百分率计算。其中,排灌设备和监测设备分别为________。

A. 5%、10%　B. 6%、10%　C. 7%、11%　D. 8%、11%

(10)根据水土保持概(估)算编制方法及计算标准,开发建设项目水土保持工程的独立费用中的水土流失监测费按建安工作量的________计算。

A. 1%~1.5%　B. 2%~1.5%　C. 3%~5%　D. 1%~2%

(11)根据水土保持概(估)算编制方法及计算标准,预备费是由基本预备费和________组成。

A. 独立费用　B. 价差预备费　C. 管理费　D. 监理费

(12)根据水土保持概(估)算编制方法及计算标准,考虑项目治理区工程均在县城镇以外,故税金按直接费、间接费和利润之和的________计算。

A. 5.32%　B. 4.28%　C. 3.22%　D. 2.15%

(13)开发建设项目和生态建设项目水土保持工程,采用概算定额编制估算单价时,分别扩大________。

A. 6%、3%　　B. 8%、5%　　C. 10%、5%　　D. 12%、7%

2)多项选择题

(1)水土保持工程造价定额计价体系由________组成。

A. 直接工程费　　B. 概算定额

C. 施工机械台时费定额　　D. 编制规定

(2)由于施工方法不同,水土保持概算定额的类型可分为________。

A. 以人力施工为主的定额　　B. 小型机械运输、夯实定额

C. 大型施工机械定额　　D. 振动碾压实土石方定额

(3)开发建设项目水土保持概(估)算编制规定所称的"水土保持工程"为《开发建设项目水土保持方案技术规范》中所指的"________、泥石流防治工程及植物措施工程"等。

A. 拦渣工程　　B. 护坡工程　　C. 土地整治工程　　D. 防洪工程

(4)按水土保持生态建设工程概(估)算编制规定,水土保持治理措施划分为________。

A. 工程措施　　B. 林草措施　　C. 封育治理措施　　D. 土地整治措施

(5)水土保持生态建设工程概算由________组成。

A. 工程措施费　　B. 林草措施费　　C. 封育治理措施费　　D. 独立费用

(6)开发建设项目水土保持概算的项目划分为________。

A. 工程措施　　B. 林草措施　　C. 封育治理措施　　D. 独立费用

(7)开发建设项目水土保持概(估)算编制规定中将工程费用分为________。

A. 建安工程费　　B. 植物措施费　　C. 设备费　　D. 独立费用

(8)按照开发建设项目水土保持概(估)算编制规定,其单价构成由________组成。

A. 直接工程费　　B. 间接费　　C. 企业利润　　D. 税金

(9)开发建设项目水土保持概(估)算编制规定中的直接工程费包括________。

A. 直接费　　B. 其他直接费　　C. 现场经费　　D. 企业利润

(10)生态建设工程水土保持概(估)算编制规定中的单价构成由________组成。

A. 直接费　　B. 间接费　　C. 企业利润　　D. 税金

(11)生态建设工程水土保持概(估)算编制规定中的直接费包括________。

A. 基本直接费　　B. 其他直接费　　C. 现场经费　　D. 企业利润

(12)根据水土保持概(估)算编制方法及计算标准,开发建设项目水土保持工程的材料预算价格由________、采购保管费组成。

A. 原价　　B. 包装费　　C. 运杂费　　D. 运输保险费

(13)根据水土保持概(估)算编制方法及计算标准,预备费是为了弥补设计阶段,由于设计深度不够或不可预见因素所发生的________等情况而预留的费用储备。

A. 设计变化　　B. 工程量变化　　C. 政策变化　　D. 价格变化

参考答案

1)单项选择题

(1)A　(2)B　(3)C　(4)D　(5)B　(6)B　(7)D　(8)C

(9)B　(10)A　(11)B　(12)C　(13)C

2)多项选择题

(1)BCD　(2)ABC　(3)ABCD　(4)ABC　(5)ABCD　(6)ABCD

(7)ABCD　(8)ABCD　(9)ABC　(10)ABCD　(11)AB　(12)ABCD

(13)ABCD

10.3.2　水土保持效益分析

1)单项选择题

(1)根据《水土保持综合治理效益计算方法》(GB/T 15774—2008)将生态效益中的减少水土流失的效益单独列出来称________效益。

A. 调水保土　B. 防风固沙　C. 防泥石流　D. 农业产量

(2)水土保持效益分类中的调水保土效益是指实施水土保持措施后,在保水、保土、保肥以及________方面所获得的实际效果。

A. 增加产量　B. 改良土壤　C. 降低风沙危害　D. 脱贫致富

(3)水土保持减流模数的计算公式为:$\Delta W_m = W_{mb} - W_{ma}$,式中 W_{mb} 代表________。

A. 治理后径流模数　B. 治理前径流模数　C. 减少的径流模数　D. 坡面的径流模数

(4)水土保持减蚀模数的计算公式为:$\Delta S_m = S_{mb} - S_{ma}$,式中 S_{ma} 代表________。

A. 治理前径流模数　B. 治理前侵蚀模数　C. 治理后侵蚀模数　D. 治理后径流模数

(5)根据水土保持治坡措施的基础效益计算方法,用各项措施的减流有效面积与相应的减流模数相乘,得出的是各项措施的________。

A. 减蚀总量　B. 减流总量　C. 径流总量　D. 拦泥总量

(6)根据水土保持治坡措施的基础效益计算方法,用各项措施的减蚀有效面积与相应的减蚀模数相乘,得出的是各项措施的________。

A. 拦泥总量　B. 减流总量　C. 径流总量　D. 减蚀总量

(7)按照水土保持治沟措施与小型蓄水工程措施的效益计算方法,对于数量较多而每个容量较小的水窖、蓄水池、谷坊、塘坝及小型淤地坝等措施的效益计算,一般采用________法。

A. 对比试验　B. 典型推算　C. 直接观测　D. 具体量算

(8)按照水土保持治沟措施与小型蓄水工程措施的效益计算方法,对于数量较少而每座容量较大的大型淤地坝、治沟骨干工程和小型以上的小水库等措施的效益计算,一般采用________法。

A. 具体量算　B. 典型推算　C. 直接观测　D. 对比试验

(9)水土保持生态效益中的关于提高地面植被度和增加生物多样性的计算公式之一为:原有林草的地面覆盖度等于原有林草面积与________的比值。

A. 流域总面积　B. 林草种植面积　C. 林地面积　D. 草地面积

(10)水土保持生态效益中的关于提高地面植被度和增加生物多样性的计算公式之一为:新增林、草增加的林草地面覆盖度等于新增林草面积与________的比值。

A. 原草地面积　B. 林草种植面积　C. 原林地面积　D. 流域总面积

(11)产品产量与产值中的植物产品是指________。

A. 未经任何加工转化　B. 经过加工转化

C. 转化和未转化　　D. 包括加工转化

(12)水土保持减轻风蚀和风沙危害的效益,下列说法不正确的是________。

A. 保护现有土地不被沙化的效益　　B. 改造原有沙地为农林牧生产用地的效益

C. 减轻风沙对交通危害的效益　　D. 保护土地免遭水土流失破坏

(13)根据水土保持减沙效益计算,在总减沙量中分析计算求出水土保持减沙量,这种方法称为________。

A. 水文法　　B. 水保法　　C. 数学法　　D. 物理法

(14)水土保持减沙效益计算通常的方法有________种。

A. 4　　B. 5　　C. 2　　D. 3

(15)水土保持减沙效益计算采用水文法求总减沙量时,在________情况下采用 $\Delta S_t = S_b - S_a$ 公式。

A. 当治理前实测输沙量和流域实有产沙量基本一致

B. 当治理前实测输沙量和流域实有产沙量完全一致

C. 当治理前实测输沙量和流域实有产沙量不一致

D. 当治理前实测输沙量和流域实有产沙量完全不一致

(16)水土保持减沙效益计算采用水文法求总减沙量时,当治理前实测输沙量和流域实有产沙量不一致且差距较大时,采用 $\Delta S_t = S_{bp} - S_a$ 公式计算,式中 S_{bp} 表示________。

A. 治理前实测年均输沙量　　B. 治理后实测年均输沙量

C. 实测输沙量　　D. 还原后的流域产沙量

(17)开发建设项目土壤流失控制比是指________内治理后的平均土壤流失量与容许土壤流失量之比。

A. 水土流失防治责任范围　　B. 水土流失小流域范围

C. 整个流域范围及区域　　D. 水土流失的整个区域

(18)开发建设项目扰动土地整治率是指水土流失防治责任范围内扰动土地的________占扰动土地总面积的百分比。

A. 区域面积　　B. 整治面积　　C. 林草面积　　D. 坡面面积

2)多项选择题

(1)按照水土保持效益分类,通常将水土保持效益划分为________和社会效益。

A. 生产效益　　B. 环境效益　　C. 经济效益　　D. 生态效益

(2)按照水土保持效益分类与计算内容,基础效益包括________和拦蓄坡沟泥沙。

A. 增加土壤入渗　　B. 拦蓄地表径流　　C. 减轻土壤面蚀　　D. 减轻土壤沟蚀

(3)水土保持基础效益的计算按________进行计算。

A. 治坡措施　　B. 治沟措施　　C. 坡沟兼治措施　　D. 改善地面径流

(4)按照水土保持治坡措施的基础效益计算要求,计算顺序为先求得________,再计算。

A. 减流、减蚀的有效面积　　B. 减少径流与减少侵蚀的总量

C. 减少径流与侵蚀的模数　　D. 治沟措施的效益

(5)按照水土保持治沟措施与小型蓄水工程措施的效益计算方法,主要采用________。

A. 对比试验法　　B. 直接观测法　　C. 具体量算法　　D. 典型推算法

(6)减轻沟蚀的效益计算式为：$\sum\Delta G=\Delta G_1+\Delta G_2+\Delta G_3+\Delta G_4$，式中 ΔG_1、ΔG_2、ΔG_3 的含义分别为________。

A. 沟头防护工程制止沟头前进的保土量

B. 谷坊、淤地坝等制止沟底下切的保土量

C. 塬面防护工程制止坡面扩大的保土量

D. 稳定沟坡制止沟岸扩张的保土量

(7)水土保持措施减轻沟蚀的效益计算式中的 ΔG_1（沟头防护工程制止沟头前进的保土量）的测算方法的先后顺序为________。

A. 治理前若干年内平均每年沟头前进的宽度（m）

B. 治理前若干年内平均每年沟头前进的长度（m）

C. 量算治理后不再前进的沟头

D. 治理前若干年内平均每年沟头前进的深度（m）

(8)水土保持措施减轻沟蚀的效益计算式中 ΔG_4（塬面、坡面水不下沟（或少下沟）以后减轻沟蚀的保土量）的计算有________方法。

A. 典型推算　　B. 布设对比试验，直接观测

C. 流域减蚀总量反求　　D. 水文计算

(9)水土保持经济效益中的直接经济效益的各类产品，经过一次性加工转化后提高的产值，计算其________经济效益。一次性加工以上的再次加工，其产值________间接经济效益。

A. 直接　　B. 直接与间接　　C. 间接　　D. 不再计入

(10)关于水土保持促进社会进步的效益，计算内容一般应包括________和提高人口环境容量的效益。

A. 提高土地生产率的效益

B. 提高劳动生产率的效益

C. 改善土地利用结构和农业生产结构的效益

D. 促进群众脱贫致富和提高农村生活水平的效益

(11)水保法计算水土保持的减沙作用采用公式：$\Delta S_C=\Delta S_1\pm\Delta S_2-\Delta S_3+\Delta S_4$，式中 ΔS_C 为治理后年均减沙量，其他符号的含义为________。

A. 各项水土保持措施年均减沙量　　B. 泥沙运行中年均增减量

C. 人为破坏年均河道增沙量　　D. 降雨偏小影响年均减沙量

(12)开发建设项目水土流失防治目标体系，除水土流失总治理度、林草覆盖率外还包括________。

A. 土壤流失控制比　B. 拦渣率　　C. 扰动土地整治率　D. 植被恢复率

参考答案

1)单项选择题

(1)A　(2)B　(3)B　(4)C　(5)B　(6)D　(7)B　(8)A

(9)A　(10)D　(11)A　(12)D　(13)A　(14)C　(15)A　(16)D

(17)A　(18)B

2)多项选择题

(1)CDE (2)ABCD (3)ABC (4)CB (5)CD (6)ABD
(7)ABCD (8)BC (9)CD (10)ABCD (11)ABCD (12)ABCD

10.3.3 水土保持生态建设项目经济评价

1)单项选择题

(1)水土保持生态环境建设项目的经济评价,主要进行的是________。

A. 财务评价 B. 国民经济评价
C. 项目经济效益评价 D. 项目社会效益评价

(2)根据项目的经济评价,当经济内部收益率大于或等于基准收益率时,该项目在经济上是合理的。当经济收益成本比大于0时,该项目在经济上是合理的。这两种说法为________。

A. 对、对 B. 对、不对 C. 不对、对 D. 不对、不对

(3)公式,$\sum_{i=0}^{N} \frac{F_i}{(1 + EIRR)^t} = 0$,式中$EIRR$为________。

A. 净现金流量 B. 经济内部收益率 C. 经济净现值 D. 社会折现率

(4)建设项目达到设计规模所需由国家、企业和个人以各种方式投入的主体工程和相应配套工程的全部建设费用称为________。

A. 流动资金 B. 年运行费 C. 经济收益成本 D. 固定资产投资

(5)关于项目对社会、经济、环境造成的不利影响,应采取措施补救,下列说法正确的是________。

A. 未能补救的不计算其效益 B. 未能补救的应计算其效益
C. 未能补救的应计算其负效益 D. 未能补救的应计算其正效益

(6)财务内部收益率以项目计算期内各年净现金流量现值累计________时的折现率表示。

A. ≥0 B. >0 C. =0 D. <0

(7)以项目的净现金流量累计等于零时所需要的时间表示,被称为建设项目________。

A. 投资回收期 B. 项目计算期 C. 项目收益期 D. 项目获利期

(8)项目的财务可行性应根据项目财务________的大小确定。

A. 净现值 B. 收益率 C. 折现率 D. 利润率

(9)当财务净现值________时,该项目在财务上是可行的。

A. =0 B. >0 C. ≥0 D. ≥1

(10)项目投入运行后可供还款的各项资金,偿还固定资产借款本金和利息所需的时间,称为________。

A. 固定资产投资借款偿还期 B. 流动资产投资借款偿还期
C. 项目成本计算期 D. 项目开始收益期

(11)建设项目经济评价,其中的不确定性分析中的盈亏平衡分析只用于________。

A. 财务评价 B. 敏感性分析 C. 概率分析 D. 国民经济评价

(12)建设项目经济评价,关于敏感性分析和概率分析,下列说法正确的是________。

A. 可同时用于国民经济评价和财务评价

B. 不能同时用于国民经济评价和财务评价

C. 只能用于国民经济评价

D. 只能用于财务评价

(13)一般生态环境建设项目只做________。

A. 国民经济评价　B. 财务评价　C. 概率分析　D. 敏感性分析

2)多项选择题

(1)国民经济评价是按照资源优化配置的原则,从国家整体角度考察项目的效益和费用,用________等经济参数,分析和计算项目给国民经济带来的净贡献,从而评价项目的经济合理性。

A. 影子价格　B. 影子工资　C. 影子汇率　D. 社会基准收益率

(2)对属于或兼有社会公益性质的水土保持建设项目,可同时采用________和________的社会折现率进行评价,供项目决策时参考。

A. 13%　B. 12%　C. 10%　D. 7%

(3)关于项目的经济合理性,下列说法正确的是________。

A. 若经济净现值 >0,该项目在经济上是合理的

B. 若基准收益率 >0,确定该项目在经济上是合理的

C. 若经济收益成本比 >0,该项目在经济上是合理的

D. 若经济净现值 =0,该项目在经济上是合理的

(4)在项目进行国民经济评价时,应编制反映项目计算期内各年的________的国民经济效益费用流量表,计算该项目的各项国民经济评价指标。

A. 效益　B. 费用　C. 净效益　D. 影子价格

(5)根据项目的经济评价,建设项目的费用应包括项目的________。

A. 年运行费　B. 成本　C. 固定资产投资　D. 流动资金

(6)建设项目的流动资金应包括维持项目正常运行所需________和支付职工工资等的周转资金。

A. 购买燃料　B. 购买材料　C. 购买备品　D. 购买备件

(7)建设项目的年运行费应包括项目________每年所需支出的全部运行费用。

A. 建设期　B. 运行初期　C. 规划期　D. 正常运行期

(8)投资项目财务评价的主要评价指标除财务内部收益率、固定资产投资借款偿还期、投资回收期外,还包括________。

A. 财务净现值　B. 投资利税率　C. 投资利润率　D. 资产负债率

(9)投资利润率应以项目达到设计规模后的________与项目总投资的比率表示。

A. 一个正常运行年份的年利润总额

B. 正常运行年份的年利润总额

C. 项目运行期内的平均利润总额

D. 项目正常运行期内的年平均利润总额

(10)建设项目的财务支出应包括建设项目________等费用。

A. 总投资　B. 年运行费　C. 流动资金　D. 税金

(11)建设项目总投资应包括________。

A. 部分运行初期的借款利息　　B. 固定资产投资

C. 固定资产投资方向调节税　　D. 建设期的借款利息

(12)建设项目经济评价,其中的不确定性分析一般包括________内容。

A. 敏感性分析　B. 盈亏平衡分析　C. 概率分析　D. 财务分析

参考答案

1)单项选择题

(1)B　(2)B　(3)B　(4)D　(5)C　(6)C　(7)A　(8)A

(9)C　(10)A　(11)A　(12)A　(13)D

2)多项选择题

(1)ABCD　(2)BD　(3)AD　(4)ABC　(5)ACD　(6)ABCD

(7)BD　(8)ABCD　(9)AD　(10)ABCD　(11)ABCD　(12)ABC